云南省『十四五』地表水水力联系及断面地理信息

云南省生态环境监测中心／编著

中国环境出版集团·北京

图书在版编目（CIP）数据

云南省“十四五”地表水水力联系及断面地理信息 / 云南省生态环境监测中心编著 . —北京：中国环境出版集团，2022.11
ISBN 978-7-5111-5270-1

Ⅰ. ①云… Ⅱ. ①云… Ⅲ. ①地面水—水质监测—研究—云南—2021—2025 ②地面水—断面—地理信息系统—研究—云南—2021—2025 Ⅳ. ①X832 ②P343

中国版本图书馆 CIP 数据核字（2022）第 153611 号

出 版 人 武德凯
责任编辑 孙 莉
封面设计 彭 杉

出版发行 中国环境出版集团
（100062 北京市东城区广渠门内大街 16 号）
网 址：http: //www.cesp.com.cn
电子邮箱：bjgl@cesp.com.cn
联系电话：010-67112765（编辑管理部）
010-67112736（第五分社）
发行热线：010-67125803，010-67113405（传真）

印 刷 北京中科印刷有限公司
经 销 各地新华书店
版 次 2022 年 11 月第 1 版
印 次 2022 年 11 月第 1 次印刷
开 本 787 × 1092 1/16
印 张 36.75
字 数 580 千字
定 价 200.00 元

本书编写指导委员会

主　任：施　择　　孙凤智　　徐　璇

副主任：赵琦琳　　谢海涛　　李文攀

成　员：郑　娟　　张　凯　　陈　鲁　　吴　昊　　丁继伦

本书编写委员会

主　编：邓晓庆　　段友爱　　王　平

副主编：杨春艳　　顾济沧　　田小萌　　解　鑫

编　委：（按姓氏笔画排序）

丁宏翔　　孔梦婷　　邢　政　　向　峰　　孙　滨

李　琴　　李凤梅　　杨永贵　　杨晓龙　　杨耀玕

肖传凡　　邱　飞　　张维娜　　张锐敏　　陈　涛

陈全芳　　罗成鲜　　罗宗凯　　赵祖军　　胡琳娜

思勇良　　段学新　　施艳峰　　铁　程　　熊丽燕

潘玲武

参编单位

中国环境监测总站

云南省生态环境厅驻昆明市生态环境监测站

云南省生态环境厅驻昭通市生态环境监测站

云南省生态环境厅驻曲靖市生态环境监测站

云南省生态环境厅驻玉溪市生态环境监测站

云南省生态环境厅驻保山市生态环境监测站

云南省生态环境厅驻楚雄彝族自治州生态环境监测站

云南省生态环境厅驻红河哈尼族彝族自治州生态环境监测站

云南省生态环境厅驻文山壮族苗族自治州生态环境监测站

云南省生态环境厅驻普洱市生态环境监测站

云南省生态环境厅驻西双版纳傣族自治州生态环境监测站

云南省生态环境厅驻大理白族自治州生态环境监测站

云南省生态环境厅驻德宏傣族景颇族自治州生态环境监测站

云南省生态环境厅驻丽江市生态环境监测站

云南省生态环境厅驻怒江傈僳族自治州生态环境监测站

云南省生态环境厅驻迪庆藏族自治州生态环境监测站

云南省生态环境厅驻临沧市生态环境监测站

前言

为深入贯彻习近平生态文明思想，进一步完善地表水环境质量监测网络设置，云南省对原“十三五”云南省地表水环境质量监测网络点位进行优化调整，以便更加客观全面地评价云南省地表水环境质量状况和变化趋势，有力地支撑地表水环境质量考核管理，切实推动云南省水生态环境质量改善。按照代表性、连续性、多功能性、全面性的断面（点位）优化调整原则，“十四五”云南省国控、省控地表水环境质量监测网数量由“十三五”时期的370个增加至516个，其中国控断面（点位）由138个增加至210个，省控断面（点位）由232个增加至306个，实现主要河流干流及重要的一级、二级支流，重点区域的三级和四级支流，重点湖泊、水库、重要江河湖泊水功能区和县级行政区域全覆盖。

本书展示了云南省516个国控、省控断面（点位）与所在河流、湖库以及干流、支流间的位置关系，还展示了各断面（点位）的采样基础信息。希望通过本书的介绍，让从事环境监测、质量评价及管理的相关人员更加清晰地掌握河流间、河流湖库间及断面（点位）间的位置关系，有利于水质变化情况的关联分析。同时希望通过本图鉴的信息，引导公众走进、了解、信任生态环境监测，从而促进公众积极参与生态环境保护，落实生态环境监测为民服务的功能，不断健全生态环境监测文化体系。

因受掌握资料和实践经验的局限，本书中的河流名称及河源的查证、补充和修正难免有疏漏、错误之处，敬请广大读者指正。

编者

目录

001 第一章 流域概况及断面（点位）位置关系图组

003 概况
004 长江流域
017 珠江流域
026 红河流域
033 澜沧江流域
040 怒江流域
043 伊洛瓦底江流域

047 第二章 九大高原湖泊概况及断面（点位）位置关系图组

049 概况
050 滇池
052 洱海
054 抚仙湖
056 程海
057 泸沽湖
058 星云湖

059 杞麓湖
060 阳宗海
061 异龙湖

063 第三章 断面（点位）采样基础信息图组

065 2.1 昆明市（80）
145 2.2 昭通市（36）
181 2.3 曲靖市（39）
220 2.4 玉溪市（32）
252 2.5 保山市（22）
274 2.6 楚雄彝族自治州（38）
312 2.7 红河哈尼族彝族自治州（46）
358 2.8 文山壮族苗族自治州（27）
385 2.9 普洱市（32）
417 2.10 西双版纳傣族自治州（13）
430 2.11 大理白族自治州（48）
478 2.12 德宏傣族景颇族自治州（16）
494 2.13 丽江市（34）
528 2.14 怒江傈僳族自治州（15）
543 2.15 迪庆藏族自治州（17）
560 2.16 临沧市（21）

第一章

流域概况及断面（点位）位置关系图组

概况

云南省境内河川湖泊纵横，河流众多。全省有大小河流 600 多条，主要河流 180 多条，多数河流具有落差大、水流急、水量变化大的特点。云南省的江河多为入海河流的上游，集水面积较大，分别属于长江、珠江、红河、澜沧江、怒江和伊洛瓦底江六大水系，六大水系分别注入东海、南海、安达曼海、北部湾、马达班湾、孟加拉湾，并最终汇入太平洋和印度洋。

六大水系中，除珠江、红河的源头在云南境内，其余河流均为过境河流，发源于青藏高原。六大水系中的长江、珠江为国内河流，伊洛瓦底江、怒江、澜沧江和红河是国际河流，分别流经老挝、缅甸、泰国、柬埔寨、越南等国入海。如此复杂的水系在其他省份是没有的，而且云南省江河的流向由北向南，与国内多数江河自西向东的流向不同。

云南省境内湖泊众多，面积在 1 平方千米以上的湖泊共 37 个。全省湖面面积约为 1 100 平方千米，总蓄水量超过 300 亿立方米。滇中主要有滇池、抚仙湖、阳宗海、杞麓湖及星云湖等；滇西主要有洱海、程海、泸沽湖、剑湖、茈碧湖、纳帕海、碧塔海等；滇南主要有异龙湖、长桥海、大屯海等。

长江流域

金沙江是长江干流的上游，源头是沱沱河，与当曲汇合后称通天河。通天河经过青海省玉树县巴塘河口，始称为金沙江，在四川省宜宾市汇入岷江后称为长江。金沙江从河源至宜宾市全长 3 496 千米，占长江总长度的 55%，在宜宾市以上的流域面积为 48.3 万平方千米。金沙江自德钦县羊拉乡德拉村附近（入云南省处，高程 2 290 米）至昭通市水富县横江汇口（高程 270 米），省内河流长度为 1 560 千米（含川滇界河）。长江流域位于云南省北部，在云南省内总面积为 10.9 万平方千米，是云南省六大流域中面积最大的一个流域。该流域西隔云岭与澜沧江流域相接，南与红河流域相连，东南隔乌蒙山与珠江流域为界，北望四川省西南部。东部与四川、贵州接壤，是“鸡鸣三省之地”。整个流域涉及云南省昆明市、曲靖市、昭通市、楚雄彝族自治州、大理白族自治州、丽江市、迪庆藏族自治州等 7 个州（市）的 48 个县（市、区）。

长江流域集水面积为 50 平方千米以上的各级支流有 636 条，支流按集水面积具体划分为：集水面积为 10 000 平方千米以上的河流有 6 条，集水面积为 5 000～10 000 平方千米的河流有 1 条，集水面积为 1 000～5 000 平方千米的河流有 31 条，集水面积为 100～1 000 平方千米的河流有 284 条，集水面积为 50～100 平方千米的河流有 314 条。长江流域主要的一级支流有硕多岗河、漾弓江、桑园河、渔泡江、龙川江、普渡河、小江、以礼河、牛栏江、横江、赤水河等。长江流域的主要高原湖泊有滇池、程海、泸沽湖。

云南省长江流域共设置国控、省控断面（点位）201 个。其中国控断面（点位）78 个，省控断面（点位）123 个。国控断面（点位）在各州（市）的分布情况为：迪庆藏族自治州 3 个、丽江市 13 个、大理白族自治州 1 个、楚雄彝族自治州 11 个、昆明市 32 个、曲靖市 4 个、昭通市 14 个；省控断面（点位）在各州（市）的分布情况为：迪庆藏族自治州 12 个、丽江市 21 个、大理白族自治州 7 个、楚雄彝族自治州 19 个、昆明市 38 个、曲靖市 4 个、昭通市 22 个。

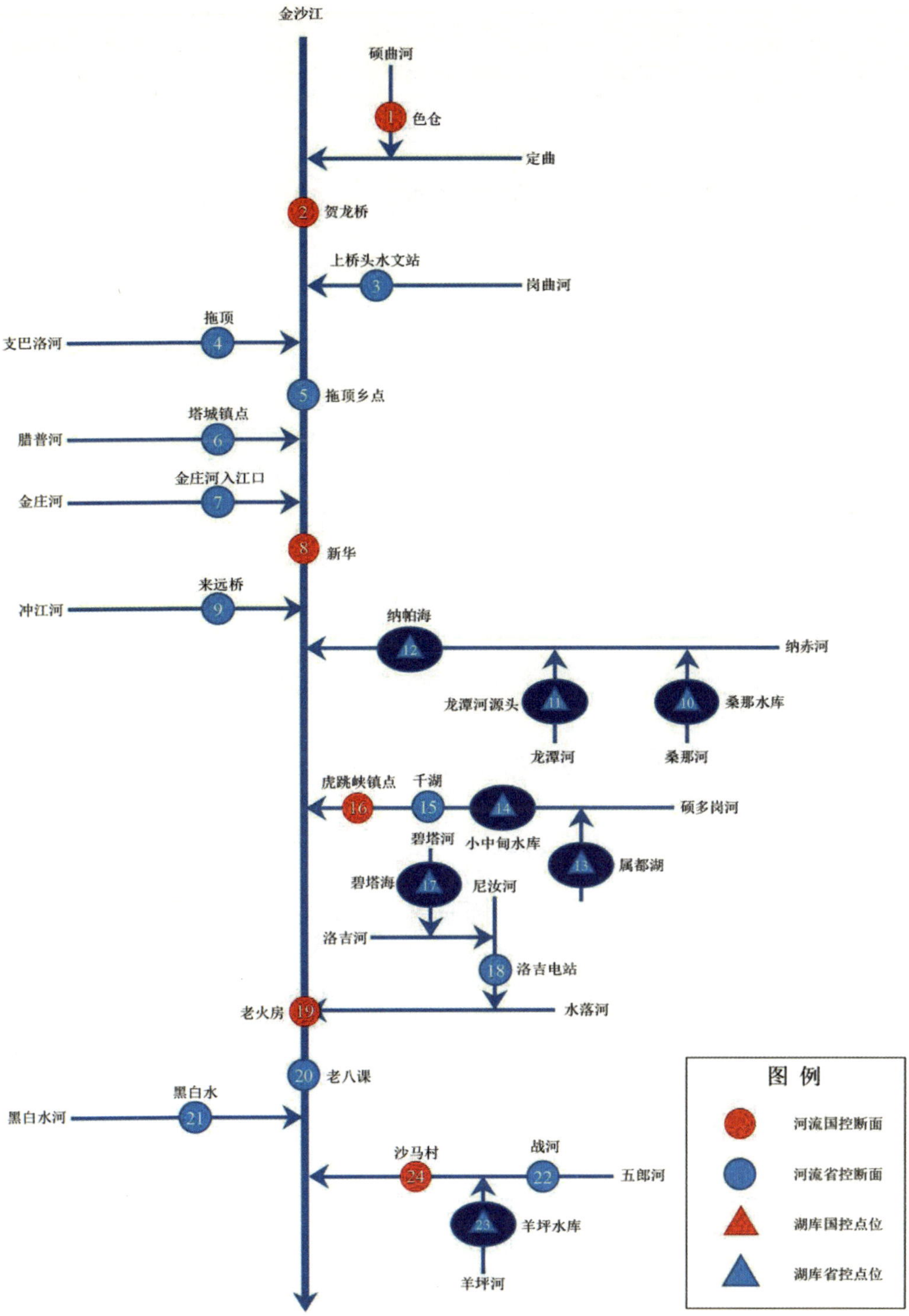
金沙江
硕曲河
色仓
定曲
贺龙桥
上桥头水文站
岗曲河
拖顶
支巴洛河
拖顶乡点
塔城镇点
腊普河
金庄河入江口
金庄河
新华
来远桥
冲江河
纳帕海
纳赤河
龙潭河源头
桑那水库
龙潭河
桑那河
虎跳峡镇点
千湖
硕多岗河
碧塔河
小中甸水库
属都湖
碧塔海
尼汝河
洛吉河
洛吉电站
老火房
水落河
老八课
黑白水
黑白水河
沙马村
战河
五郎河
羊坪水库
羊坪河
图例
河流国控断面
河流省控断面
湖库国控点位
湖库省控点位

序号	断面（点位）名称	所在州（市）	控制属性	页码
1	色仓	迪庆藏族自治州	国控	545
2	贺龙桥	迪庆藏族自治州	国控	543
3	上桥头水文站	迪庆藏族自治州	省控	551
4	拖顶	迪庆藏族自治州	省控	549
5	拖顶乡点	迪庆藏族自治州	省控	548
6	塔城镇点	迪庆藏族自治州	省控	550
7	金庄河入江口	丽江市	省控	527
8	新华	丽江市	国控	498
9	来远桥	丽江市	省控	525
10	桑那水库	迪庆藏族自治州	省控	553
11	龙潭河源头	迪庆藏族自治州	省控	554
12	纳帕海	迪庆藏族自治州	省控	558
13	属都湖	迪庆藏族自治州	省控	552
14	小中甸水库	迪庆藏族自治州	省控	556
15	千湖	迪庆藏族自治州	省控	559
16	虎跳峡镇点	迪庆藏族自治州	国控	544
17	碧塔海	迪庆藏族自治州	省控	555
18	洛吉电站	迪庆藏族自治州	省控	557
19	老火房	丽江市	国控	500
20	老八课	丽江市	省控	522
21	黑白水	丽江市	省控	523
22	战河	丽江市	省控	514
23	羊坪水库	丽江市	省控	519
24	沙马村	丽江市	国控	504

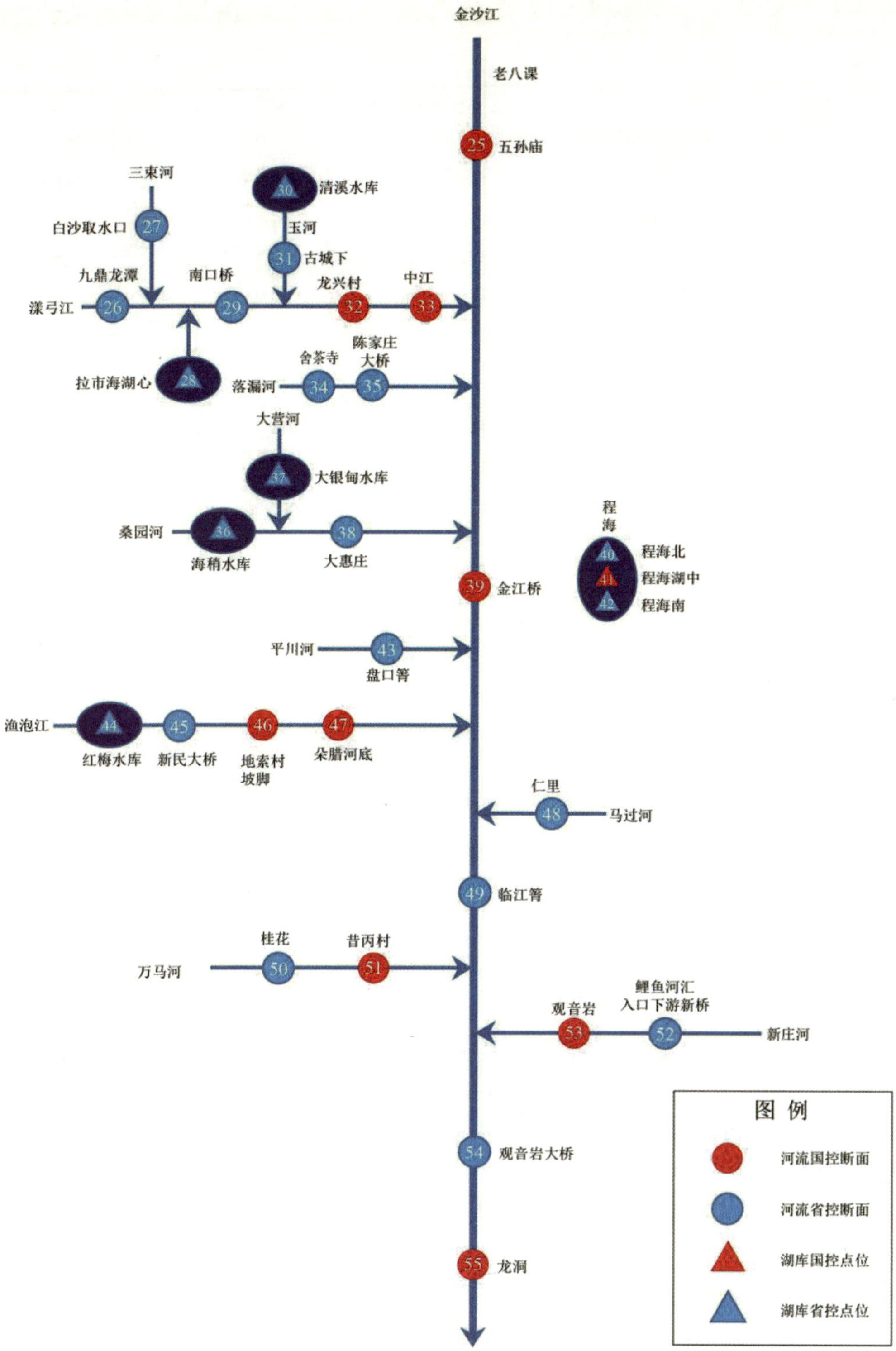
金沙江
老八课
25 五孙庙
三束河
27 白沙取水口
30 清溪水库
玉河
31 古城下
九鼎龙潭
南口桥
龙兴村
中江
漾弓江 26 29 32 33
28 拉市海湖心
舍茶寺
陈家庄大桥
落漏河 34 35
大营河
37 大银甸水库
桑园河 36 38
海稍水库
大惠庄
程海
40 程海北
41 程海湖中
42 程海南
39 金江桥
平川河 43
盘口箐
渔泡江 44 45 46 47
红梅水库
新民大桥
地索村坡脚
朵腊河底
仁里
48 马过河
49 临江箐
桂花
昔丙村
万马河 50 51
鲤鱼河汇入口下游新桥
观音岩
53 52 新庄河
54 观音岩大桥
55 龙洞
图例
河流国控断面
河流省控断面
湖库国控点位
湖库省控点位

序号	断面（点位）名称	所在州（市）	控制属性	页码
25	五孙庙	丽江市	国控	501
26	九鼎龙潭	丽江市	省控	526
27	白沙取水口	丽江市	省控	521
28	拉市海湖心	丽江市	省控	524
29	南口桥	丽江市	省控	520
30	清溪水库	丽江市	省控	508
31	古城下	丽江市	省控	507
32	龙兴村	丽江市	国控	506
33	中江	大理白族自治州	国控	430
34	舍茶寺	大理白族自治州	省控	465
35	陈家庄大桥	大理白族自治州	省控	464
36	海稍水库	大理白族自治州	省控	451
37	大银甸水库	大理白族自治州	省控	450
38	大惠庄	大理白族自治州	省控	449
39	金江桥	丽江市	国控	499
40	程海北	丽江市	省控	516
41	程海湖中	丽江市	国控	495
42	程海南	丽江市	省控	517
43	盘口箐	大理白族自治州	省控	448
44	红梅水库	楚雄彝族自治州	省控	308
45	新民大桥	大理白族自治州	省控	472
46	地索村坡脚	楚雄彝族自治州	国控	283
47	朵腊河底	楚雄彝族自治州	国控	284
48	仁里	丽江市	省控	518
49	临江箐	丽江市	省控	515
50	桂花	楚雄彝族自治州	省控	293
51	昔丙村	楚雄彝族自治州	国控	281
52	鲤鱼河汇入口下游新桥	丽江市	省控	509
53	观音岩	丽江市	国控	505
54	观音岩大桥	丽江市	省控	510
55	龙洞	丽江市	国控	497

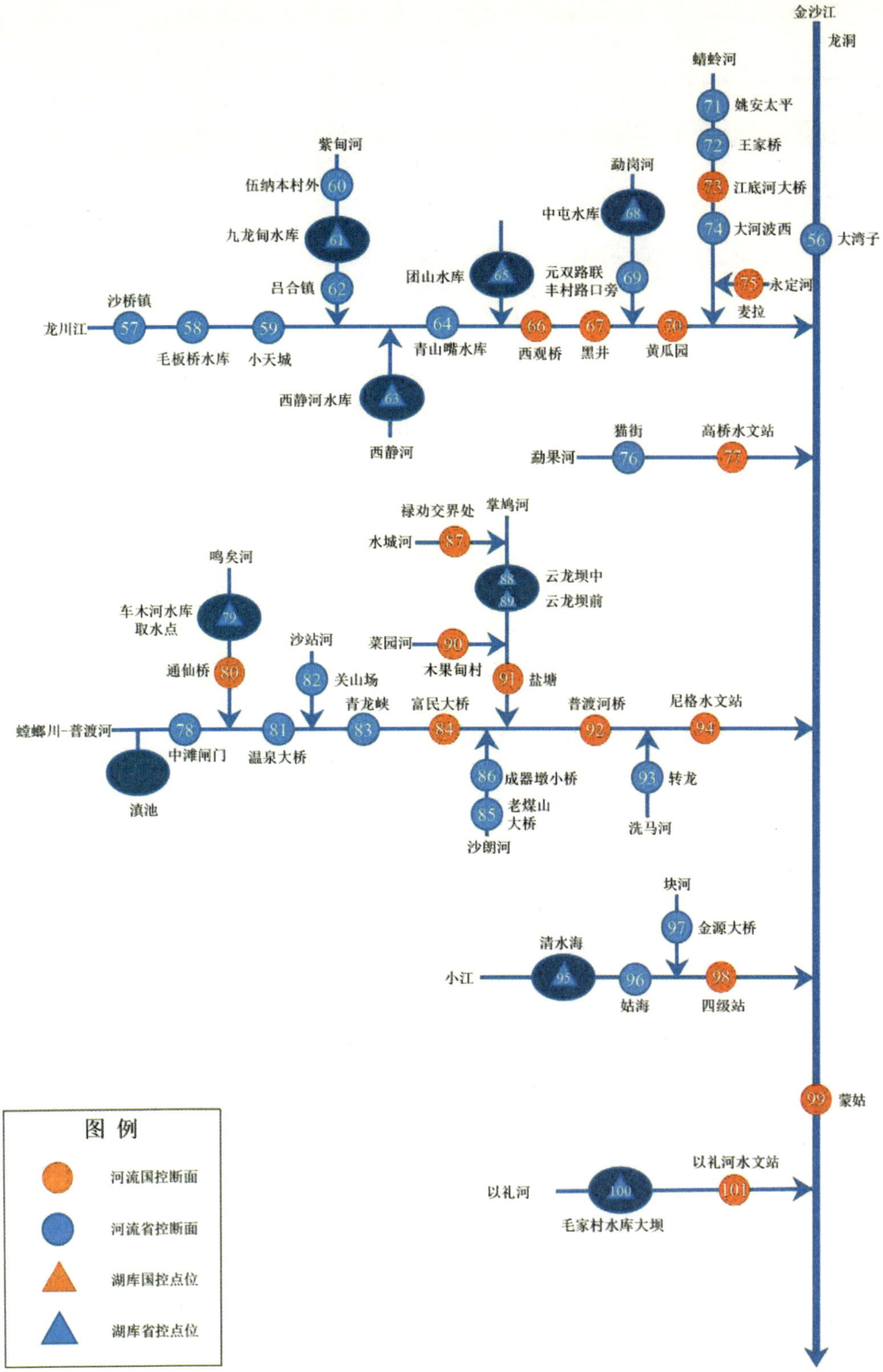

金沙江
龙洞
蜻蛉河
71 姚安太平
72 王家桥
73 江底河大桥
74 大河波西
56 大湾子
75 永定河
麦拉
紫甸河
60 伍纳本村外
61 九龙甸水库
62 吕合镇
勐岗河
68 中屯水库
69 元双路联丰村路口旁
65 团山水库
龙川江
57 沙桥镇
58 毛板桥水库
59 小天城
64 青山嘴水库
66 西观桥
67 黑井
70 黄瓜园
63 西静河水库
西静河
猫街
76
高桥水文站
77
勐果河
绿劝交界处
掌鸠河
水城河
87
88 云龙坝中
89 云龙坝前
鸣矣河
79 车木河水库取水点
80 通仙桥
沙站河
82 关山场
菜园河
90 木果甸村
91 盐塘
螳螂川-普渡河
78 中滩闸门
滇池
81 温泉大桥
83 青龙峡
84 富民大桥
92 普渡河桥
94 尼格水文站
86 成器墩小桥
85 老煤山大桥
沙朗河
93 转龙
洗马河
块河
97 金源大桥
清水海
小江
95
96 姑海
98 四级站
99 蒙姑
以礼河水文站
以礼河
100 毛家村水库大坝
101
图例
河流国控断面
河流省控断面
湖库国控点位
湖库省控点位

序号	断面（点位）名称	所在州（市）	控制属性	页码
56	大湾子	楚雄彝族自治州	省控	311
57	沙桥镇	楚雄彝族自治州	省控	303
58	毛板桥水库	楚雄彝族自治州	省控	301
59	小天城	楚雄彝族自治州	省控	302
60	伍纳本村外	楚雄彝族自治州	省控	298
61	九龙甸水库	楚雄彝族自治州	省控	291
62	吕合镇	楚雄彝族自治州	省控	292
63	西静河水库	楚雄彝族自治州	省控	290
64	青山嘴水库	楚雄彝族自治州	省控	288
65	团山水库	楚雄彝族自治州	省控	289
66	西观桥	楚雄彝族自治州	国控	276
67	黑井	楚雄彝族自治州	国控	277
68	中屯水库	楚雄彝族自治州	省控	300
69	元双路联丰村路口旁	楚雄彝族自治州	省控	299
70	黄瓜园	楚雄彝族自治州	国控	275
71	姚安太平	楚雄彝族自治州	省控	309
72	王家桥	楚雄彝族自治州	省控	307
73	江底河大桥	楚雄彝族自治州	国控	279
74	大河波西	楚雄彝族自治州	省控	310
75	麦拉	楚雄彝族自治州	国控	282
76	猫街	楚雄彝族自治州	省控	306
77	高桥水文站	楚雄彝族自治州	国控	278
78	中滩闸门	昆明市	省控	135
79	车木河水库取水点	昆明市	省控	102
80	通仙桥	昆明市	国控	85
81	温泉大桥	昆明市	省控	100
82	关山场	楚雄彝族自治州	省控	295
83	青龙峡	昆明市	省控	101
84	富民大桥	昆明市	国控	92
85	老煤山大桥	昆明市	省控	127
86	成器墩小桥	昆明市	省控	105
87	禄劝交界处	楚雄彝族自治州	国控	280
88	云龙坝中	昆明市	省控	115
89	云龙坝前	昆明市	省控	116
90	木果甸村	楚雄彝族自治州	国控	274
91	盐塘	昆明市	国控	96
92	普渡河桥	昆明市	国控	89
93	转龙	昆明市	省控	117
94	尼格水文站	昆明市	国控	90
95	清水海	昆明市	省控	140
96	姑海	昆明市	省控	104
97	金源大桥	昆明市	省控	139
98	四级站	昆明市	国控	94
99	蒙姑	昆明市	国控	65
100	毛家村水库大坝	曲靖市	省控	198
101	以礼河水文站	曲靖市	国控	184

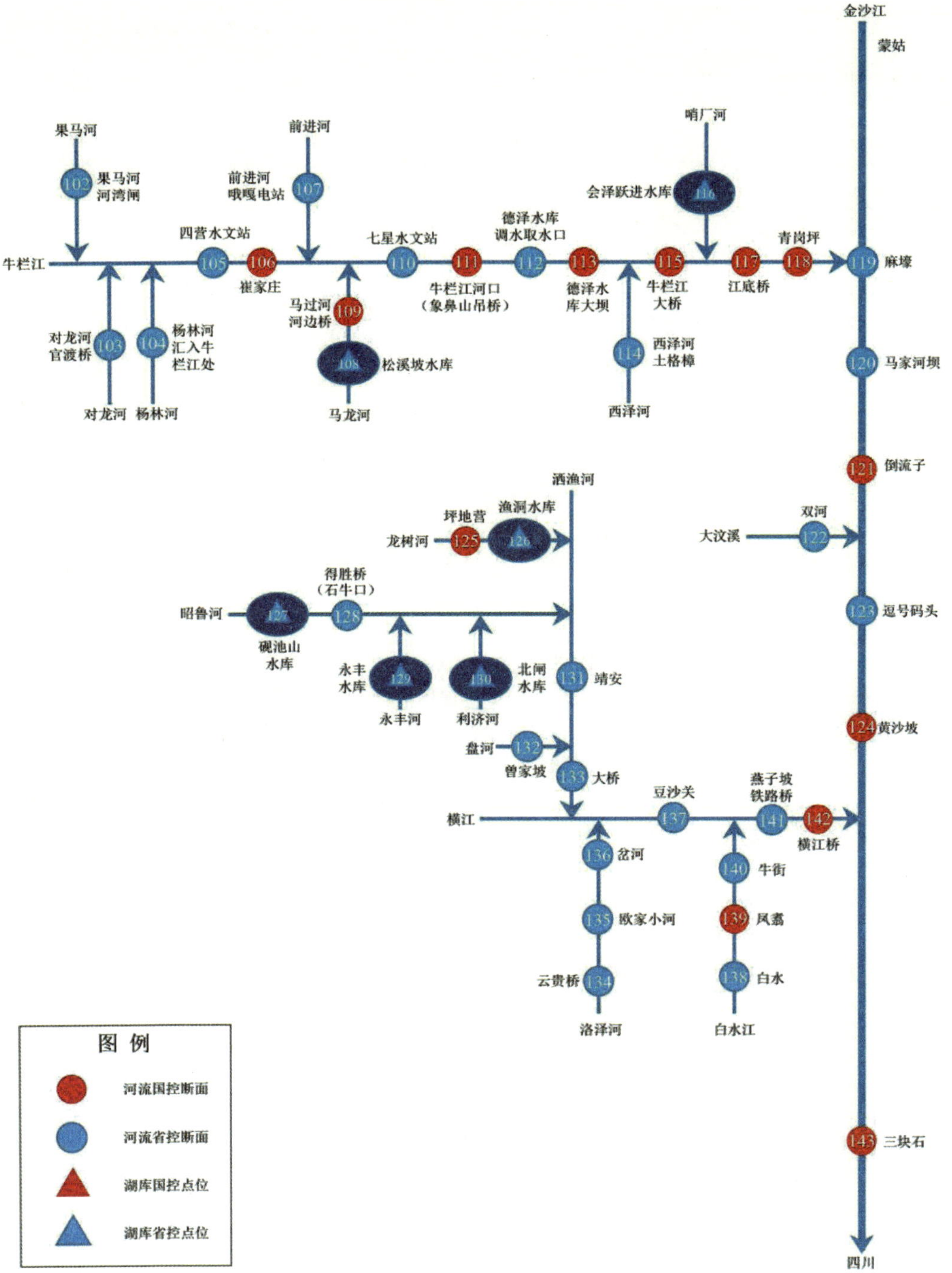

金沙江
蒙姑
果马河
102 果马河河湾闸
前进河
前进河哦嘎电站 107
哨厂河
会泽跃进水库 116
牛栏江
四营水文站 105
106 崔家庄
七星水文站 110
111 牛栏江河口（象鼻山吊桥）
德泽水库调水取水口 112
113 德泽水库大坝
115 牛栏江大桥
117 江底桥
青岗坪 118
119 麻塘
马过河河边桥 109
108 松溪坡水库
马龙河
对龙河官渡桥 103
104 杨林河汇入牛栏江处
对龙河
杨林河
114 西泽河土格樟
西泽河
120 马家河坝
121 倒流子
洒渔河
坪地营
渔洞水库
龙树河 125 126
大汶溪
双河 122
123 逗号码头
得胜桥（石牛口）
昭鲁河 127 128
砚池山水库
永丰水库 129
永丰河
130 北闸水库
利济河
131 靖安
124 黄沙坡
盘河 132
曾家坡
133 大桥
横江
豆沙关 137
燕子坡铁路桥 141
142 横江桥
136 岔河
140 牛街
135 欧家小河
139 凤翥
云贵桥 134
138 白水
洛泽河
白水江
143 三块石
四川
图例
河流国控断面
河流省控断面
湖库国控点位
湖库省控点位

序号	断面（点位）名称	所在州（市）	控制属性	页码
102	果马河河湾闸	昆明市	省控	123
103	对龙河官渡桥	昆明市	省控	126
104	杨林河汇入牛栏江处	昆明市	省控	125
105	四营水文站	昆明市	省控	124
106	崔家庄	昆明市	国控	86
107	前进河哦嘎电站	昆明市	省控	138
108	松溪坡水库	曲靖市	省控	201
109	马过河河边桥	曲靖市	国控	181
110	七星水文站	昆明市	省控	136
111	牛栏江河口（象鼻山吊桥）	昆明市	国控	87
112	德泽水库调水取水口	昆明市	省控	137
113	德泽水库大坝	曲靖市	国控	182
114	西泽河土格樟	曲靖市	省控	212
115	牛栏江大桥	曲靖市	国控	183
116	会泽跃进水库	曲靖市	省控	199
117	江底桥	昭通市	国控	155
118	青岗坪	昭通市	国控	156
119	麻壕	昭通市	省控	162
120	马家河坝	昭通市	省控	173
121	倒流子	昭通市	国控	150
122	双河	昭通市	省控	164
123	逗号码头	昭通市	省控	163
124	黄沙坡	昭通市	国控	151
125	坪地营	昭通市	国控	152
126	渔洞水库	昭通市	省控	179
127	砚池山水库	昭通市	省控	161
128	得胜桥（石牛口）	昭通市	省控	176
129	永丰水库	昭通市	省控	177
130	北闸水库	昭通市	省控	178
131	靖安	昭通市	省控	174
132	曾家坡	昭通市	省控	175
133	大桥	昭通市	省控	160
134	云贵桥	昭通市	省控	170
135	欧家小河	昭通市	省控	172
136	岔河	昭通市	省控	159
137	豆沙关	昭通市	省控	168
138	白水	昭通市	省控	167
139	凤翥	昭通市	国控	145
140	牛街	昭通市	省控	171
141	燕子坡铁路桥	昭通市	省控	169
142	横江桥	昭通市	国控	148
143	三块石	昭通市	国控	149

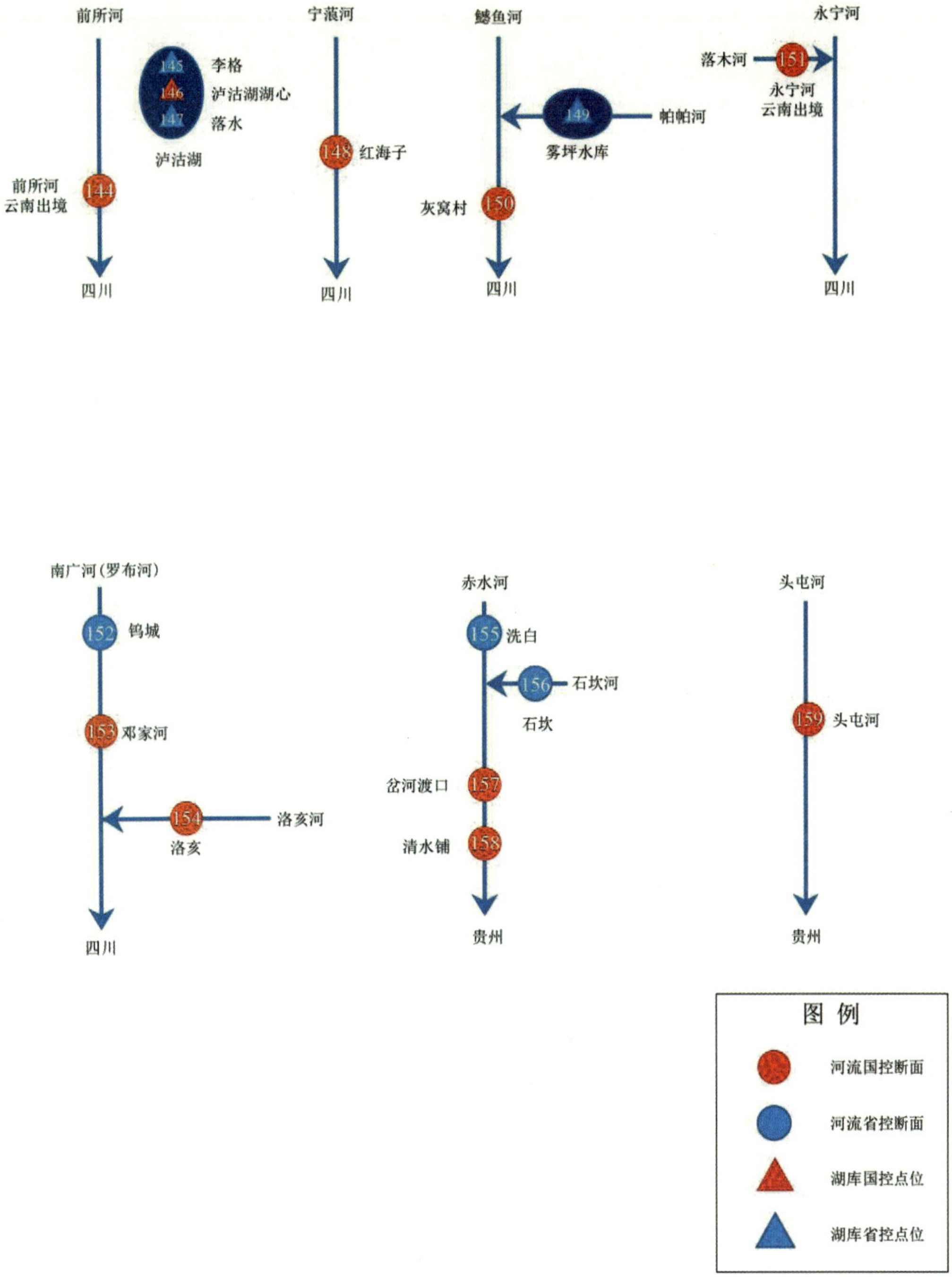
前所河
145
李格
146
泸沽湖湖心
147
落水
泸沽湖
前所河
云南出境
144
四川
宁蒗河
148
红海子
四川
鳃鱼河
149
帕帕河
雾坪水库
灰窝村
150
四川
永宁河
落木河
151
永宁河
云南出境
四川
南广河（罗布河）
152
钨城
153
邓家河
154
洛亥河
洛亥
四川
赤水河
155
洗白
156
石坎河
石坎
岔河渡口
157
清水铺
158
贵州
头屯河
159
头屯河
贵州
图 例
河流国控断面
河流省控断面
湖库国控点位
湖库省控点位

序号	断面（点位）名称	所在州（市）	控制属性	页码
144	前所河云南出境	丽江市	国控	503
145	李格	丽江市	省控	512
146	泸沽湖湖心	丽江市	国控	494
147	落水	丽江市	省控	511
148	红海子	丽江市	国控	502
149	雾坪水库	丽江市	省控	513
150	灰窝村	丽江市	国控	496
151	永宁河云南出境	昭通市	国控	158
152	钨城	昭通市	省控	165
153	邓家河	昭通市	国控	153
154	洛亥	昭通市	国控	154
155	洗白	昭通市	省控	180
156	石坎	昭通市	省控	166
157	岔河渡口	昭通市	国控	147
158	清水铺	昭通市	国控	146
159	头屯河	昭通市	国控	157

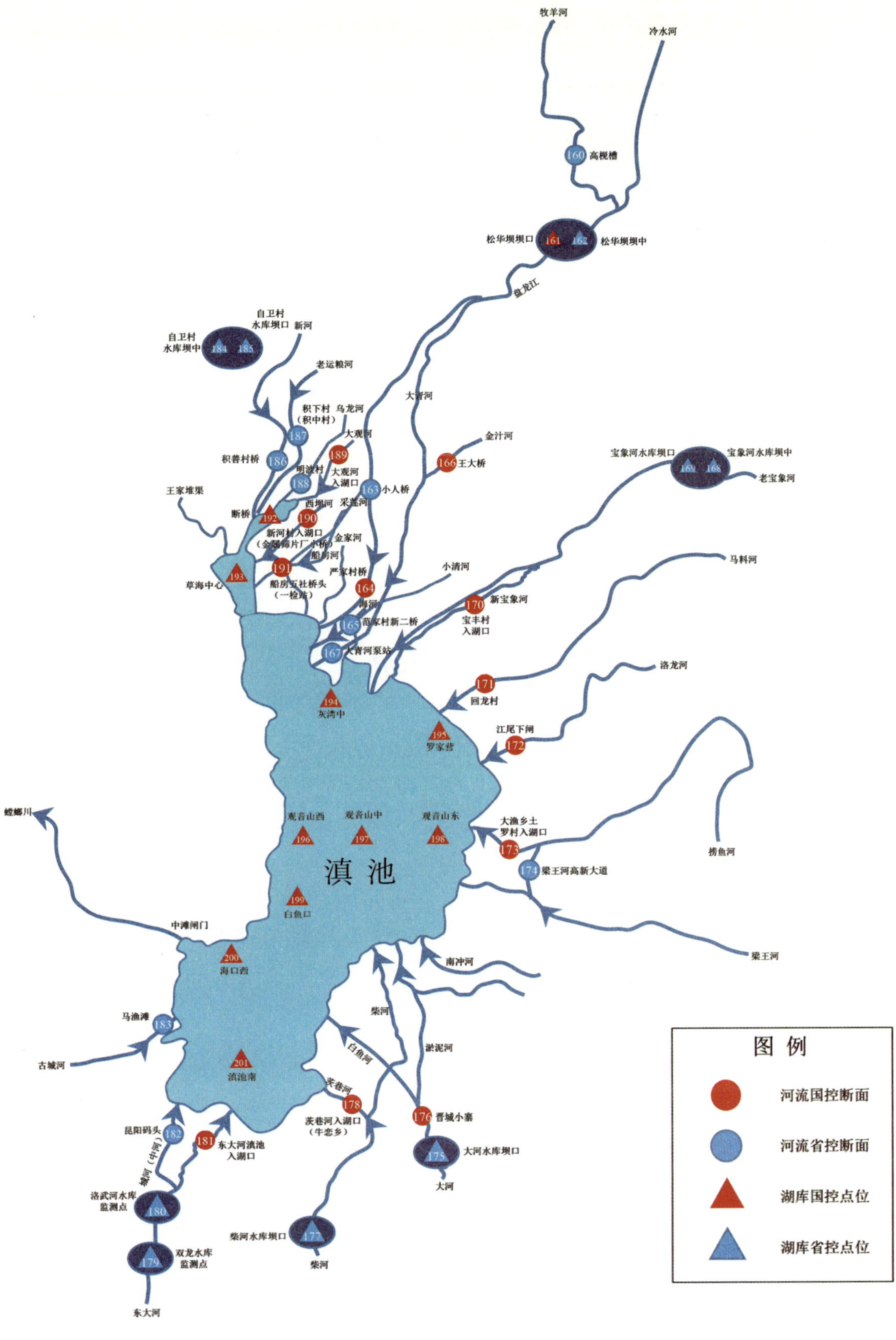
牧羊河
冷水河
160 高枧槽
松华坝坝口
161
162
松华坝坝中
盘龙江
自卫村
水库坝口
新河
自卫村
水库坝中
184
185
老运粮河
大清河
积下村
（积中村）
乌龙河
187
大观河
金汁河
积善村桥
186
189
166 王大桥
宝象河水库坝口
169
168
宝象河水库坝中
老宝象河
明波村
188
大观河
入湖口
163 小人桥
王家堆渠
断桥
192
西坝河
190
采莲河
新河村入湖口
（金属筛片厂小桥）
金家河
船房河
193
191
严家村桥
小清河
马料河
草海中心
船房五社桥头
（一检站）
164
海河
170 新宝象河
宝丰村
入湖口
165 范家村新二桥
167 大青河泵站
171
洛龙河
回龙村
194
灰湾中
江尾下闸
195
罗家营
172
大渔乡土
罗村入湖口
螳螂川
观音山西
观音山中
观音山东
196
197
198
173
捞鱼河
174 梁王河高新大道
滇池
199
白鱼口
中滩闸门
梁王河
200
海口西
南冲河
柴河
马渔滩
183
淤泥河
古城河
201
滇池南
白鱼河
茨巷河
178
茨巷河入湖口
（牛恋乡）
176 晋城小寨
昆阳码头
182
181
东大河滇池
入湖口
城河（中河）
175
大河水库坝口
大河
洛武河水库
监测点
180
柴河水库坝口
177
柴河
179
双龙水库
监测点
东大河
图例
河流国控断面
河流省控断面
湖库国控点位
湖库省控点位

序号	断面（点位）名称	所在州（市）	控制属性	页码
160	高枧槽	昆明市	省控	118
161	松华坝坝口	昆明市	国控	91
162	松华坝坝中	昆明市	省控	119
163	小人桥	昆明市	省控	134
164	严家村桥	昆明市	国控	88
165	范家村新二桥	昆明市	省控	106
166	王大桥	昆明市	国控	81
167	大青河泵站	昆明市	省控	130
168	宝象河水库坝中	昆明市	省控	108
169	宝象河水库坝口	昆明市	省控	107
170	宝丰村入湖口	昆明市	国控	66
171	回龙村	昆明市	国控	84
172	江尾下闸	昆明市	国控	83
173	大渔乡土罗村入湖口	昆明市	国控	82
174	梁王河高新大道	昆明市	省控	103
175	大河水库坝口	昆明市	省控	111
176	晋城小寨	昆明市	国控	95
177	柴河水库坝口	昆明市	省控	114
178	茨巷河入湖口（牛恋乡）	昆明市	国控	68
179	双龙水库监测点	昆明市	省控	113
180	洛武河水库监测点	昆明市	省控	112
181	东大河滇池入湖口	昆明市	国控	80
182	昆阳码头	昆明市	省控	109
183	马渔滩	昆明市	省控	110
184	自卫村水库坝中	昆明市	省控	128
185	自卫村水库坝口	昆明市	省控	129
186	积善村桥	昆明市	省控	133
187	积下村（积中村）	昆明市	省控	131
188	明波村	昆明市	省控	132
189	大观河入湖口	昆明市	国控	69
190	新河村入湖口（金属筛片厂小桥）	昆明市	国控	93
191	船房五社桥头（一检站）	昆明市	国控	67
192	断桥	昆明市	国控	79
193	草海中心	昆明市	国控	70
194	灰湾中	昆明市	国控	71
195	罗家营	昆明市	国控	72
196	观音山西	昆明市	国控	75
197	观音山中	昆明市	国控	74
198	观音山东	昆明市	国控	73
199	白鱼口	昆明市	国控	78
200	海口西	昆明市	国控	76
201	滇池南	昆明市	国控	77

珠江流域

云南省是珠江的发源地，境内涉及南盘江、北盘江及右江水系，包含干流南盘江，主要支流有北盘江、曲江、沙甸河、泸江、甸溪河、小江、黄泥河等，以及抚仙湖、星云湖、杞麓湖、阳宗海和异龙湖 5 个高原湖泊，云南省境内流域面积为 5.86 万平方千米。整个流域涉及云南省昆明市、曲靖市、玉溪市、红河哈尼族彝族自治州及文山壮族苗族自治州等 5 个州（市）的 28 个县（市、区）。

珠江的干流为南盘江，其发源于云南省曲靖市沾益区马雄山南麓，源头高程为 2 444 米，由北向南流经沾益区、麒麟区、陆良县、石林彝族自治县、宜良县、华宁县、弥勒市等，在开远小龙潭转向东北，经弥勒市、泸西县、丘北县、师宗县至罗平与支流黄泥河汇合后在三江口的云南、贵州、广西三省（区）交界处出境。出境地的高程为 720 米，落差为 1 724 米。

珠江流域在云南省境内集水面积为 50 平方千米以上的各级支流有 266 条。支流按集水面积具体划分为：集水面积为 10 000 平方千米以上的河流有 2 条，集水面积为 5 000～10 000 平方千米的河流有 3 条，集水面积为 1 000～5 000 平方千米的河流有 15 条，集水面积为 100～1 000 平方千米的河流有 142 条，集水面积为 50～100 平方千米的河流有 104 条。珠江流域在云南境内集水面积为 3 000 平方千米以上的主要支流有黄泥河、曲江、泸江、甸溪河、清水江、北盘江、右江等。

云南省珠江流域共设置国控、省控断面（点位）99 个。其中国控断面（点位）30 个，省控断面（点位）69 个。国控断面（点位）在各州（市）的分布情况为：曲靖市 10 个、昆明市 3 个、玉溪市 6 个、红河哈尼族彝族自治州 5 个、文山壮族苗族自治州 6 个；省控断面（点位）在各州（市）的分布情况为：曲靖市 21 个、昆明市 7 个、玉溪市 15 个、红河哈尼族彝族自治州 22 个、文山壮族苗族自治州 4 个。

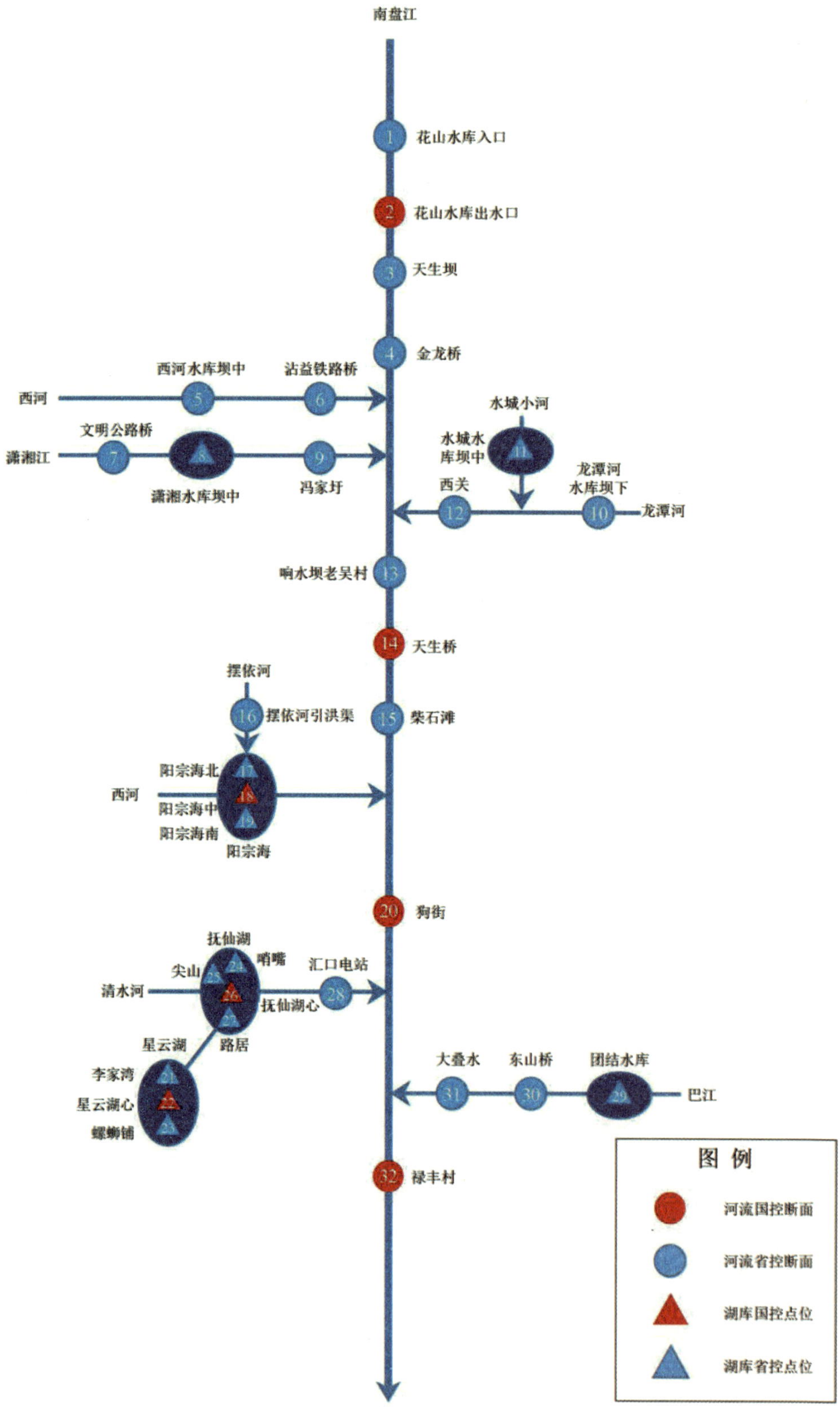
南盘江
花山水库入口
花山水库出水口
天生坝
金龙桥
西河水库坝中
沾益铁路桥
西河
水城小河
文明公路桥
潇湘江
水城水
库坝中
龙潭河
水库坝下
潇湘水库坝中
冯家圩
西关
龙潭河
响水坝老吴村
天生桥
摆依河
摆依河引洪渠
柴石滩
阳宗海北
西河
阳宗海中
阳宗海南
阳宗海
狗街
抚仙湖
哨嘴
汇口电站
尖山
清水河
抚仙湖心
星云湖
路居
大叠水
东山桥
团结水库
李家湾
巴江
星云湖心
螺蛳铺
禄丰村
图 例
河流国控断面
河流省控断面
湖库国控点位
湖库省控点位

序号	断面（点位）名称	所在州（市）	控制属性	页码
1	花山水库入口	曲靖市	省控	214
2	花山水库出水口	曲靖市	国控	190
3	天生坝	曲靖市	省控	215
4	金龙桥	曲靖市	省控	202
5	西河水库坝中	曲靖市	省控	216
6	沾益铁路桥	曲靖市	省控	217
7	文明公路桥	曲靖市	省控	209
8	潇湘水库坝中	曲靖市	省控	203
9	冯家圩	曲靖市	省控	208
10	龙潭河水库坝下	曲靖市	省控	207
11	水城水库坝中	曲靖市	省控	204
12	西关	曲靖市	省控	210
13	响水坝老吴村	曲靖市	省控	206
14	天生桥	曲靖市	国控	191
15	柴石滩	昆明市	省控	143
16	摆依河引洪渠	昆明市	省控	144
17	阳宗海北	昆明市	省控	142
18	阳宗海中	昆明市	国控	99
19	阳宗海南	昆明市	省控	141
20	狗街	昆明市	国控	98
21	李家湾	玉溪市	省控	243
22	星云湖心	玉溪市	国控	224
23	螺蛳铺	玉溪市	省控	244
24	哨嘴	玉溪市	省控	231
25	尖山	玉溪市	省控	230
26	抚仙湖心	玉溪市	国控	220
27	路居	玉溪市	省控	242
28	汇口电站	玉溪市	省控	232
29	团结水库	昆明市	省控	122
30	东山桥	昆明市	省控	120
31	大叠水	昆明市	省控	121
32	禄丰村	昆明市	国控	97

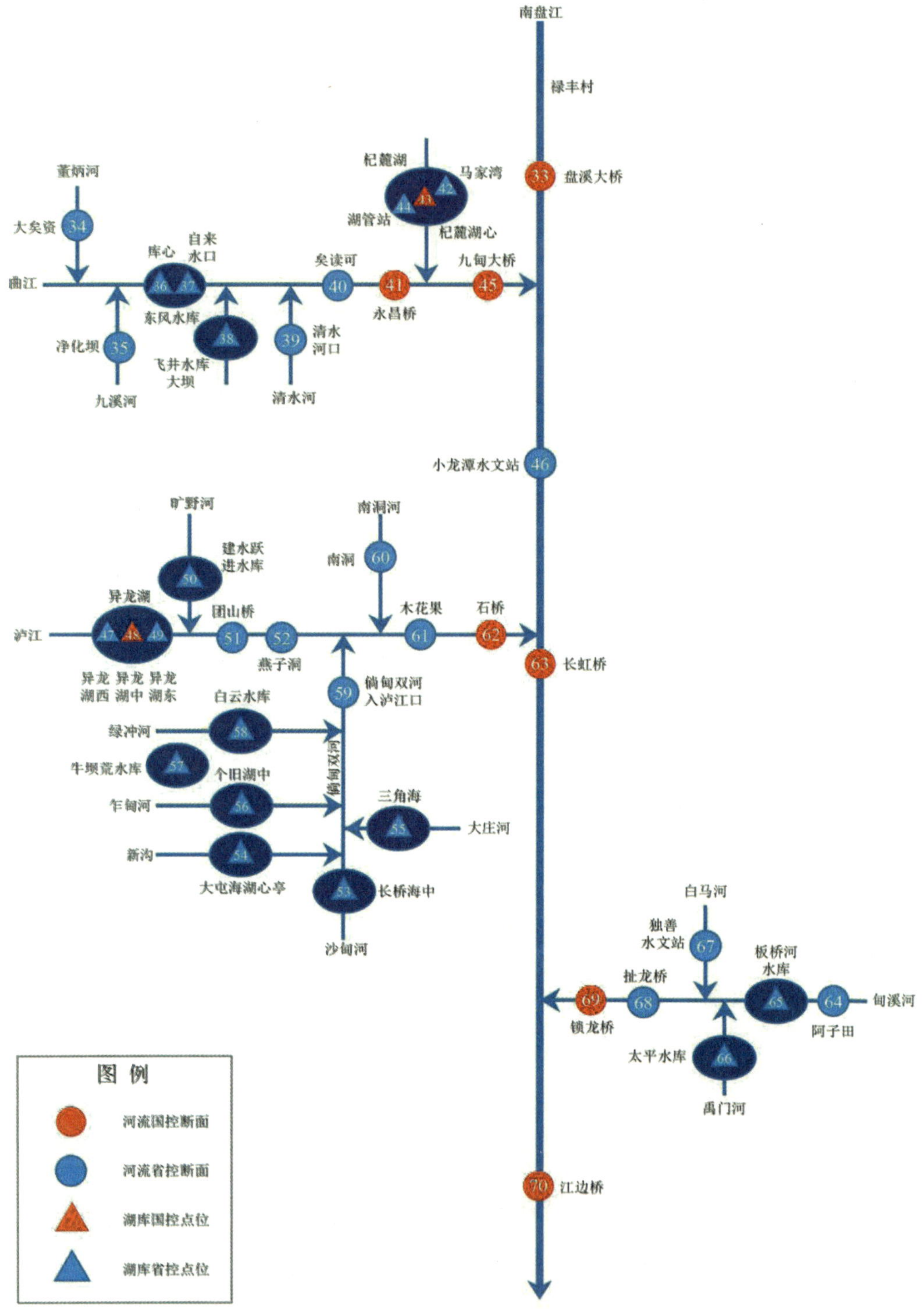
南盘江
绿丰村
33 盘溪大桥
董炳河
34 大矣资
曲江
库心
自来水口
36 37
东风水库
38 飞井水库大坝
35 净化坝
九溪河
39 清水河口
清水河
矣读可
40
41 永昌桥
杞麓湖
42 马家湾
43
44 湖管站
杞麓湖心
九甸大桥
45
46 小龙潭水文站
旷野河
50 建水跃进水库
南洞河
60 南洞
异龙湖
泸江
47 48 49
异龙湖西 异龙湖中 异龙湖东
51 团山桥
52 燕子洞
61 木花果
62 石桥
63 长虹桥
59 倘甸双河入泸江口
白云水库
绿冲河
58
57 牛坝荒水库
个旧湖中
乍甸河
56
倘甸双河
三角海
55
大庄河
新沟
54
大屯海湖心亭
53 长桥海中
沙甸河
白马河
独善水文站
67
板桥河水库
扯龙桥
69 68 65 64
镇龙桥
阿子田
甸溪河
66 太平水库
禹门河
70 江边桥
图例
河流国控断面
河流省控断面
湖库国控点位
湖库省控点位

序号	断面（点位）名称	所在州（市）	控制属性	页码
33	盘溪大桥	玉溪市	国控	221
34	大矣资	玉溪市	省控	240
35	净化坝	玉溪市	省控	241
36	库心	玉溪市	省控	238
37	自来水口	玉溪市	省控	237
38	飞井水库大坝	玉溪市	省控	239
39	清水河口	玉溪市	省控	235
40	矣读可	玉溪市	省控	236
41	永昌桥	玉溪市	国控	223
42	马家湾	玉溪市	省控	246
43	杞麓湖心	玉溪市	国控	222
44	湖管站	玉溪市	省控	245
45	九甸大桥	玉溪市	国控	228
46	小龙潭水文站	红河哈尼族彝族自治州	省控	341
47	异龙湖西	红河哈尼族彝族自治州	省控	357
48	异龙湖中	红河哈尼族彝族自治州	国控	325
49	异龙湖东	红河哈尼族彝族自治州	省控	356
50	建水跃进水库	红河哈尼族彝族自治州	省控	336
51	团山桥	红河哈尼族彝族自治州	省控	335
52	燕子洞	红河哈尼族彝族自治州	省控	334
53	长桥海中	红河哈尼族彝族自治州	省控	349
54	大屯海湖心亭	红河哈尼族彝族自治州	省控	326
55	三角海	红河哈尼族彝族自治州	省控	342
56	个旧湖中	红河哈尼族彝族自治州	省控	330
57	牛坝荒水库	红河哈尼族彝族自治州	省控	331
58	白云水库	红河哈尼族彝族自治州	省控	329
59	倘甸双河入泸江口	红河哈尼族彝族自治州	省控	328
60	南洞	红河哈尼族彝族自治州	省控	339
61	木花果	红河哈尼族彝族自治州	省控	340
62	石桥	红河哈尼族彝族自治州	国控	313
63	长虹桥	红河哈尼族彝族自治州	国控	314
64	阿子田	红河哈尼族彝族自治州	省控	344
65	板桥河水库	红河哈尼族彝族自治州	省控	345
66	太平水库	红河哈尼族彝族自治州	省控	353
67	独善水文站	红河哈尼族彝族自治州	省控	346
68	扯龙桥	红河哈尼族彝族自治州	省控	352
69	锁龙桥	红河哈尼族彝族自治州	国控	312
70	江边桥	红河哈尼族彝族自治州	国控	315

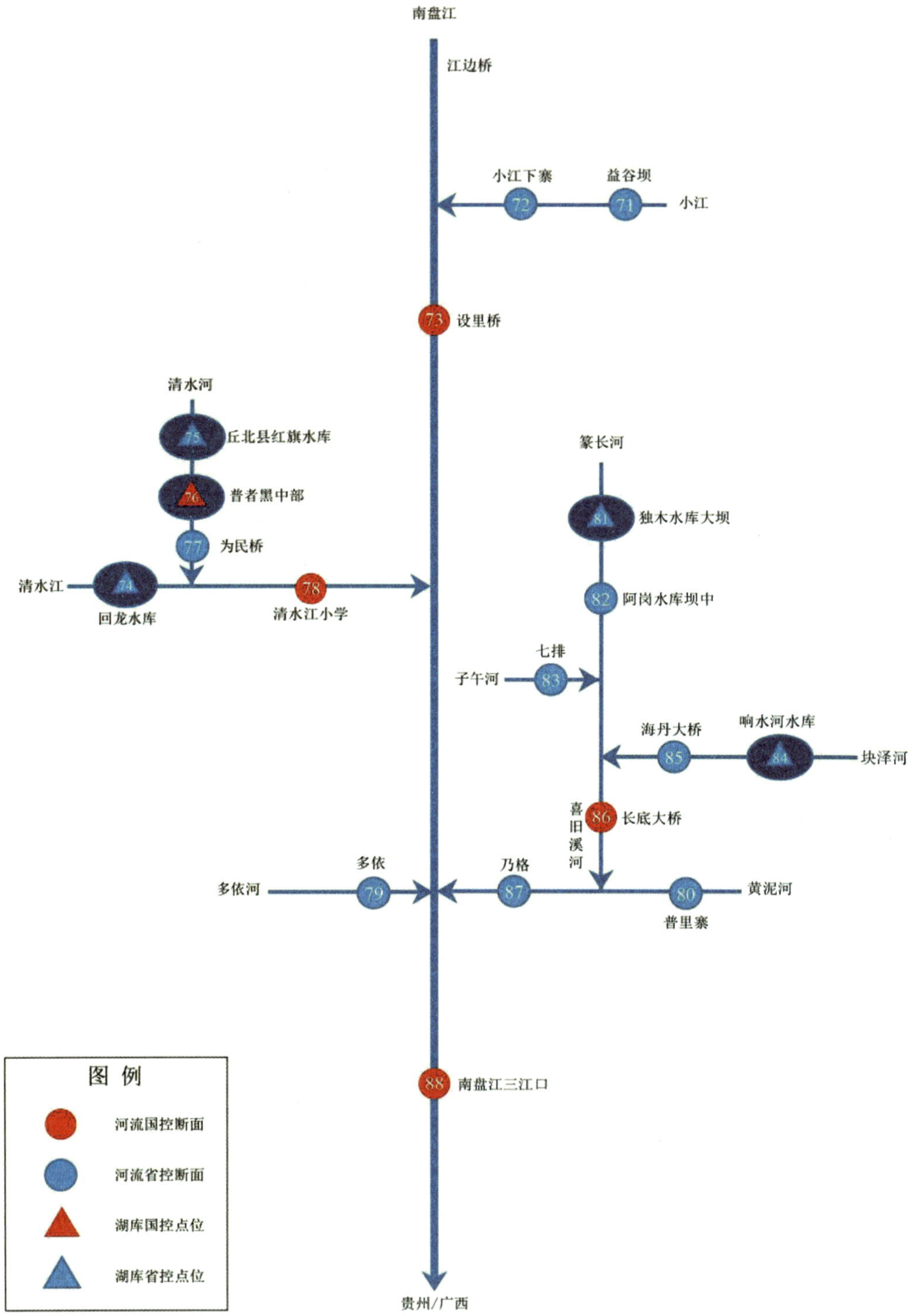
南盘江
江边桥
小江下寨
益谷坝
72
71
小江
73
设里桥
清水河
75
丘北县红旗水库
76
普者黑中部
77
为民桥
清水江
74
回龙水库
78
清水江小学
篆长河
81
独木水库大坝
82
阿岗水库坝中
七排
子午河
83
海丹大桥
响水河水库
85
84
块泽河
喜旧溪河
86
长底大桥
多依
乃格
多依河
79
87
80
黄泥河
普里寨
88
南盘江三江口
贵州/广西
图例
河流国控断面
河流省控断面
湖库国控点位
湖库省控点位

序号	断面（点位）名称	所在州（市）	控制属性	页码
71	益谷坝	红河哈尼族彝族自治州	省控	347
72	小江下寨	红河哈尼族彝族自治州	省控	343
73	设里桥	曲靖市	国控	192
74	回龙水库	文山壮族苗族自治州	省控	384
75	丘北县红旗水库	文山壮族苗族自治州	省控	377
76	普者黑中部	文山壮族苗族自治州	国控	362
77	为民桥	文山壮族苗族自治州	省控	378
78	清水江小学	文山壮族苗族自治州	国控	363
79	多依	曲靖市	省控	219
80	普里寨	曲靖市	省控	196
81	独木水库大坝	曲靖市	省控	205
82	阿岗水库坝中	曲靖市	省控	218
83	七排	曲靖市	省控	211
84	响水河水库	曲靖市	省控	197
85	海丹大桥	曲靖市	省控	195
86	长底大桥	曲靖市	国控	193
87	乃格	曲靖市	省控	200
88	南盘江三江口	曲靖市	国控	189

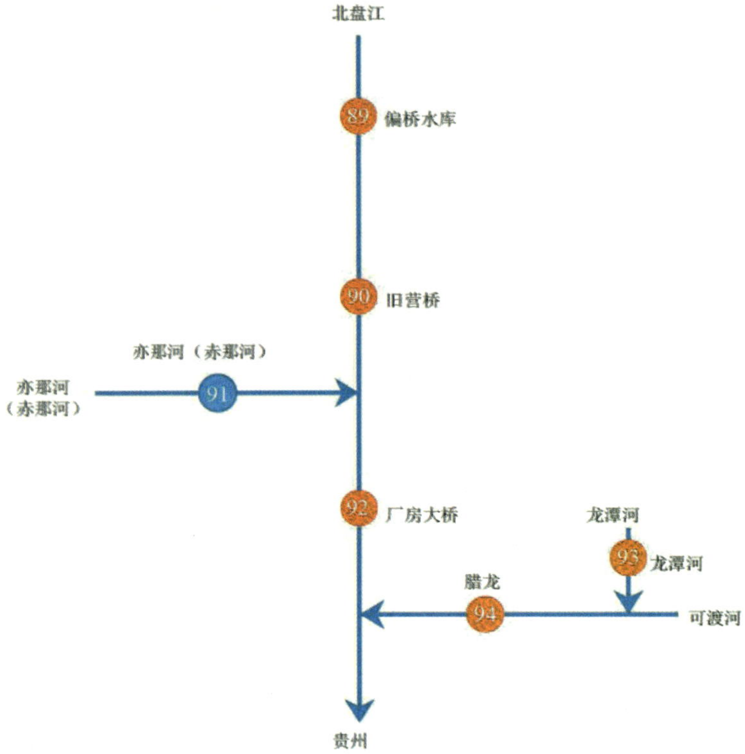
北盘江
89 偏桥水库
90 旧营桥
赤那河（赤那河）
赤那河
（赤那河）
91
92 厂房大桥
龙潭河
93 龙潭河
腊龙
94
可渡河
贵州

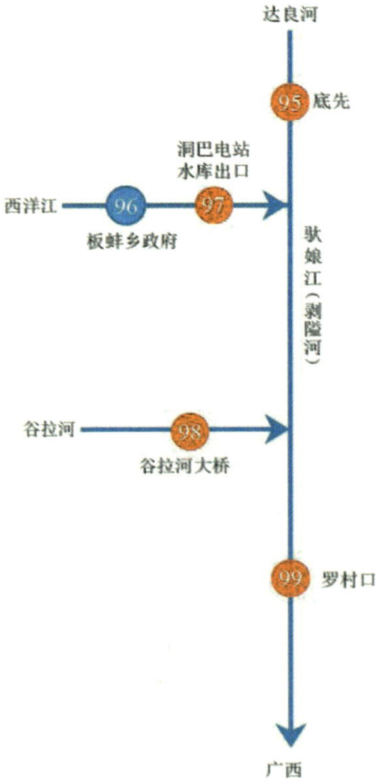
达良河
95 底先
洞巴电站
水库出口
西洋江
96
97
板蚌乡政府
驮娘江（剥隘河）
谷拉河
98
谷拉河大桥
99 罗村口
广西

图 例
河流国控断面
河流省控断面
湖库国控点位
湖库省控点位

序号	断面（点位）名称	所在州（市）	控制属性	页码
89	偏桥水库	曲靖市	国控	187
90	旧营桥	曲靖市	国控	186
91	亦那河（赤那河）	曲靖市	省控	213
92	厂房大桥	曲靖市	国控	185
93	龙潭河	曲靖市	国控	188
94	腊龙	曲靖市	国控	194
95	底先	文山壮族苗族自治州	国控	360
96	板蚌乡政府	文山壮族苗族自治州	省控	370
97	洞巴电站水库出口	文山壮族苗族自治州	国控	364
98	谷拉河大桥	文山壮族苗族自治州	国控	361
99	罗村口	文山壮族苗族自治州	国控	359

红河流域

红河是跨越中国与越南两境的国际河流，红河流域位于云南省中部及东南部，北与金沙江流域毗邻，东接珠江流域，西部与云岭南延余脉无量山和澜沧江流域相隔，南部与越南接壤，云南省境内流域集水面积为 7.67 万平方千米。红河发源于大理白族自治州巍山彝族回族自治县永建镇六摩村与大理市下关镇梧栖村交界的山岭，发源地高程为 2 640 米，大致呈西北—东南流向，干流先后流经巍山彝族回族自治县、南涧彝族自治县、弥渡县、南华县、双柏县、新平彝族傣族自治县、元江哈尼族彝族傣族自治县、元阳县、石屏县、建水县、个旧市、金平苗族瑶族傣族自治县、河口瑶族自治县等。元江为红河的上游段，小河底河汇入后始称红河，在红河哈尼族彝族自治州河口瑶族自治县河口镇流入越南，途经越南后汇入太平洋北部湾。

红河流域集水面积在 50 平方千米以上的各级支流共有 417 条。支流按集水面积具体划分为：集水面积为 10 000 平方千米以上的河流有 2 条，集水面积为 5 000～10 000 平方千米的河流有 3 条，集水面积为 1 000～5 000 平方千米的河流有 15 条，集水面积为 100～1 000 平方千米的河流有 159 条，集水面积为 50～100 平方千米的河流有 238 条。红河流域干流河长为 680.1 千米，落差为 2 564 米，平均比降为 1.7‰。云南省境内的李仙江、盘龙河、藤条江、南利河（又称普梅江）等主要支流在云南省境内均自成独立的水系，各支流的流向大致与干流平行，出境后先后汇入红河。云南省境内主要一级支流还有绿汁江、小河底河、南溪河等。

云南省红河流域共设置国控、省控断面（点位）71 个。其中国控断面（点位）28 个，省控断面（点位）43 个。国控断面（点位）在各州（市）的分布情况为：大理白族自治州 3 个、楚雄彝族自治州 3 个、玉溪市 4 个、普洱市 3 个、文山壮族苗族自治州 6 个、红河哈尼族彝族自治州 9 个；省控断面（点位）在各州（市）的分布情况为：大理白族自治州 4 个、楚雄彝族自治州 5 个、玉溪市 7 个、普洱市 6 个、文山壮族苗族自治州 11 个、红河哈尼族彝族自治州 10 个。

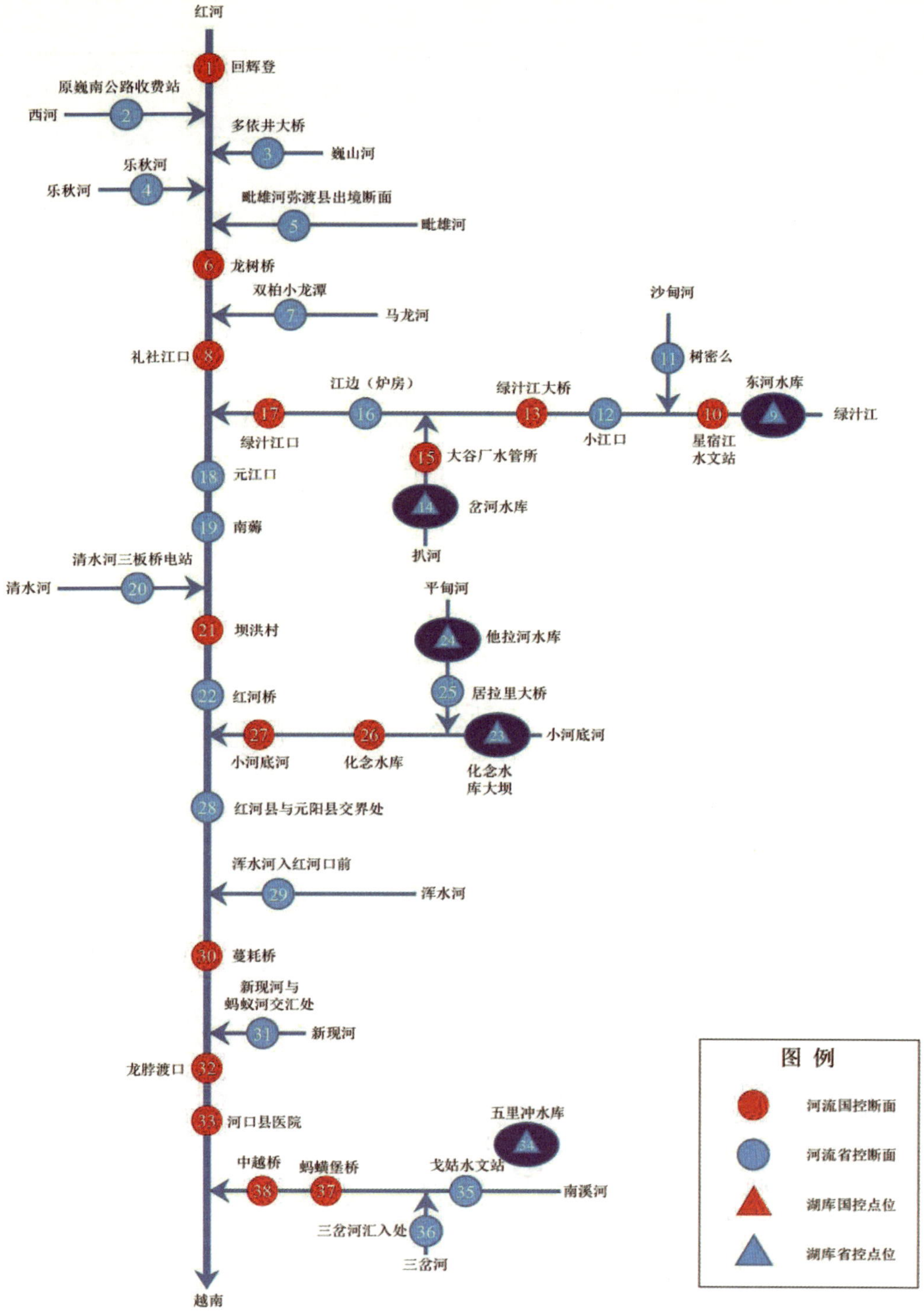
红河
1 回辉登
原巍南公路收费站
西河 2
多依井大桥
3 巍山河
乐秋河
乐秋河 4
毗雄河弥渡县出境断面
5 毗雄河
6 龙树桥
双柏小龙潭
7 马龙河
沙甸河
礼社江口 8
11 树密么
江边（炉房）
绿汁江大桥
东河水库
17 16 13 12 10 9 绿汁江
绿汁江口
小江口
星宿江
水文站
15 大谷厂水管所
14 岔河水库
扒河
18 元江口
19 南蒴
清水河三板桥电站
清水河 20
平甸河
21 坝洪村
24 他拉河水库
25 居拉里大桥
22 红河桥
27 26 23 小河底河
小河底河
化念水库
化念水
库大坝
28 红河县与元阳县交界处
浑水河入红河口前
29 浑水河
30 蔓耗桥
新现河与
蚂蚁河交汇处
31 新现河
龙脖渡口 32
33 河口县医院
五里冲水库
34
中越桥
蚂蟥堡桥
戈姑水文站
38 37 35 南溪河
三岔河汇入处 36
三岔河
越南
图 例
河流国控断面
河流省控断面
湖库国控点位
湖库省控点位

序号	断面（点位）名称	所在州（市）	控制属性	页码
1	回辉登	大理白族自治州	国控	441
2	原巍南公路收费站	大理白族自治州	省控	471
3	多依井大桥	大理白族自治州	省控	469
4	乐秋河	大理白族自治州	省控	470
5	毗雄河弥渡县出境断面	大理白族自治州	省控	468
6	龙树桥	大理白族自治州	国控	440
7	双柏小龙潭	楚雄彝族自治州	省控	305
8	礼社江口	楚雄彝族自治州	国控	285
9	东河水库	楚雄彝族自治州	省控	296
10	星宿江水文站	楚雄彝族自治州	国控	287
11	树密么	楚雄彝族自治州	省控	297
12	小江口	楚雄彝族自治州	省控	294
13	绿汁江大桥	玉溪市	国控	229
14	岔河水库	玉溪市	省控	250
15	大谷厂水管所	玉溪市	国控	225
16	江边（炉房）	玉溪市	省控	234
17	绿汁江口	楚雄彝族自治州	国控	286
18	元江口	楚雄彝族自治州	省控	304
19	南薅	玉溪市	省控	248
20	清水河三板桥电站	玉溪市	省控	251
21	坝洪村	玉溪市	国控	227
22	红河桥	红河哈尼族彝族自治州	省控	333
23	化念水库大坝	玉溪市	省控	233
24	他拉河水库	玉溪市	省控	249
25	居拉里大桥	玉溪市	省控	247
26	化念水库	玉溪市	国控	226
27	小河底河	红河哈尼族彝族自治州	国控	324
28	红河县与元阳县交界处	红河哈尼族彝族自治州	省控	332
29	浑水河入红河口前	红河哈尼族彝族自治州	省控	327
30	蔓耗桥	红河哈尼族彝族自治州	国控	318
31	新现河与蚂蚁河交汇处	红河哈尼族彝族自治州	省控	354
32	龙脖渡口	红河哈尼族彝族自治州	国控	316
33	河口县医院	红河哈尼族彝族自治州	国控	317
34	五里冲水库	红河哈尼族彝族自治州	省控	350
35	戈姑水文站	红河哈尼族彝族自治州	省控	351
36	三岔河汇入处	红河哈尼族彝族自治州	省控	355
37	蚂蟥堡桥	红河哈尼族彝族自治州	国控	320
38	中越桥	红河哈尼族彝族自治州	国控	319

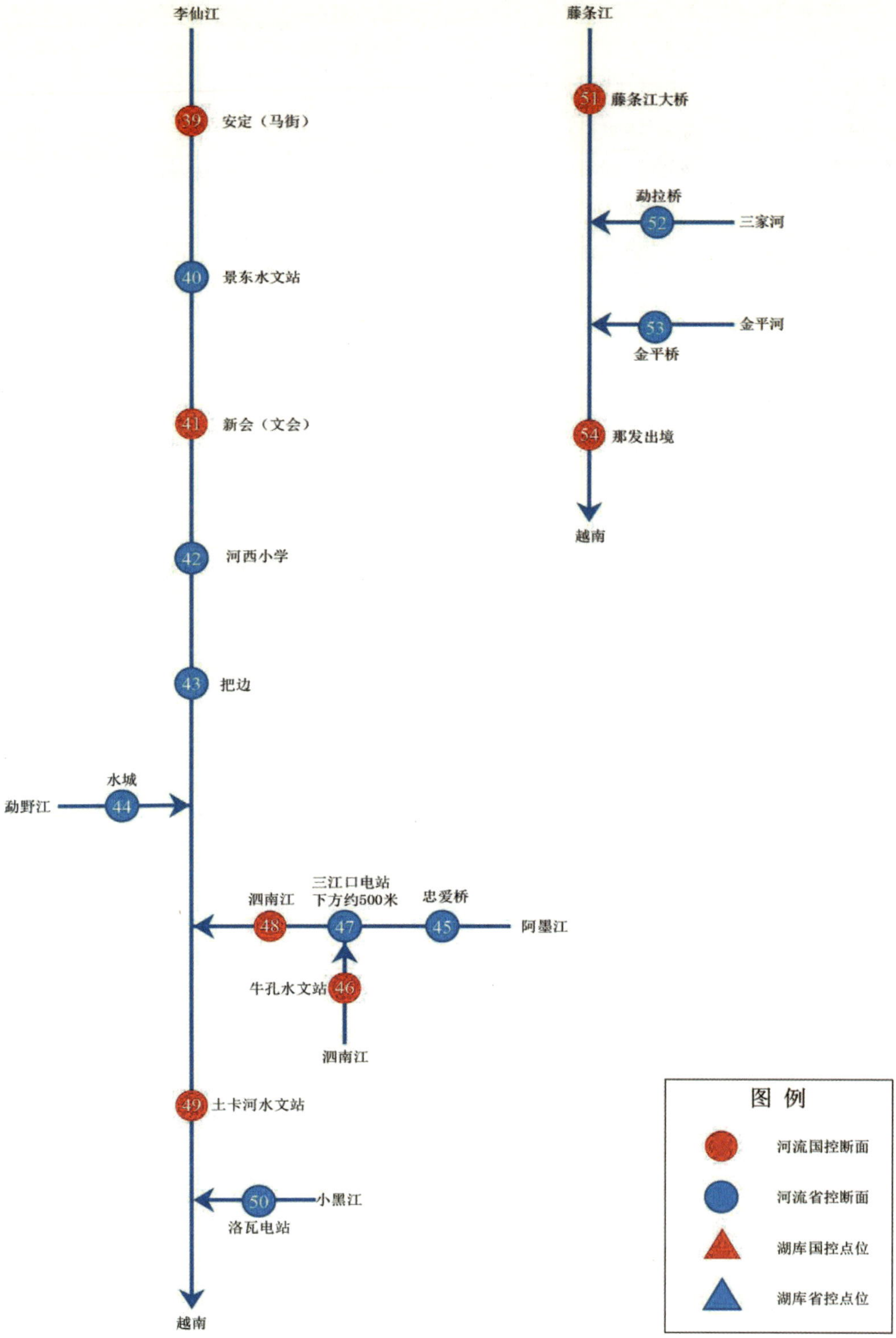
李仙江
39 安定（马街）
40 景东水文站
41 新会（文会）
42 河西小学
43 把边
水城
勐野江
44
三江口电站
下方约500米
泗南江
48
47
忠爱桥
45
阿墨江
牛孔水文站
46
泗南江
49 土卡河水文站
50
小黑江
洛瓦电站
越南
藤条江
51 藤条江大桥
勐拉桥
52
三家河
53
金平河
金平桥
54 那发出境
越南
图 例
河流国控断面
河流省控断面
湖库国控点位
湖库省控点位

序号	断面（点位）名称	所在州（市）	控制属性	页码
39	安定（马街）	大理白族自治州	国控	442
40	景东水文站	普洱市	省控	402
41	新会（文会）	普洱市	国控	390
42	河西小学	普洱市	省控	415
43	把边	普洱市	省控	409
44	水城	普洱市	省控	401
45	忠爱桥	普洱市	省控	408
46	牛孔水文站	红河哈尼族彝族自治州	国控	321
47	三江口电站下方约 500 米	普洱市	省控	407
48	泗南江	普洱市	国控	385
49	土卡河水文站	普洱市	国控	389
50	洛瓦电站	红河哈尼族彝族自治州	省控	348
51	藤条江大桥	红河哈尼族彝族自治州	国控	323
52	勐拉桥	红河哈尼族彝族自治州	省控	337
53	金平桥	红河哈尼族彝族自治州	省控	338
54	那发出境	红河哈尼族彝族自治州	国控	322

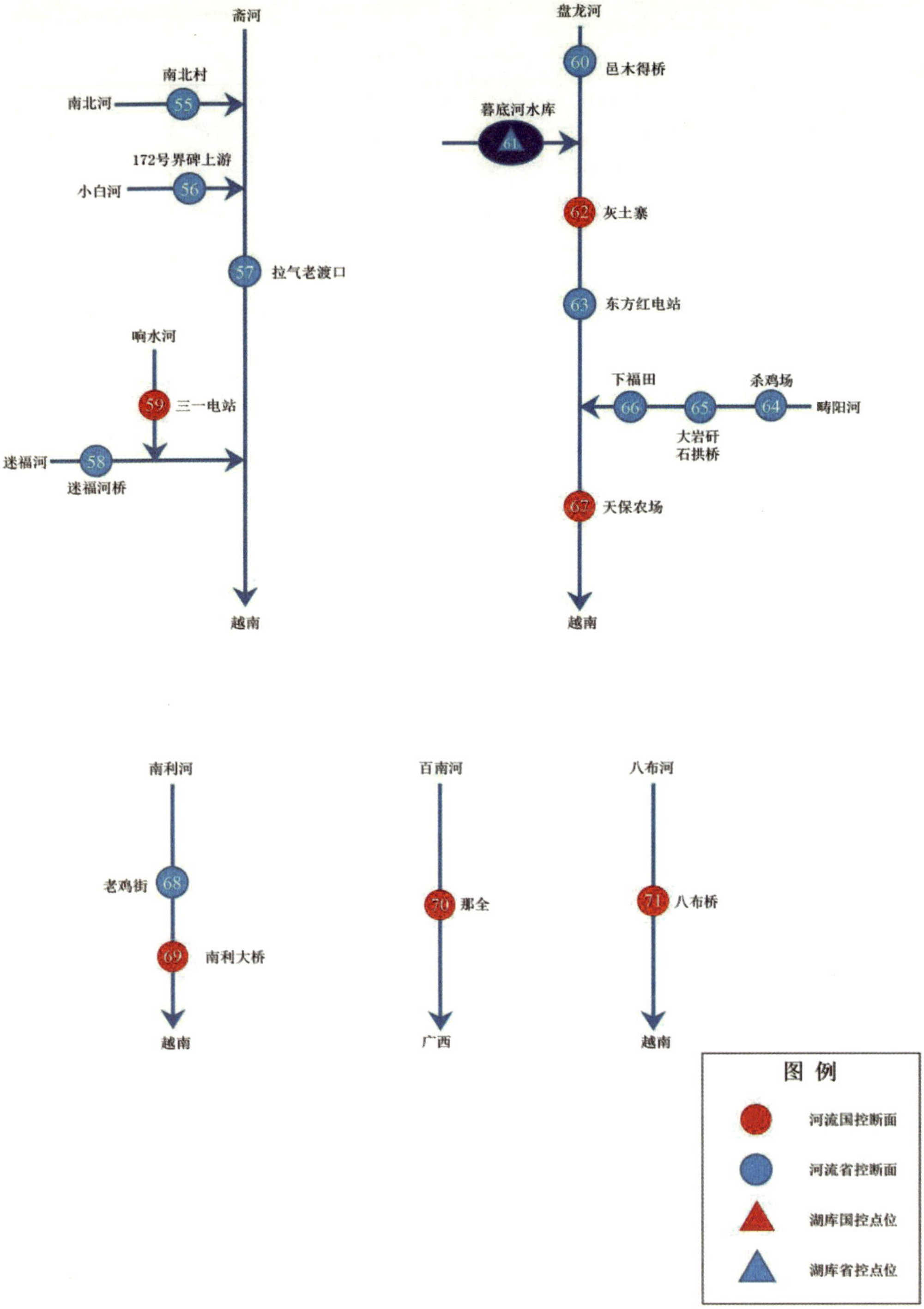
斋河
南北村
南北河
55
172号界碑上游
小白河
56
57
拉气老渡口
响水河
59
三一电站
迷福河
58
迷福河桥
越南
盘龙河
60
邑木得桥
暮底河水库
61
62
灰土寨
63
东方红电站
下福田
杀鸡场
66
65
64
畴阳河
大岩矸
石拱桥
67
天保农场
越南
南利河
老鸡街
68
69
南利大桥
越南
百南河
70
那全
广西
八布河
71
八布桥
越南
图 例
河流国控断面
河流省控断面
湖库国控点位
湖库省控点位

序号	断面（点位）名称	所在州（市）	控制属性	页码
55	南北村	文山壮族苗族自治州	省控	374
56	172 号界碑上游	文山壮族苗族自治州	省控	373
57	拉气老渡口	文山壮族苗族自治州	省控	375
58	迷福河桥	文山壮族苗族自治州	省控	376
59	三一电站	文山壮族苗族自治州	国控	369
60	邑木得桥	文山壮族苗族自治州	省控	379
61	暮底河水库	文山壮族苗族自治州	省控	381
62	灰土寨	文山壮族苗族自治州	国控	368
63	东方红电站	文山壮族苗族自治州	省控	380
64	杀鸡场	文山壮族苗族自治州	省控	383
65	大岩矸石拱桥	文山壮族苗族自治州	省控	372
66	下福田	文山壮族苗族自治州	省控	371
67	天保农场	文山壮族苗族自治州	国控	367
68	老鸡街	文山壮族苗族自治州	省控	382
69	南利大桥	文山壮族苗族自治州	国控	366
70	那全	文山壮族苗族自治州	国控	358
71	八布桥	文山壮族苗族自治州	国控	365

澜沧江流域

澜沧江发源于青藏高原唐古拉山北麓查加日玛西侧，发源地有两个源头，主流北源是扎纳曲，南源是吉曲，两个源头向东流入西藏昌都地区汇合后，始称澜沧江。澜沧江流经青海、西藏、云南三省（区），出境后流经缅甸、老挝、泰国、柬埔寨和越南，在越南西贡市西南侧注入南海，澜沧江有“东方多瑙河”的美誉。

澜沧江在他念他翁山（云南省境内称怒山）和宁静山（云南省境内称云岭）的夹峙下，在德钦县的佛山乡地边界界河汇口流入云南省，入境处的高程为 2 248 米。澜沧江纵贯云南省西部，干流自北向南流经迪庆藏族自治州、怒江傈僳族自治州、大理白族自治州、保山市、临沧市、普洱市和西双版纳傣族自治州，在云南省西双版纳傣族自治州勐腊县南腊河口出境流入缅甸，始称湄公河，出境处高程为 480 米，天然落差为 1 768 米。

澜沧江流域在云南省境内干流河长为 1 227.4 千米，落差为 1 768 米，集水面积为 9.24 万平方千米。澜沧江流域在云南省境内集水面积为 50 平方千米以上的各级支流有 486 条。支流按集水面积具体划分为：集水面积为 10 000 平方千米以上的河流有 1 条，集水面积为 5 000～10 000 平方千米的河流有 4 条，集水面积为 1 000～5 000 平方千米的河流有 17 条，集水面积为 100～1 000 平方千米的河流有 181 条，集水面积为 50～100 平方千米的河流有 283 条。澜沧江的主要支流有沘江、黑惠江、罗闸河、小黑江、威远江、黑河、补远江、流沙河、南垒河等。澜沧江流域的主要高原湖泊有洱海。

云南省澜沧江流域共设置国控、省控断面（点位）88 个。其中国控断面（点位）46 个，省控断面（点位）42 个。国控断面（点位）在各州（市）的分布情况为：迪庆藏族自治州 1 个、怒江傈僳族自治州 3 个、大理白族自治州 14 个、保山市 2 个、临沧市 5 个、普洱市 11 个、西双版纳傣族自治州 10 个；省控断面（点位）在各州（市）的分布情况为：迪庆藏族自治州 1 个、怒江傈僳族自治州 4 个、大理白族自治州 19 个、保山市 1 个、临沧市 5 个、普洱市 9 个、西双版纳傣族自治州 3 个。

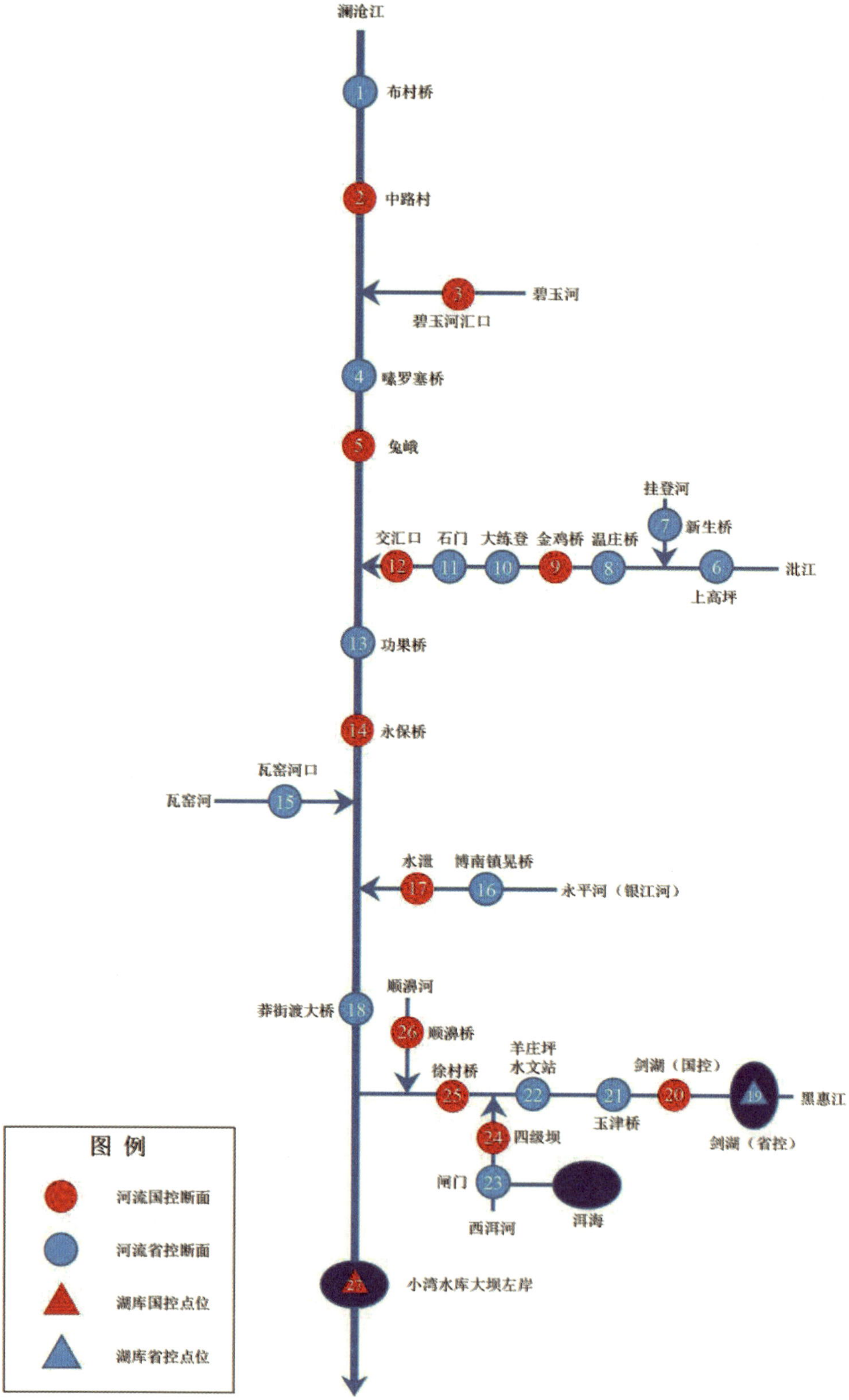
澜沧江
1 布村桥
2 中路村
3 碧玉河汇口
碧玉河
4 嗦罗塞桥
5 兔峨
挂登河
7 新生桥
交汇口 12
石门 11
大练登 10
金鸡桥 9
温庄桥 8
6 上高坪
沘江
13 功果桥
14 永保桥
瓦窑河口 15
瓦窑河
水澄 17
博南镇晃桥 16
永平河（银江河）
菲街渡大桥 18
顺濞河
26 顺濞桥
徐村桥 25
羊庄坪水文站 22
21 玉津桥
剑湖（国控）20
19 剑湖（省控）
黑惠江
24 四级坝
闸门 23
西洱河
洱海
27 小湾水库大坝左岸
图 例
河流国控断面
河流省控断面
湖库国控点位
湖库省控点位

序号	断面（点位）名称	所在州（市）	控制属性	页码
1	布村桥	迪庆藏族自治州	省控	547
2	中路村	迪庆藏族自治州	国控	546
3	碧玉河汇口	怒江傈僳族自治州	国控	533
4	嗉罗塞桥	怒江傈僳族自治州	省控	540
5	兔峨	怒江傈僳族自治州	国控	530
6	上高坪	怒江傈僳族自治州	省控	538
7	新生桥	怒江傈僳族自治州	省控	537
8	温庄桥	怒江傈僳族自治州	省控	539
9	金鸡桥	怒江傈僳族自治州	国控	528
10	大练登	大理白族自治州	省控	477
11	石门	大理白族自治州	省控	475
12	交汇口	大理白族自治州	国控	431
13	功果桥	大理白族自治州	省控	476
14	永保桥	保山市	国控	254
15	瓦窑河口	保山市	省控	265
16	博南镇晃桥	大理白族自治州	省控	474
17	水泄	大理白族自治州	国控	446
18	莽街渡大桥	临沧市	省控	571
19	剑湖（省控）	大理白族自治州	省控	467
20	剑湖（国控）	大理白族自治州	国控	439
21	玉津桥	大理白族自治州	省控	466
22	羊庄坪水文站	大理白族自治州	省控	473
23	闸门	大理白族自治州	省控	454
24	四级坝	大理白族自治州	国控	445
25	徐村桥	大理白族自治州	国控	438
26	顺濞桥	大理白族自治州	国控	444
27	小湾水库大坝左岸	大理白族自治州	国控	447

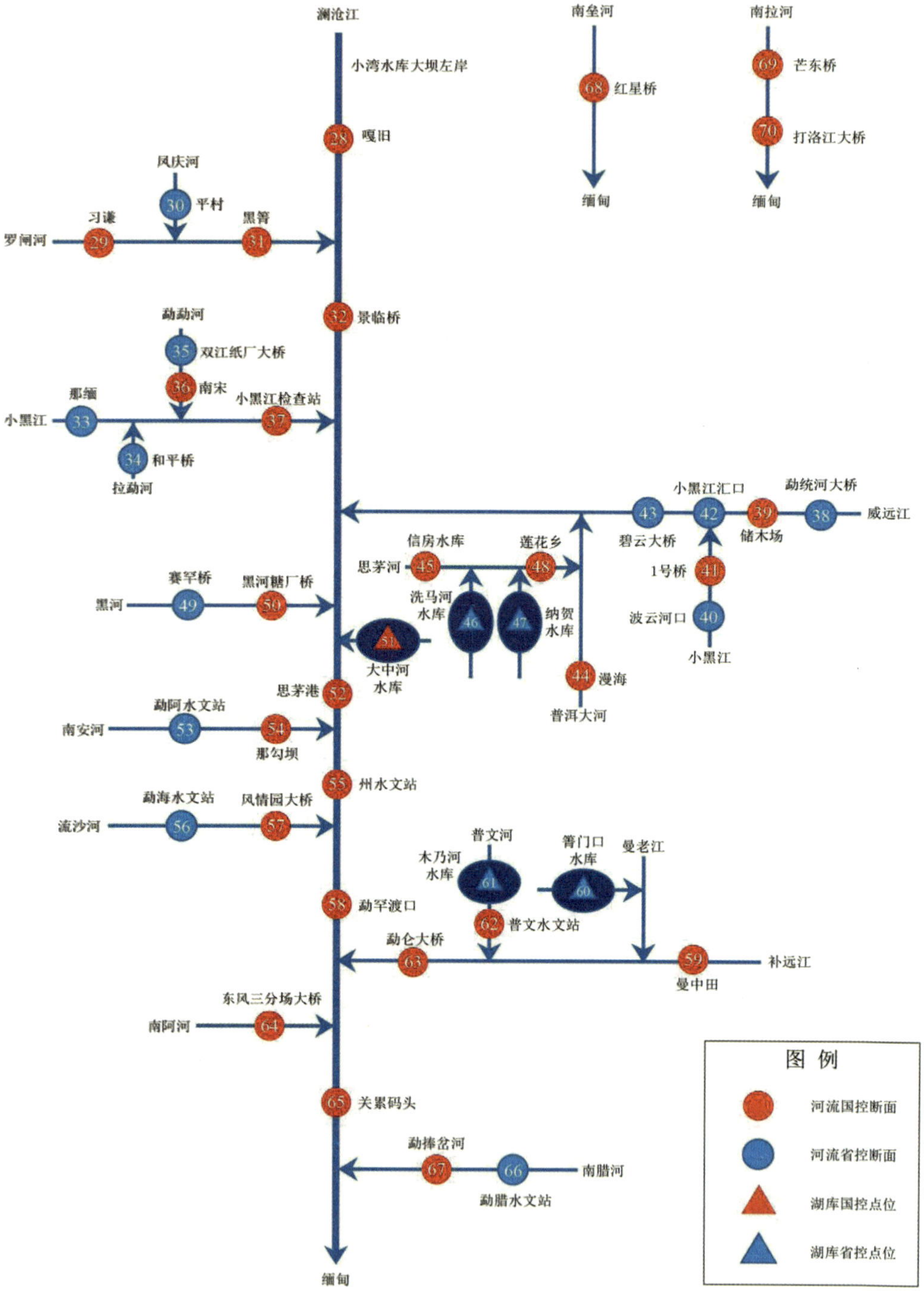
澜沧江
小湾水库大坝左岸
28 嘎旧
风庆河
30 平村
习谦
罗闸河
29
黑箐
31
32 景临桥
勐勐河
35 双江纸厂大桥
36 南宋
那缅
小黑江
33
小黑江检查站
37
34 和平桥
拉勐河
南垒河
68 红星桥
缅甸
南拉河
69 芒东桥
70 打洛江大桥
缅甸
小黑江汇口
勐统河大桥
43
42
39
38
威远江
碧云大桥
储木场
信房水库
莲花乡
思茅河
45
48
1号桥
41
洗马河水库
46
47
纳贺水库
波云河口
40
小黑江
赛罕桥
黑河糖厂桥
黑河
49
50
51
大中河水库
44 漫海
普洱大河
思茅港
52
勐阿水文站
南安河
53
54
那勾坝
55 州水文站
勐海水文站
风情园大桥
流沙河
56
57
普文河
木乃河水库
61
箐门口水库
60
曼老江
58 勐罕渡口
62 普文水文站
勐仑大桥
63
59
补远江
曼中田
东风三分场大桥
南阿河
64
65 关累码头
勐捧岔河
67
66
南腊河
勐腊水文站
缅甸
图例
河流国控断面
河流省控断面
湖库国控点位
湖库省控点位

序号	断面（点位）名称	所在州（市）	控制属性	页码
28	嘎旧	临沧市	国控	560
29	习谦	保山市	国控	256
30	平村	临沧市	省控	572
31	黑箐	临沧市	国控	562
32	景临桥	临沧市	国控	561
33	那缅	临沧市	省控	573
34	和平桥	临沧市	省控	570
35	双江纸厂大桥	临沧市	省控	577
36	南宋	临沧市	国控	563
37	小黑江检查站	临沧市	国控	568
38	勐统河大桥	普洱市	省控	416
39	储木场	普洱市	国控	398
40	波云河口	普洱市	省控	403
41	1 号桥	普洱市	国控	399
42	小黑江汇口	普洱市	省控	404
43	碧云大桥	普洱市	省控	405
44	漫海	普洱市	国控	395
45	信房水库	普洱市	国控	397
46	洗马河水库	普洱市	省控	410
47	纳贺水库	普洱市	省控	411
48	莲花乡	普洱市	国控	396
49	赛罕桥	普洱市	省控	406
50	黑河糖厂桥	普洱市	国控	387
51	大中河水库	普洱市	国控	400
52	思茅港	普洱市	国控	388
53	勐阿水文站	西双版纳傣族自治州	省控	427
54	那勾坝	西双版纳傣族自治州	国控	425
55	州水文站	西双版纳傣族自治州	国控	418
56	勐海水文站	西双版纳傣族自治州	省控	428
57	风情园大桥	西双版纳傣族自治州	国控	421
58	勐罕渡口	西双版纳傣族自治州	国控	419
59	曼中田	普洱市	国控	386
60	箐门口水库	普洱市	省控	413
61	木乃河水库	普洱市	省控	412
62	普文水文站	西双版纳傣族自治州	国控	426
63	勐仑大桥	西双版纳傣族自治州	国控	417
64	东风三分场大桥	西双版纳傣族自治州	国控	422
65	关累码头	西双版纳傣族自治州	国控	420
66	勐腊水文站	西双版纳傣族自治州	省控	429
67	勐捧岔河	西双版纳傣族自治州	国控	424
68	红星桥	普洱市	国控	393
69	芒东桥	普洱市	国控	392
70	打洛江大桥	西双版纳傣族自治州	国控	423

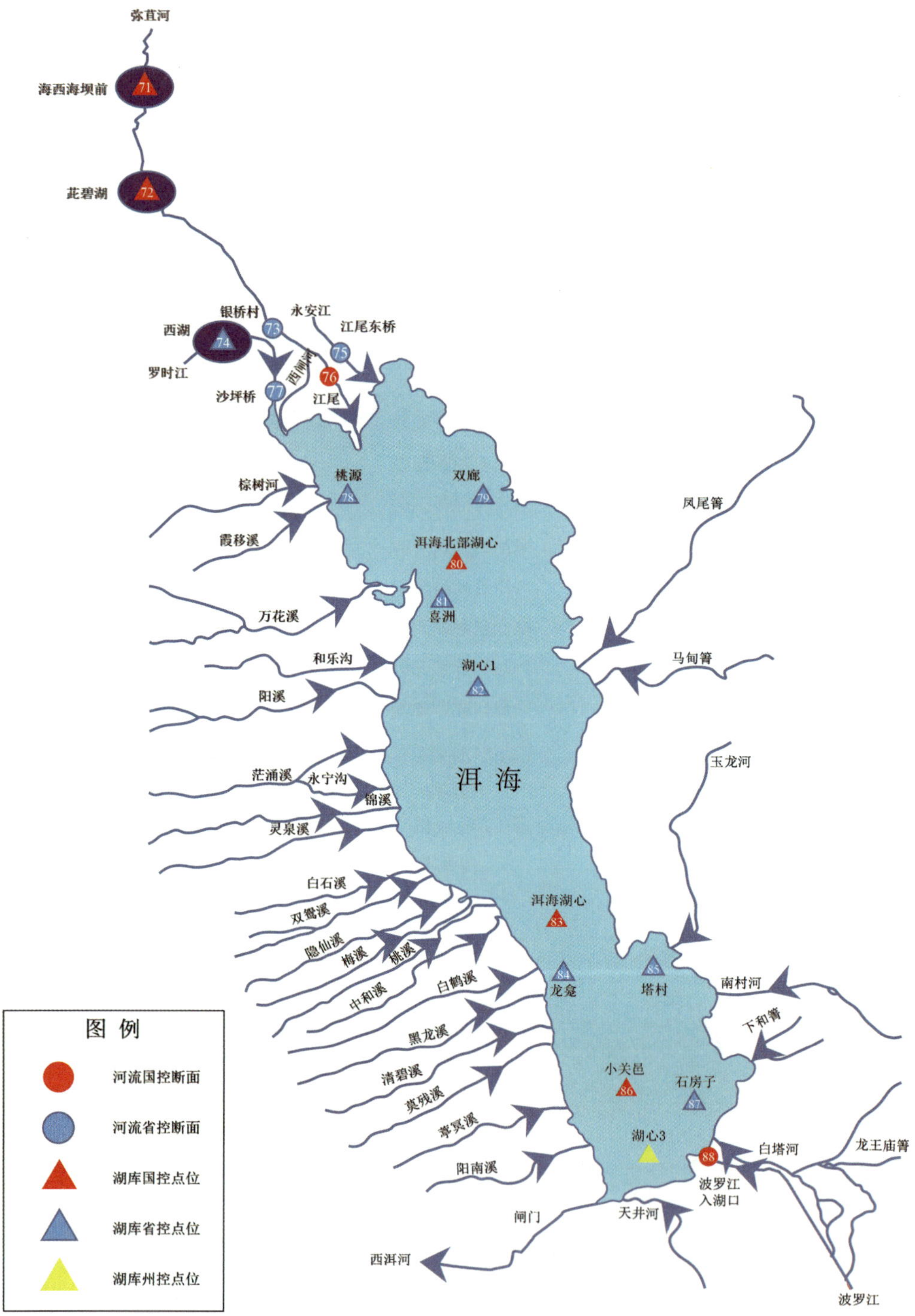

弥苴河
海西海坝前
71
茈碧湖
72
银桥村
73
西湖
74
罗时江
永安江
江尾东桥
75
西闸河
76
江尾
沙坪桥
77
桃源
78
双廊
79
棕树河
霞移溪
洱海北部湖心
80
81
喜洲
万花溪
凤尾箐
和乐沟
湖心1
82
马甸箐
阳溪
洱海
玉龙河
茫涌溪
永宁沟
锦溪
灵泉溪
白石溪
双鸳溪
洱海湖心
83
隐仙溪
梅溪
桃溪
中和溪
白鹤溪
84
龙龛
85
塔村
南村河
黑龙溪
下和箐
清碧溪
莫残溪
小关邑
86
石房子
87
葶溟溪
湖心3
88
白塔河
龙王庙箐
阳南溪
波罗江
入湖口
闸门
天井河
西洱河
波罗江
图 例
河流国控断面
河流省控断面
湖库国控点位
湖库省控点位
湖库州控点位

序号	断面（点位）名称	所在州（市）	控制属性	页码
71	海西海坝前	大理白族自治州	国控	437
72	茈碧湖	大理白族自治州	国控	433
73	银桥村	大理白族自治州	省控	462
74	西湖	大理白族自治州	省控	463
75	江尾东桥	大理白族自治州	省控	452
76	江尾	大理白族自治州	国控	443
77	沙坪桥	大理白族自治州	省控	453
78	桃源	大理白族自治州	省控	459
79	双廊	大理白族自治州	省控	460
80	洱海北部湖心	大理白族自治州	国控	435
81	喜洲	大理白族自治州	省控	457
82	湖心 1	大理白族自治州	省控	461
83	洱海湖心	大理白族自治州	国控	434
84	龙龛	大理白族自治州	省控	456
85	塔村	大理白族自治州	省控	455
86	小关邑	大理白族自治州	国控	436
87	石房子	大理白族自治州	省控	458
88	波罗江入湖口	大理白族自治州	国控	432

怒江流域

怒江是跨越中国与缅甸两境的国际河流，发源于西藏自治区的北部、唐古拉山南麓，干流在勐波罗河汇口以上为北—南流向，勐波罗河汇入怒江后向西南流动，在芒市中山乡橄榄坡以南流入缅甸，入缅甸后称萨尔温江。怒江自贡山县丙中洛乡流入云南省，入境处高程为 1 680 米，出境处高程为 528 米。怒江干流全长为 3 673 千米，流域总面积为 32.5 万平方千米，落差为 5 516 米，出境处多年平均径流量约为 709.2 亿立方米。怒江干流在云南省境内流域面积为 3.34 万平方千米，约占全省流域面积的 8.71%，先后流经贡山县、福贡县、泸水市、保山市、施甸县、龙陵县、镇康县、芒市等，境内怒江干流河长为 618 千米，落差为 1 152 米，平均比降为 1.31‰。

怒江流域云南省境内集水面积为 50 平方千米以上的各级支流共有 189 条。支流按集水面积具体划分为：集水面积为 5 000～10 000 平方千米的河流有 2 条，集水面积为 1 000～5 000 平方千米的河流有 5 条，集水面积为 100～1 000 平方千米的河流有 78 条，集水面积为 50～100 平方千米的河流有 104 条。云南省境内怒江流域的主要支流为勐波罗河、南汀河、南卡江等，直接出境后在缅甸汇入萨尔温江。

云南省怒江流域共设置国控、省控断面（点位）31 个。其中国控断面（点位）13 个，省控断面（点位）18 个。国控断面（点位）在各州（市）的分布情况为：怒江傈僳族自治州 2 个、保山市 4 个、临沧市 5 个、普洱市 2 个；省控断面（点位）在各州（市）的分布情况为：怒江傈僳族自治州 4 个、保山市 7 个、临沧市 6 个、普洱市 1 个。

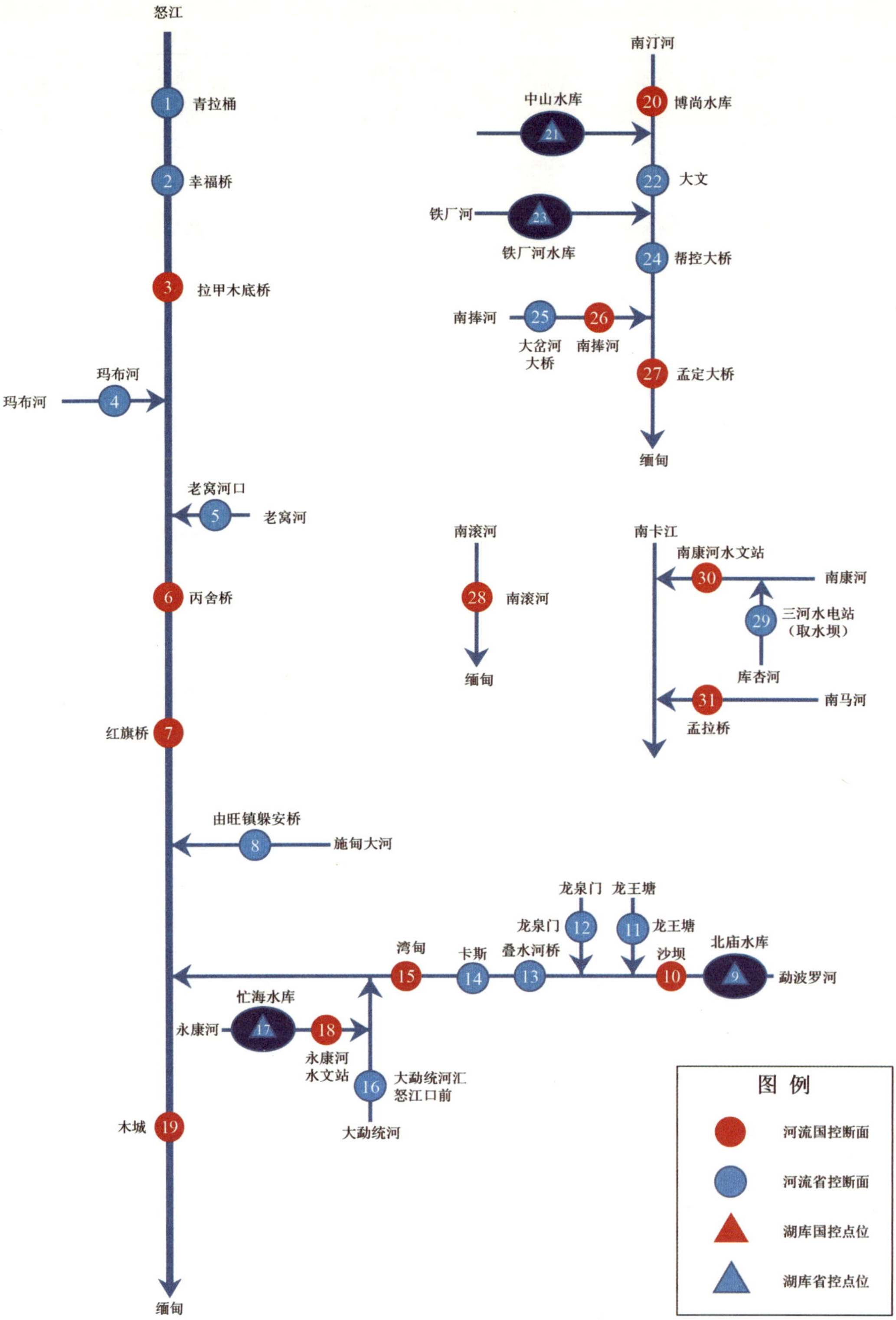
怒江
1 青拉桶
2 幸福桥
3 拉甲木底桥
玛布河
4 玛布河
老窝河口
5 老窝河
6 丙舍桥
7 红旗桥
由旺镇躲安桥
8 施甸大河
龙泉门
龙王塘
12 龙泉门
11 龙王塘
北庙水库
9 勐波罗河
10 沙坝
13 叠水河桥
14 卡斯
15 湾甸
忙海水库
17 永康河
18 永康河水文站
16 大勐统河汇怒江口前
大勐统河
19 木城
缅甸
南汀河
20 博尚水库
中山水库
21
22 大文
铁厂河
23 铁厂河水库
24 帮控大桥
南捧河
25 大岔河大桥
26 南捧河
27 孟定大桥
缅甸
南滚河
28 南滚河
缅甸
南卡江
南康河水文站
30 南康河
29 三河水电站（取水坝）
库杏河
31 孟拉桥
南马河
图 例
河流国控断面
河流省控断面
湖库国控点位
湖库省控点位

序号	断面（点位）名称	所在州（市）	控制属性	页码
1	青拉桶	怒江傈僳族自治州	省控	535
2	幸福桥	怒江傈僳族自治州	省控	534
3	拉甲木底桥	怒江傈僳族自治州	国控	531
4	玛布河	怒江傈僳族自治州	省控	542
5	老窝河口	怒江傈僳族自治州	省控	541
6	丙舍桥	怒江傈僳族自治州	国控	532
7	红旗桥	保山市	国控	259
8	由旺镇躲安桥	保山市	省控	268
9	北庙水库	保山市	省控	267
10	沙坝	保山市	国控	258
11	龙王塘	保山市	省控	263
12	龙泉门	保山市	省控	264
13	叠水河桥	保山市	省控	266
14	卡斯	保山市	省控	261
15	湾甸	保山市	国控	257
16	大勐统河汇怒江口前	保山市	省控	262
17	忙海水库	临沧市	省控	579
18	永康水文站	临沧市	国控	569
19	木城	保山市	国控	260
20	博尚水库	临沧市	国控	564
21	中山水库	临沧市	省控	575
22	大文	临沧市	省控	574
23	铁厂河水库	临沧市	省控	576
24	帮控大桥	临沧市	省控	578
25	大岔河大桥	临沧市	省控	580
26	南捧河	临沧市	国控	567
27	孟定大桥	临沧市	国控	565
28	南滚河	临沧市	国控	566
29	三河水电站（取水坝）	普洱市	省控	414
30	南康河水文站	普洱市	国控	391
31	孟拉桥	普洱市	国控	394

伊洛瓦底江流域

伊洛瓦底江是国界河流，其河源有东西两支，东支为恩梅开江，发源于我国西藏自治区东南部察隅县境伯舒拉山南麓，西支为迈立开江，发源于缅甸北部山区。伊洛瓦底江干流流经西藏自治区和云南省，流出国境后上段仍称独龙江，在缅甸与南塔迈河汇合后称恩梅开江，向南流动与迈立开江汇合后称伊洛瓦底江，在缅甸首都仰光附近注入印度洋的安达曼海。

伊洛瓦底江流入云南西北部贡山县境内后称独龙江，为伊洛瓦底江上游干流，独龙江在贡山县独龙江乡迪布里进入云南省，入境处高程为 2 330 米。此段云南省境内集水面积为 1 947 平方千米，干流河长为 80 千米。伊洛瓦底江流域在云南省境内集水面积为 1.90 万平方千米，集水面积为 50 平方千米以上的各级支流共有 95 条。支流按集水面积具体划分为：集水面积为 5 000～10 000 平方千米的河流有 2 条，集水面积为 1 000～5 000 平方千米的河流有 3 条，集水面积为 100～1 000 平方千米的河流有 40 条，集水面积为 50～100 平方千米的河流有 50 条。除干流独龙江外，流域内的主要支流有大盈江和瑞丽江，均发源于云南省，境内为独立的水系，流出国境后，于缅甸境内注入伊洛瓦底江。

云南省伊洛瓦底江流域共设置国控、省控断面（点位）26 个。其中国控断面（点位）15 个，省控断面（点位）11 个。国控断面（点位）在各州（市）的分布情况为：怒江傈僳族自治州 1 个、保山市 3 个、德宏傣族景颇族自治州 11 个；省控断面（点位）在各州（市）的分布情况为：怒江傈僳族自治州 1 个、保山市 5 个、德宏傣族景颇族自治州 5 个。

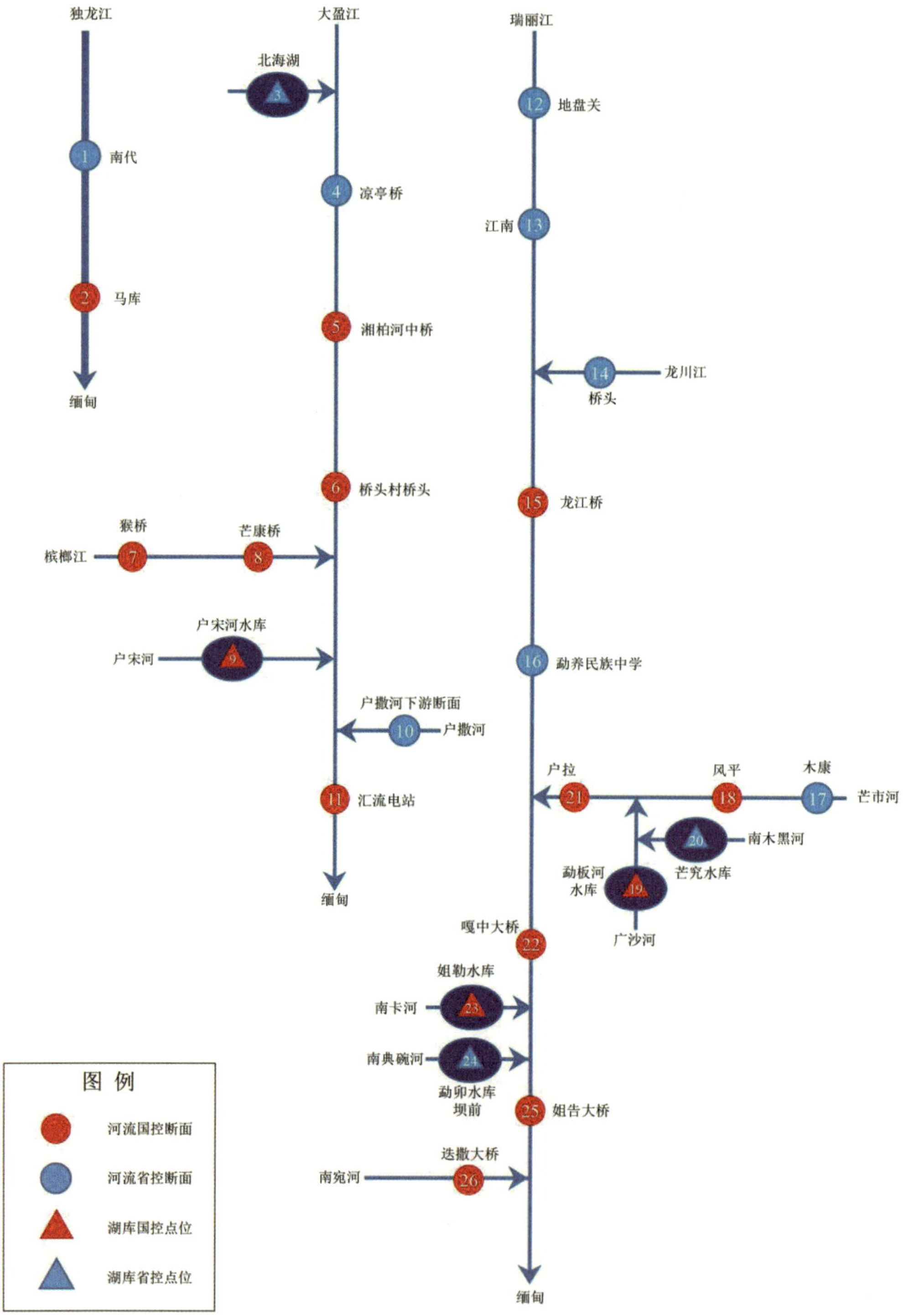
独龙江
1 南代
2 马库
缅甸
大盈江
北海湖
3
4 凉亭桥
5 湘柏河中桥
6 桥头村桥头
猴桥
芒康桥
槟榔江
7
8
户宋河水库
户宋河
9
户撒河下游断面
10 户撒河
11 汇流电站
缅甸
瑞丽江
12 地盘关
江南 13
14 龙川江
桥头
15 龙江桥
16 勐养民族中学
户拉
风平
木康
21
18
17 芒市河
20 南木黑河
芒究水库
勐板河
水库
19
广沙河
嘎中大桥
22
姐勒水库
南卡河
23
南典碗河
24
勐卯水库
坝前
25 姐告大桥
迭撒大桥
南宛河
26
缅甸
图 例
河流国控断面
河流省控断面
湖库国控点位
湖库省控点位

序号	断面（点位）名称	所在州（市）	控制属性	页码
1	南代	怒江傈僳族自治州	省控	536
2	马库	怒江傈僳族自治州	国控	529
3	北海湖	保山市	省控	270
4	凉亭桥	保山市	省控	269
5	湘柏河中桥	保山市	国控	253
6	桥头村桥头	德宏傣族景颇族自治州	国控	480
7	猴桥	保山市	国控	252
8	芒康桥	德宏傣族景颇族自治州	国控	478
9	户宋河水库	德宏傣族景颇族自治州	国控	481
10	户撒河下游断面	德宏傣族景颇族自治州	省控	490
11	汇流电站	德宏傣族景颇族自治州	国控	479
12	地盘关	保山市	省控	273
13	江南	保山市	省控	271
14	桥头	保山市	省控	272
15	龙江桥	保山市	国控	255
16	勐养民族中学	德宏傣族景颇族自治州	省控	489
17	木康	德宏傣族景颇族自治州	省控	491
18	风平	德宏傣族景颇族自治州	国控	483
19	勐板河水库	德宏傣族景颇族自治州	国控	485
20	芒究水库	德宏傣族景颇族自治州	省控	492
21	户拉	德宏傣族景颇族自治州	国控	484
22	嘎中大桥	德宏傣族景颇族自治州	国控	487
23	姐勒水库	德宏傣族景颇族自治州	国控	482
24	勐卯水库坝前	德宏傣族景颇族自治州	省控	493
25	姐告大桥	德宏傣族景颇族自治州	国控	488
26	迭撒大桥	德宏傣族景颇族自治州	国控	486

第二章

九大高原湖泊概况及断面（点位）位置关系图组

概况

云南省的湖泊多数位于崇山峻岭之中，或高山之巅，那里山环水映，景色秀美，风光如画，是云南省壮丽自然景观的重要组成部分。云南省“九大高原湖泊”是指湖泊面积大于30平方千米的滇池、洱海、抚仙湖、程海、泸沽湖、星云湖、杞麓湖、阳宗海、异龙湖。其中滇池、程海和泸沽湖属长江流域，抚仙湖、杞麓湖、异龙湖、星云湖和阳宗海属珠江流域，洱海属澜沧江流域。九大高原湖泊分布于昆明市、大理白族自治州、玉溪市、丽江市、红河哈尼族彝族自治州5个州（市）的17个县（市、区）98个乡（镇），流域面积为8 010.3平方千米，占全省流域面积的2.0%，湖面面积为1 045.6平方千米。其中，流域面积最大的是滇池，流域面积最小的是阳宗海；湖面面积最大的是滇池，湖面面积最小的是异龙湖。

按湖泊水深进行分类，抚仙湖、泸沽湖、程海、阳宗海属于深水湖泊；洱海属于中等深度湖泊；滇池、异龙湖、杞麓湖、星云湖属于浅水湖泊。其中抚仙湖最深，最大水深为158.9米，平均水深为95.2米；第二深水湖是泸沽湖，最大水深为105.3米，平均水深为38.4米；第三深水湖是程海，最大水深为35.1米，平均水深为25.7米；最浅的湖泊是异龙湖，最大水深为6.6米，平均水深为2.75米。

按湖泊多年平均蓄水量分类，九大高原湖泊总蓄水量为303.5亿立方米，蓄水量最大的是抚仙湖（206.2亿立方米，占九大高原湖泊总蓄水量的67.9%），蓄水量中等的是洱海、泸沽湖、程海和滇池，蓄水量较小的是阳宗海、异龙湖、杞麓湖、星云湖。

滇池

滇池位于云南省昆明市主城区南部，处于长江、红河、珠江分水岭地带，属长江流域，为普渡河干流上的湖泊，断陷构造型，是云贵高原湖面最大的淡水湖泊。滇池流域面积为2 920平方千米，是南北长、东西窄的湖盆地，地形可分为山地丘陵、湖滨平原和滇池水域3个层次。主要入湖河流有34条，集水面积大于100平方千米的有7条，分别是盘龙江、宝象河（新宝象河）、洛龙河、捞鱼河（含梁王河）、大河（淤泥河）、柴河、东大河。滇池正常高水位为1 887.5米，平均水深为5.3米，湖面面积为309.5平方千米，湖岸线长为163千米，湖容为15.6亿立方米，多年平均入湖径流量为9.7亿立方米，湖面蒸发量为4.4亿立方米。自1996年修建了船闸以后滇池就被分割为既相互联系，又相对独立的外海、草海两个部分。其中，外海正常高水位为1 887.5米，平均水深为5.3米，湖面面积为298.7平方千米，湖岸线长为140千米，湖容为15.35亿立方米，注入外海的主要河流有27条，多年平均入湖径流量为9.0亿立方米，湖面蒸发量为4.26亿立方米；草海正常高水位为1886.8米，平均水深为2.3米，湖面面积为10.8平方千米，湖岸线长为23千米，湖容为0.25亿立方米，注入草海的主要河流有7条，多年平均入湖径流量为0.67亿立方米，湖面蒸发量为0.14亿立方米。外海、草海各有1个人工控制出口，分别为西北端的西园隧洞和西南端的海口中滩闸，滇池出水经螳螂川、普渡河后流入金沙江。

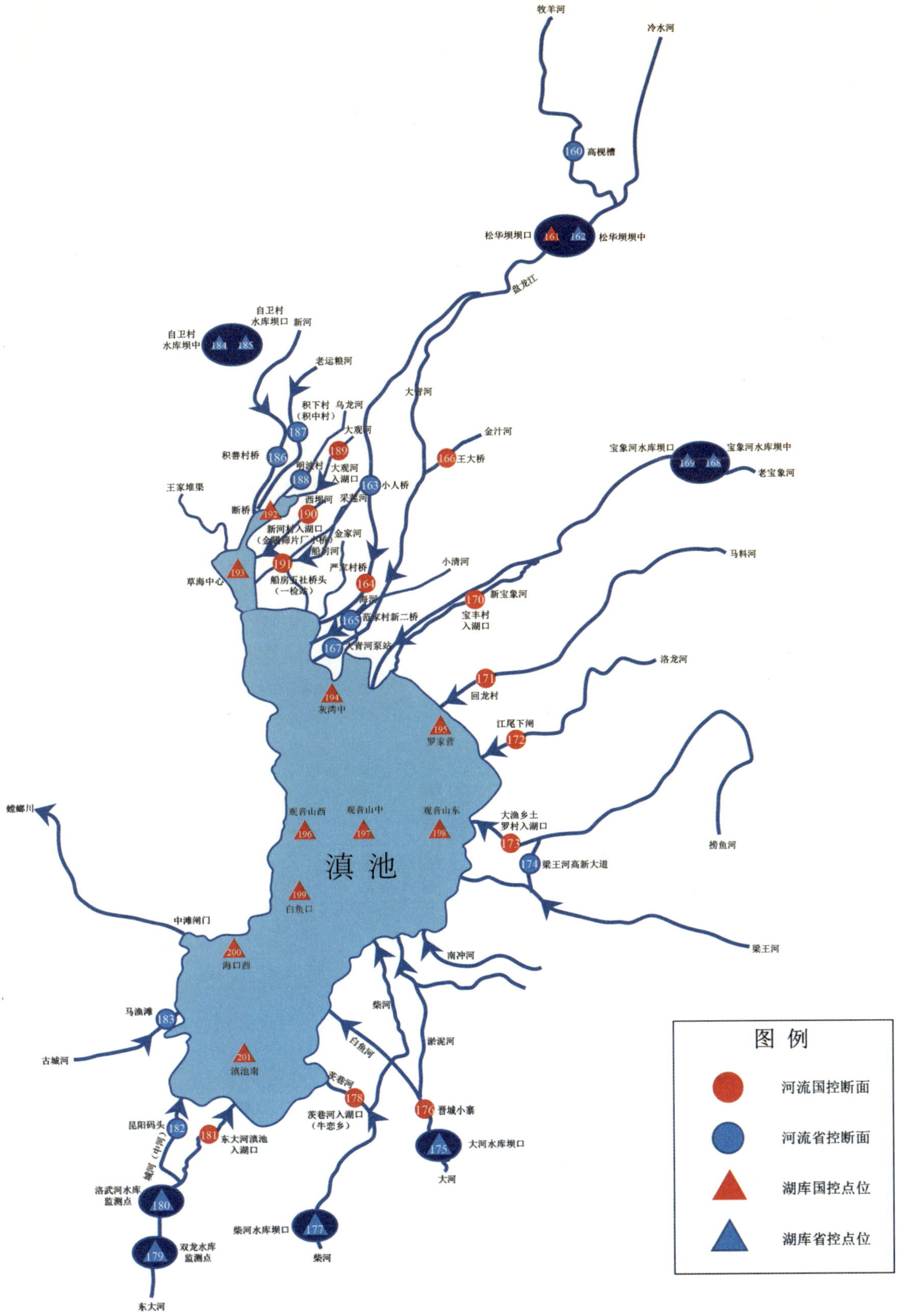

牧羊河
冷水河
160 高枧槽
松华坝坝口 161
162 松华坝坝中
盘龙江
自卫村
水库坝口
新河
自卫村
水库坝中
184
185
老运粮河
大青河
积下村
（积中村）
乌龙河
187
大观河
积善村桥
186
189
明波村
大观河
入湖口
188
163 小人桥
金汁河
166 王大桥
宝象河水库坝口
宝象河水库坝中
169
168
老宝象河
王家堆渠
断桥
192
西坝河
190
采莲河
新河村入湖口
（金属筛片厂小桥）
金家河
船房河
191
船房五社桥头
（一检站）
草海中心
193
严家村桥
164
海河
小清河
马料河
170 新宝象河
宝丰村
入湖口
165 范家村新二桥
167 大青河泵站
洛龙河
171
回龙村
194
灰湾中
195
罗家营
江尾下闸
172
螳螂川
观音山西
观音山中
观音山东
196
197
198
大渔乡土
罗村入湖口
173
174 梁王河高新大道
捞鱼河
滇池
199
白鱼口
中滩闸门
200
海口西
南冲河
梁王河
柴河
马渔滩
183
淤泥河
白鱼河
古城河
201
滇池南
茨巷河
178
茨巷河入湖口
（牛恋乡）
176 晋城小寨
昆阳码头
182
181 东大河滇池
入湖口
城河（中河）
175 大河水库坝口
大河
洛武河水库
监测点
180
柴河水库坝口
177
柴河
179
双龙水库
监测点
东大河
图例
河流国控断面
河流省控断面
湖库国控点位
湖库省控点位

洱海

洱海是云南省第二大高原淡水湖泊，是大理市主要饮用水水源地，洱海位于澜沧江、长江和红河三大流域分水岭地带，属澜沧江—湄公河水系。湖泊自西北向东南方向展布，呈南北长、东西窄，形似耳状。洱海湖面南北长度为 42.5 千米，东西最大宽度约为 8.4 千米，平均宽度为 6.3 千米，湖泊面积为 252 平方千米，湖岸线长为 129.1 千米，湖泊最大水深为 21.3 米，平均水深为 10.8 米，当水位为 1 966.00 米时蓄水量为 29.59 亿立方米，流域面积为 2 565 平方千米。主要入湖河流有弥苴河、永安江、罗时江、西闸河、波罗江、苍山十八溪等 27 条河流。洱海出湖河流为西洱河。

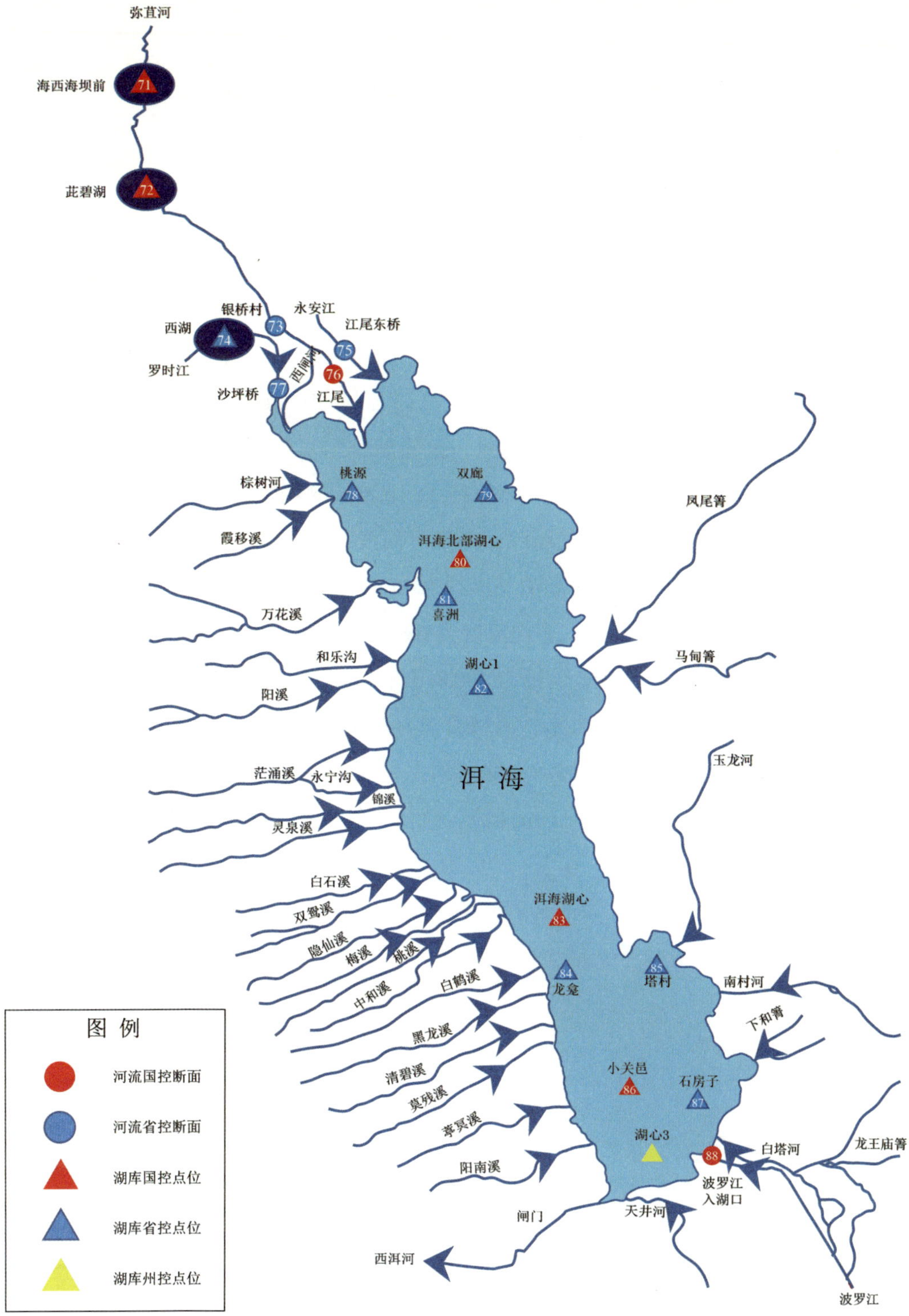
弥苴河
海西海坝前
71
茈碧湖
72
银桥村
73
西湖
74
罗时江
永安江
江尾东桥
75
76
江尾
西闸河
沙坪桥
77
棕树河
桃源
78
双廊
79
霞移溪
洱海北部湖心
80
81
喜洲
万花溪
凤尾箐
和乐沟
湖心1
82
马甸箐
阳溪
洱 海
玉龙河
茫涌溪
永宁沟
锦溪
灵泉溪
白石溪
双鸳溪
隐仙溪
梅溪
桃溪
洱海湖心
83
中和溪
白鹤溪
84
龙龛
85
塔村
南村河
下和箐
黑龙溪
清碧溪
莫残溪
小关邑
86
石房子
87
葶冥溪
湖心3
88
白塔河
龙王庙箐
阳南溪
波罗江
入湖口
闸门
天井河
西洱河
波罗江
图 例
河流国控断面
河流省控断面
湖库国控点位
湖库省控点位
湖库州控点位

抚仙湖

抚仙湖是我国第二深的淡水湖泊，是云南省蓄水量最大的湖泊，位于云南省玉溪市境内，跨澄江市、江川区和华宁县，居滇中盆地中心，距昆明市东南约60千米，地处长江流域和珠江流域分水岭地带，属珠江流域南盘江水系，与滇池、杞麓湖、阳宗海的水平距离分别为17千米、18千米、27千米，南部有2.5千米长的隔河与星云湖相通。抚仙湖湖形似葫芦，北部宽而深，南部窄而浅，中间细长如颈。当抚仙湖湖泊水位为1 722.50米时湖泊长度约为31.4千米，湖泊最宽处约为11.8千米、最窄处为3.2千米，平均宽度为6.8千米，最大水深为158.9米，平均水深为95.2米，湖岸线长为100.8千米，湖面面积为216.6平方千米，蓄水量为206.2亿立方米，流域面积为674.7平方千米。主要入湖河流有马料河、东大河、代村河、路居河（大鲫鱼河）、隔河、牛摩河、尖山河、山冲河、梁王河等21条河流。抚仙湖经海口河流入南盘江。

梁王河
马料河
东大河
龙溪沟
沙亥河
代村河
山冲河
大清沟
马房西沟
马房中沟
窑泥沟
锁水桥沟
独房大沟
地洞沟
哨嘴
路岐河
尖山河
抚仙湖
尖山
海口河
矣度河
抚仙湖心
矣马谷大河
牛摩河
居乐河
隔河
路居
路居河（大鲫鱼河）
图例
湖库国控点位
湖库省控点位

程海

程海位于云南省丽江市永胜县西南方向的程海镇境内，距县城约45千米，地处世界自然遗产"三江并流"金沙江中段，属长江流域金沙江水系，是封闭型高原偏碱性淡水湖泊，湖水碱度和矿化度较高。程海是一个内陆封闭型断层陷落式高原深水湖泊，没有出流，形状为南北向展布的长条形区域，南北长度约为25.0千米，东西最大宽度为5.2千米，平均宽度为4.3千米，湖岸线长为45.1千米，流域面积为318.3平方千米，湖面面积为75.8平方千米，平均水深为25.7米，最大水深为35.1米，蓄水量为19.8亿立方米。程海地处金沙江干热地带，湖面蒸发量大约是流域降水量的3倍。入湖河流流程短，多数河流为季节性溪流，主要有季官河、王官河、团山河、青草湾河、大朗河等。

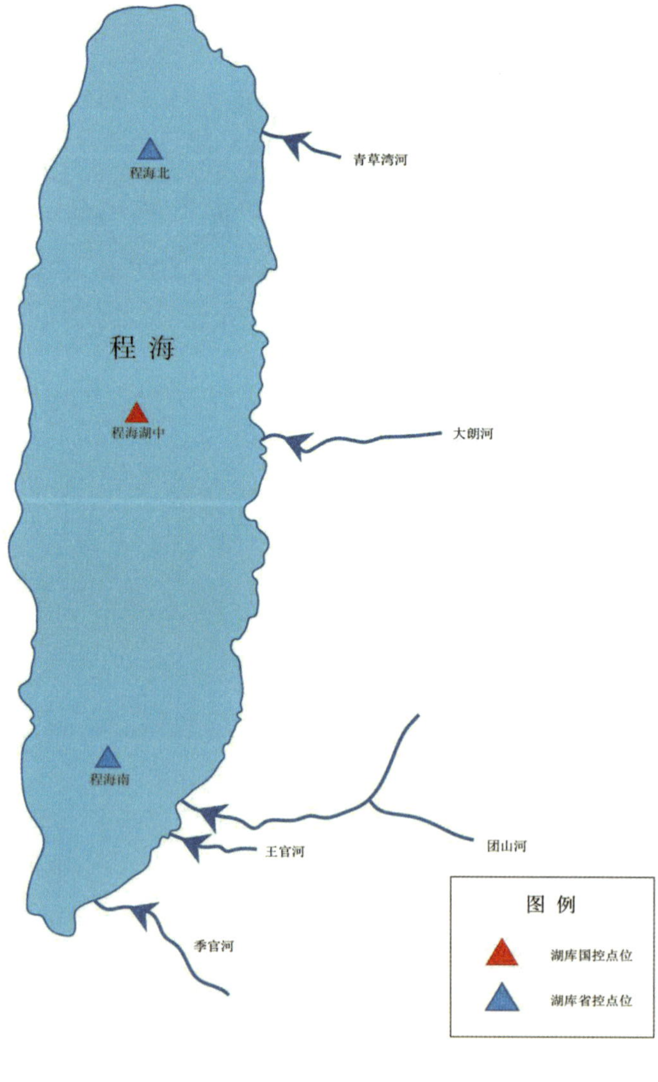

泸沽湖

泸沽湖位于云南省西北部和四川省西南部的两省交界处，是我国第三大深水湖泊。湖面呈马蹄形，湖面面积为57.2平方千米，其中云南省境内湖面面积为30.3平方千米。流域面积为247.7平方千米，云南省境内流域面积为107平方千米。最大水深为105.3米，平均水深为38.4米，蓄水量为21.2亿立方米。泸沽湖湖滨自然岸线长度现状为24.1千米。主要入湖河流有大渔坝河、乌马河、三家村河（幽谷河）、山跨河等。其中乌马河流经旅游聚集区，入湖河流源近流短，呈现出明显的季节性，湖水主要靠地下水、雨水、临时性的沟溪汇水和区间坡面漫流补给。

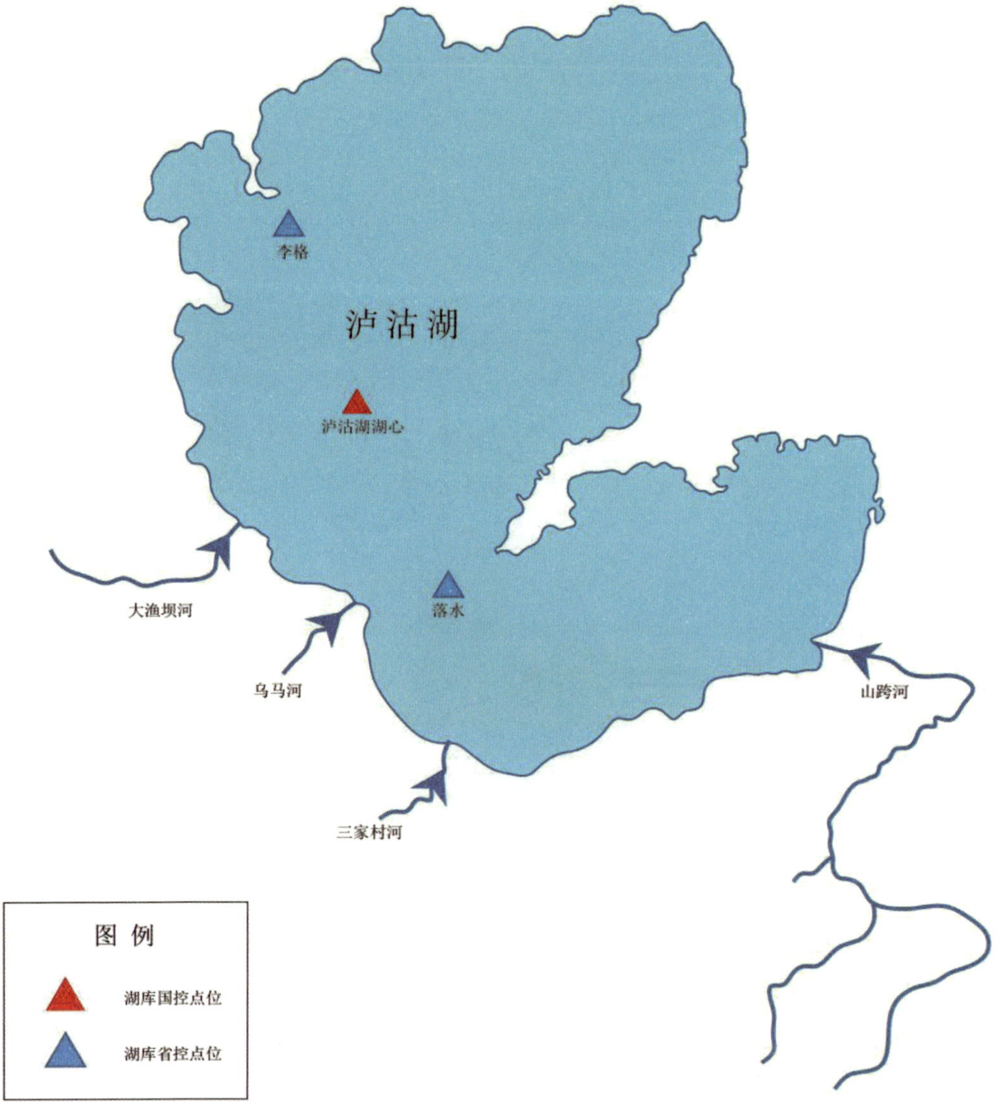

星云湖

星云湖位于云南省玉溪市江川区境内，属珠江流域南盘江水系，为高原陷落型浅水湖泊。湖体通过 2.5 千米的隔河与抚仙湖相连。湖面面积为 34.3 平方千米，流域面积为 378 平方千米，湖面为南北向不规则椭圆形，南北长度为 9.09 千米，东西最大宽度为 4.73 千米，平均水深为 6.1 米，最大水深为 10.8 米，最高运行水位为 1 723.35 米，对应蓄水量为 2.1 亿立方米，最低运行水位为 1 721.65 米，湖岸线长为 36.3 千米。出流改道前，星云湖流域共有东西大河、大街河、大庄河、渔村河、小街河、螺蛳铺河等 12 条主要入湖河流，主要入湖河流多年平均流入星云湖水量约为 6 200 万立方米，流域多年平均水资源量为 7 684 万立方米；出流改道实施后，隔河成为星云湖新的入湖河流，目前已经贯通运行的出流改道隧洞成为星云湖的出湖口，最大泄流量为 9.2 米 / 秒。

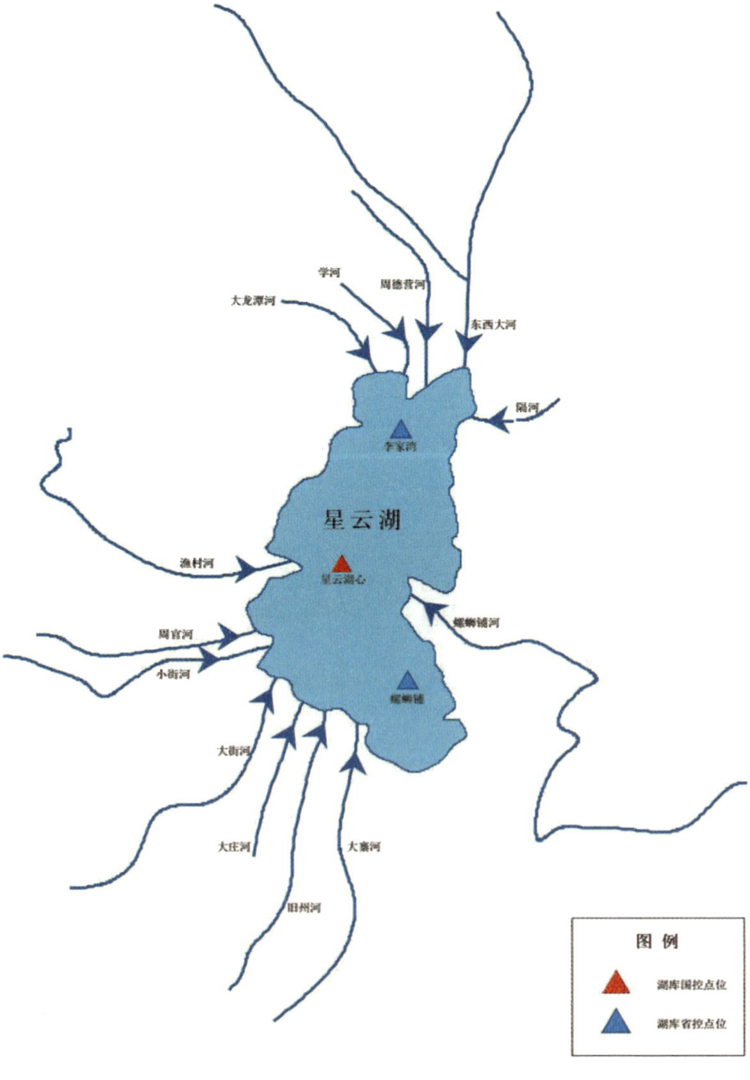

杞麓湖

杞麓湖流域位于云南省中部，隶属玉溪市通海县。湖泊为新月形断陷盆地，属珠江流域南盘江水系。湖泊略呈东北—西南向的矩形形状，东西长度约为 10.4 千米，南北平均宽度约为 3.5 千米，湖泊水深自西向东逐渐加深，最大水深为 6.8 米，平均水深为 4.5 米，湖面面积为 37.3 平方千米，湖泊最高蓄水位为 1 796.62 米，蓄水量为 1.68 亿立方米，湖岸线长为 42 千米，流域面积为 354.2 平方千米，多年平均水资源量为 1.17 亿立方米，主要入湖河流有红旗河、中河、者湾河、大新河、万家大沟、白鱼河、窑沟等。湖水经湖东南面的岳家营落水洞岩溶裂隙自然泄洪至曲江。

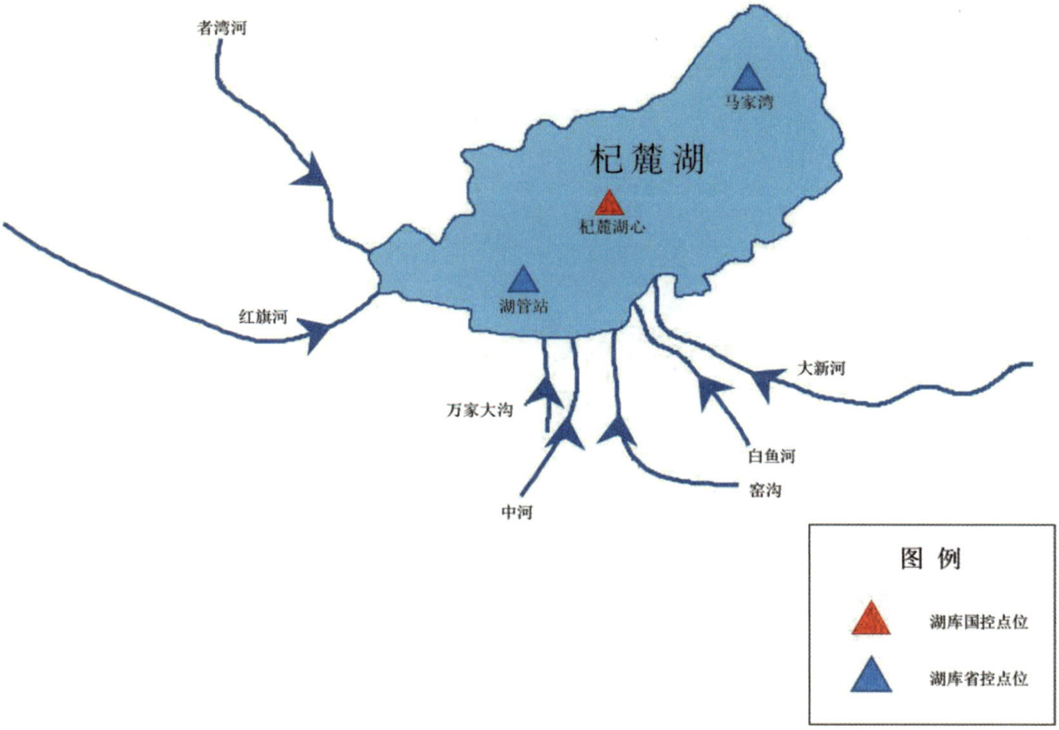

阳宗海

阳宗海属珠江流域南盘江水系，位于昆明市呈贡区、宜良县和玉溪市、澄江市交界处。流域面积为 192 平方千米（未计算摆依河引洪区域面积 94 平方千米），当阳宗海湖面水位为 1 769.90 米时湖面面积约为 31.9 平方千米，平均水深为 20 米，最大水深为 30 米，湖泊南北平均长度为 12.7 千米，东西平均宽度为 2.5 千米，湖岸线长为 32.3 千米，总蓄水量为 6.17 亿立方米。全流域净水资源量为 3 396 万立方米。主要入湖河流有阳宗大河、七星河、摆依河引洪渠等。

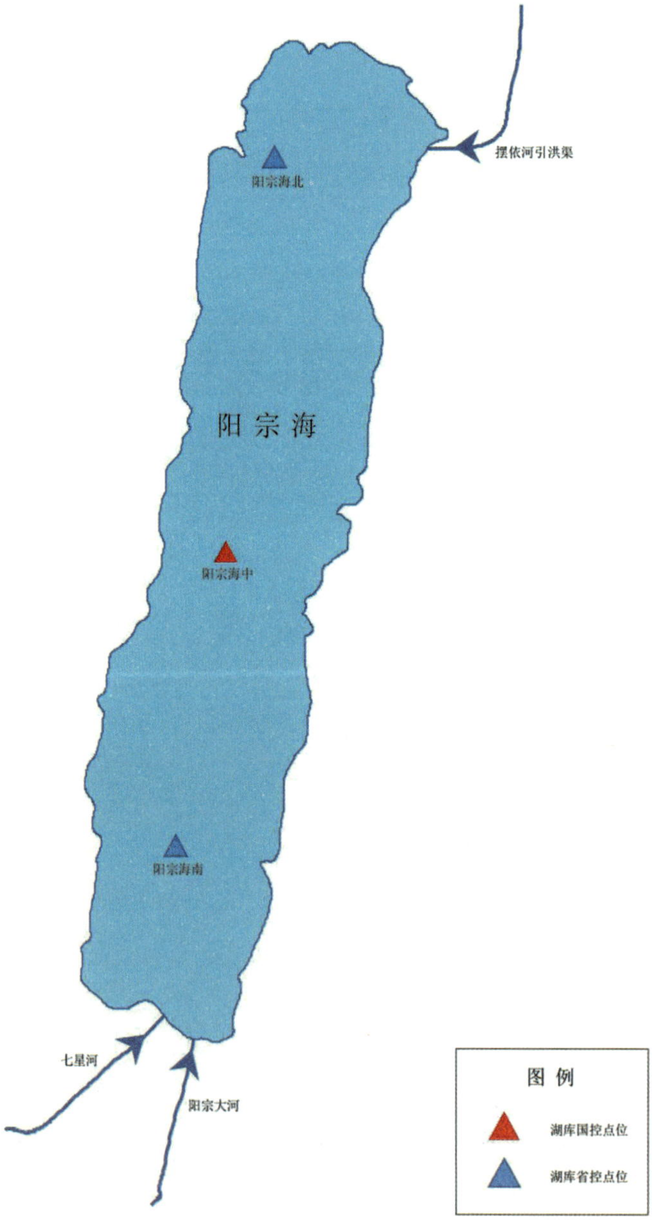

异龙湖

异龙湖地处珠江支流的源头，属珠江流域南盘江水系，紧靠珠江与红河两大流域分水岭，是云南省最南端的高原湖泊。异龙湖的平面形态呈东西向，两端窄，中间宽，东部窄而浅，中间深，南部窄而稍深，湖体东西轴线长度为13.1千米，南北最宽处为3.6千米、最窄处为1.4千米，平均宽度为2.5千米，湖岸线长为41.9千米。流域面积为360.4平方千米，湖面面积为35.8平方千米，最大水深为6.6米，平均水深为2.75米，湖泊蓄水量约为1.16亿立方米，最高运行水位为1 414.17米，最低运行水位为1 412.67米。异龙湖入湖河流主要有7条，分别为赤瑞海河（城河）、城北河、城南河、龙港河、大水河、大沙河、渔村河。其中异龙湖西岸的3条河流是最主要的入湖水量来源，入湖水量占河流总入湖水量的85%，其中以城河入湖水量最大，占比为59%。

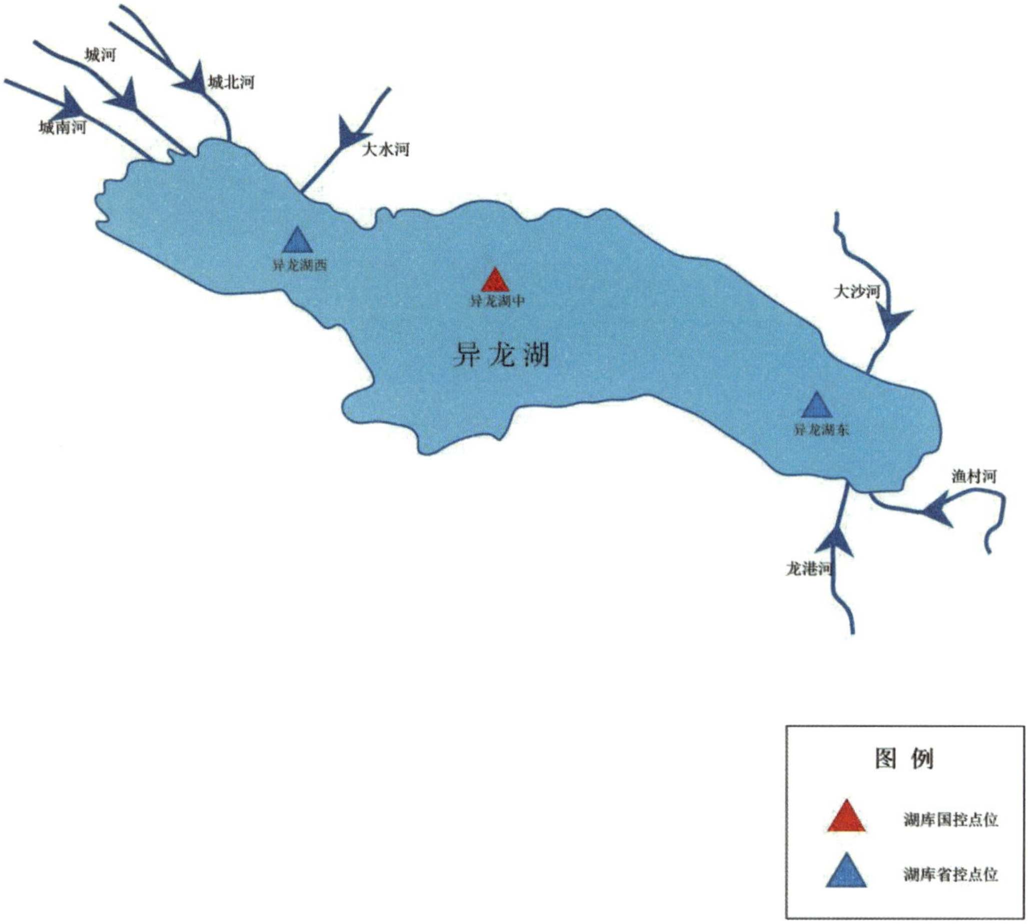

第三章

断面（点位）采样基础信息图组

2.1 昆明市（80）

蒙姑

控制属性： 国控

所属流域： 长江流域

所在水体： 金沙江

汇入水体： 东海

断面属性： 省界（川、滇）

断面类型： 河流

断面位置及经纬度： 位于昭通市巧家县蒙姑镇，坐标：E 103.0314°，N 26.5719°。

断面二维码

断面情况示意图

断面上游

断面下游

宝丰村入湖口

控制属性： 国控

所属流域： 长江流域

所在水体： 宝象河

汇入水体： 滇池

断面属性： 入湖口

断面类型： 河流

断面位置及经纬度： 位于官渡区宝丰村水站旁，坐标：E 102.7700°，N 24.9644°。

断面二维码

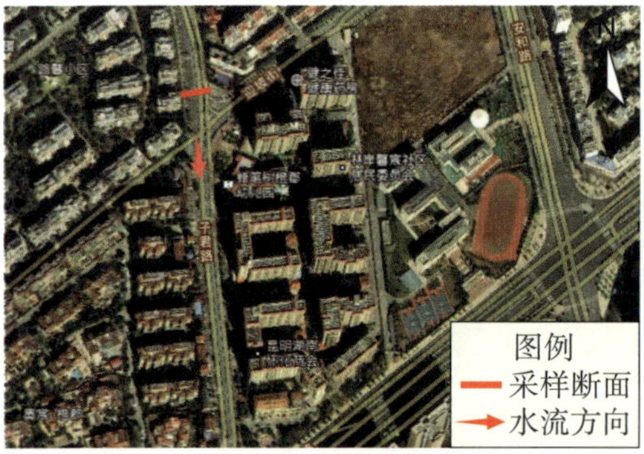

断面情况示意图

断面上游

自动监测站

断面下游

船房五社桥头（一检站）

控制属性： 国控

所属流域： 长江流域

所在水体： 船房河

汇入水体： 滇池

断面属性： 入湖口

断面类型： 河流

断面位置及经纬度： 位于西山区观景路和闸口路交汇口西南方向 230 米处，坐标：E 102.6529°，N 24.9920°。

断面二维码

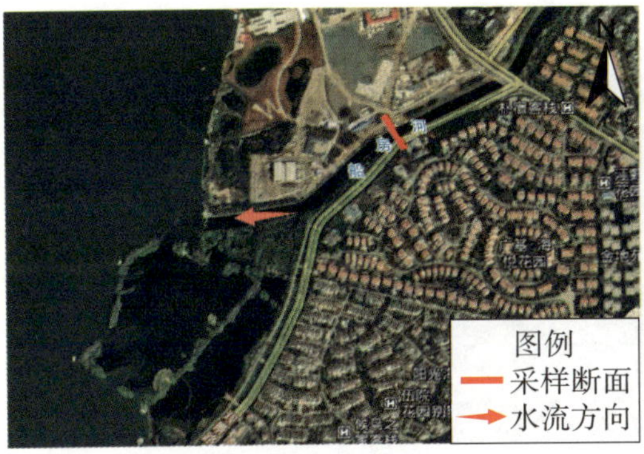

断面情况示意图

断面上游

自动监测站

断面下游

茨巷河入湖口（牛恋乡）

控制属性：国控

所属流域：长江流域

所在水体：茨巷河

汇入水体：滇池

断面属性：入湖口

断面类型：河流

断面位置及经纬度：位于晋宁区晋城镇沿昆明青上化工有限公司往前走500米可到达采样点，坐标：E 102.6941°，N 24.6888°。

断面二维码

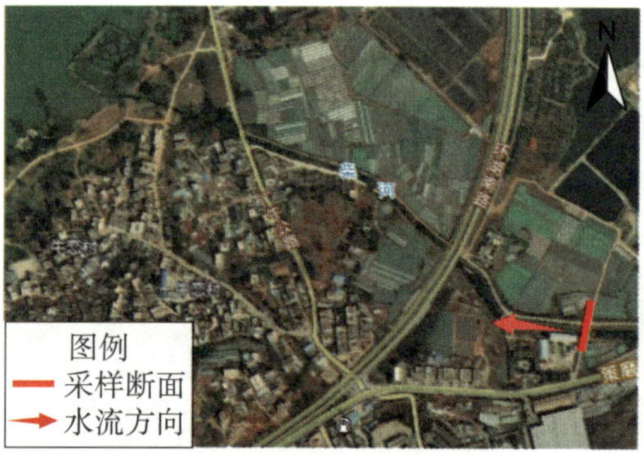

断面情况示意图

断面上游

自动监测站

断面下游

大观河入湖口

控制属性： 国控

所属流域： 长江流域

所在水体： 大观河

汇入水体： 滇池

断面属性： 入湖口

断面类型： 河流

断面位置及经纬度： 位于西山区昆明学院向西走 120 米即可到达采样点，坐标：E 102.6777°，N 25.0330°。

断面二维码

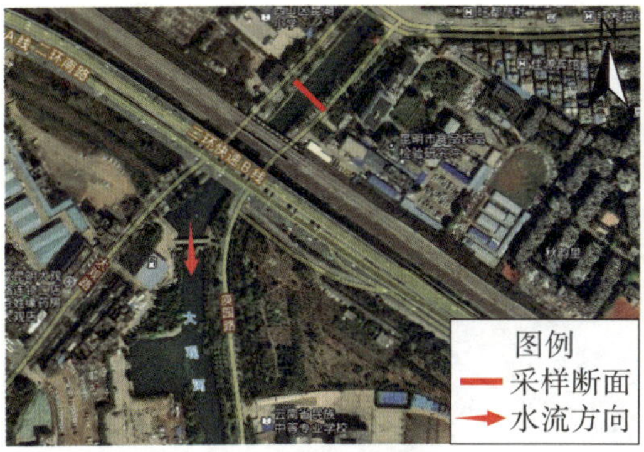

断面情况示意图

断面上游

自动监测站

断面下游

草海中心

控制属性： 国控

所属流域： 长江流域

所在水体： 滇池

汇入水体： 螳螂川

断面属性： 控制断面

断面类型： 湖库

断面位置及经纬度： 位于滇池，坐标：E 102.6428°，N 24.9917°。

断面二维码

断面情况示意图

断面上游

自动监测站

断面下游

灰湾中

控制属性： 国控

所属流域： 长江流域

所在水体： 滇池

汇入水体： 螳螂川

断面属性： 控制断面

断面类型： 湖库

断面位置及经纬度： 位于滇池，坐标：E 102.6903°，N 24.9136°。

断面二维码

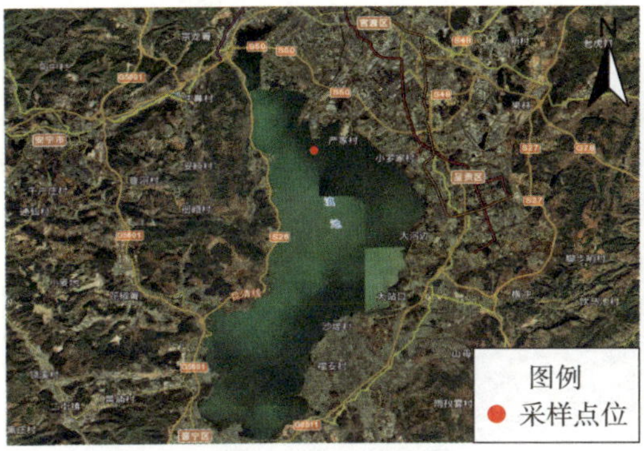

断面情况示意图

断面上游

自动监测站

断面下游

罗家营

控制属性： 国控

所属流域： 长江流域

所在水体： 滇池

汇入水体： 螳螂川

断面属性： 控制断面

断面类型： 湖库

断面位置及经纬度： 位于滇池，坐标：E 102.7492°，N 24.8900°。

断面二维码

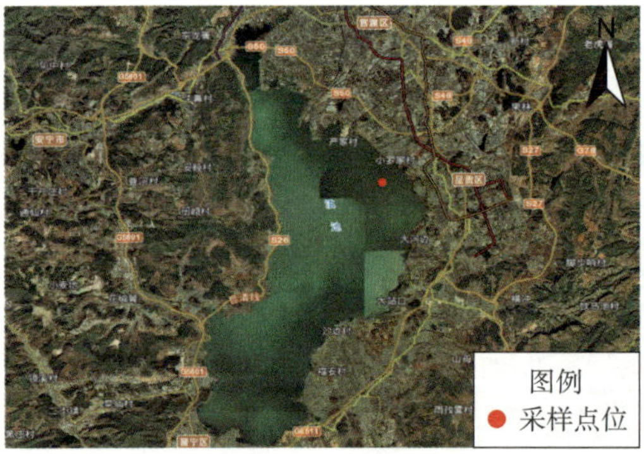

断面情况示意图

断面上游

自动监测站

断面下游

观音山东

控制属性： 国控

所属流域： 长江流域

所在水体： 滇池

汇入水体： 螳螂川

断面属性： 控制断面

断面类型： 湖库

断面位置及经纬度： 位于滇池，坐标：E 102.7611°，N 24.8372°。

断面二维码

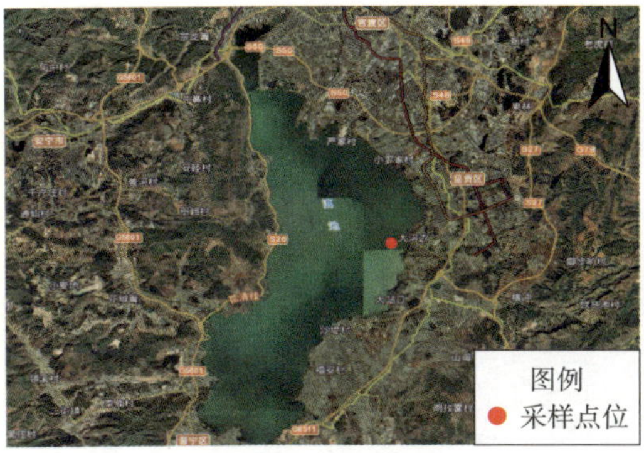

断面情况示意图

断面上游

自动监测站

断面下游

观音山中

控制属性： 国控

所属流域： 长江流域

所在水体： 滇池

汇入水体： 螳螂川

断面属性： 控制断面

断面类型： 湖库

断面位置及经纬度： 位于滇池，坐标：E 102.7094°，N 24.8372°。

断面二维码

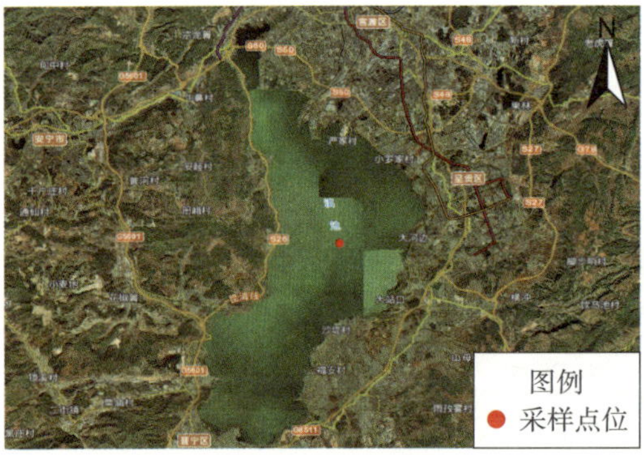

断面情况示意图

断面上游

自动监测站

断面下游

观音山西

控制属性： 国控

所属流域： 长江流域

所在水体： 滇池

汇入水体： 螳螂川

断面属性： 控制断面

断面类型： 湖库

断面位置及经纬度： 位于滇池，坐标：E 102.6756°，N 24.8372°。

断面二维码

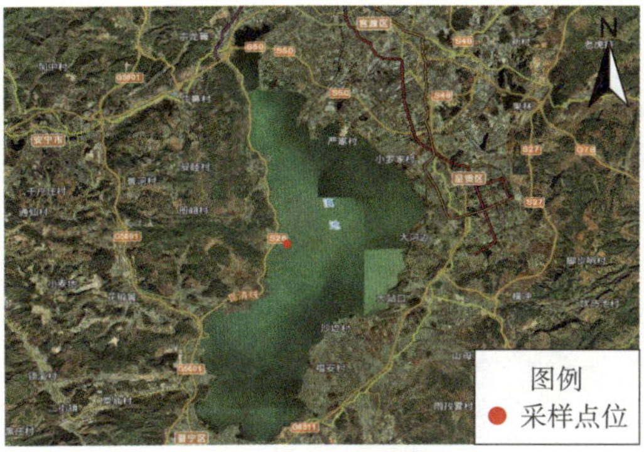

断面情况示意图

断面上游

自动监测站

断面下游

海口西

控制属性： 国控

所属流域： 长江流域

所在水体： 滇池

汇入水体： 螳螂川

断面属性： 控制断面

断面类型： 湖库

断面位置及经纬度： 位于滇池，坐标：E 102.6300°，N 24.7733°。

断面二维码

断面情况示意图

断面上游

自动监测站

断面下游

滇池南

控制属性： 国控

所属流域： 长江流域

所在水体： 滇池

汇入水体： 螳螂川

断面属性： 控制断面

断面类型： 湖库

断面二维码

断面位置及经纬度： 位于滇池，坐标：E 102.6364°，N 24.7064°。

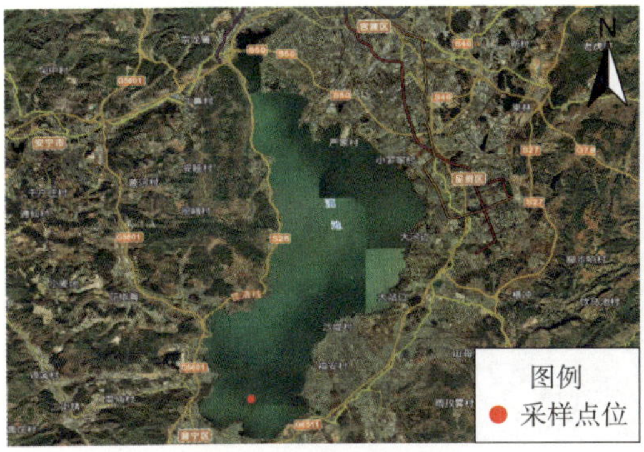

断面情况示意图

断面上游

自动监测站

断面下游

白鱼口

控制属性： 国控

所属流域： 长江流域

所在水体： 滇池

汇入水体： 螳螂川

断面属性： 控制断面

断面类型： 湖库

断面位置及经纬度： 位于滇池，坐标：E 102.6700°，N 24.8100°。

断面二维码

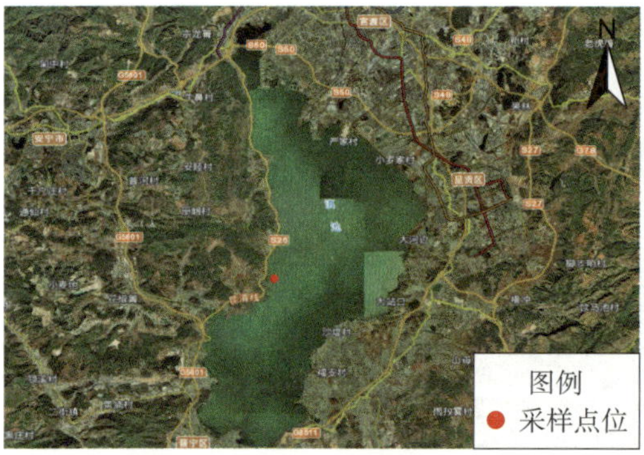

断面情况示意图

断面上游

自动监测站

断面下游

断桥

控制属性： 国控

所属流域： 长江流域

所在水体： 滇池

汇入水体： 螳螂川

断面属性： 控制断面

断面类型： 湖库

断面位置及经纬度： 位于滇池，坐标：E 102.6596°，N 25.0150°。

断面二维码

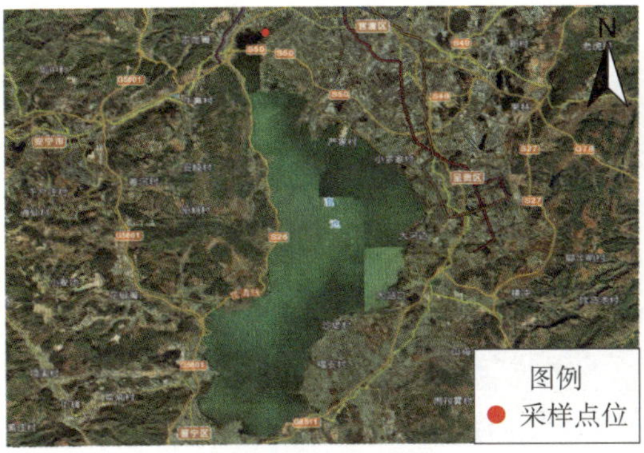

断面情况示意图

断面上游

自动监测站

断面下游

东大河滇池入湖口

控制属性： 国控

所属流域： 长江流域

所在水体： 东大河

汇入水体： 滇池

断面属性： 入湖口

断面类型： 河流

断面位置及经纬度： 位于晋宁区晋城镇，坐标：E 102.6146°，N 24.6628°。

断面二维码

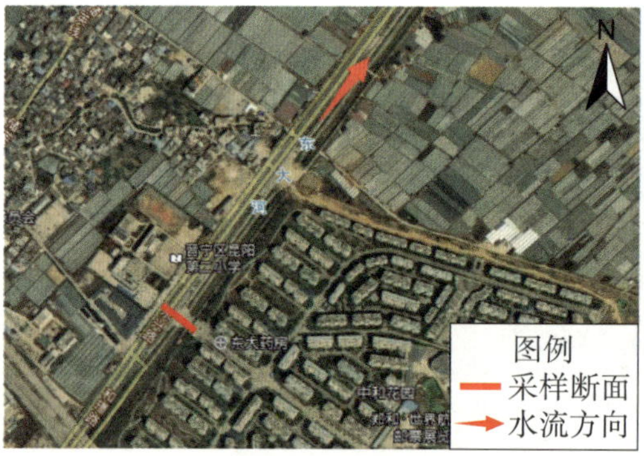

断面情况示意图

断面上游

自动监测站

断面下游

王大桥

控制属性： 国控

所属流域： 长江流域

所在水体： 金汁河

汇入水体： 大青河

断面属性： 控制断面

断面类型： 河流

断面位置及经纬度： 位于盘龙区王大桥农贸市场向西 200 米即可到达采样点，坐标：E 102.7454°，N 25.0449°。

断面二维码

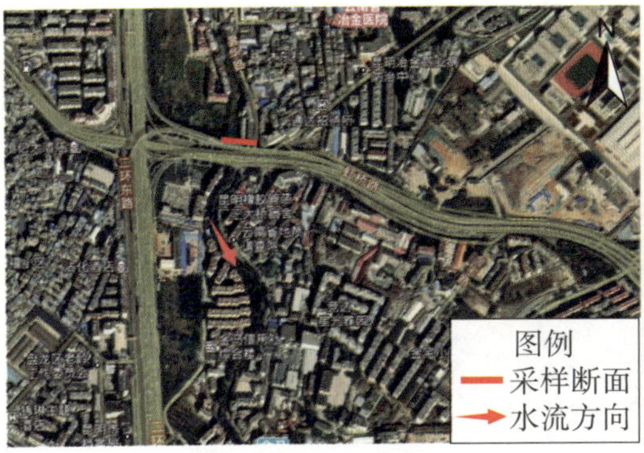

断面情况示意图

断面上游

自动监测站

断面下游

大渔乡土罗村入湖口

控制属性：国控

所属流域：长江流域

所在水体：捞渔河

汇入水体：滇池

断面属性：入湖口

断面类型：河流

断面二维码

断面位置及经纬度：位于呈贡区捞渔河湿地公园内，进入后左转两次即可到达，坐标：E 102.7838°，N 24.8250°。

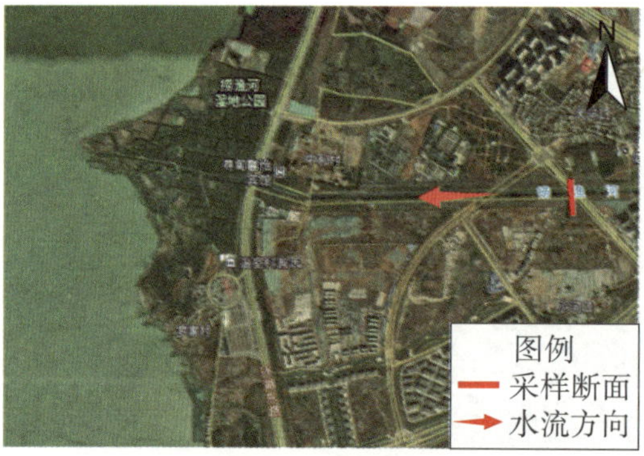

断面情况示意图

断面上游

自动监测站

断面下游

江尾下闸

控制属性： 国控

所属流域： 长江流域

所在水体： 洛龙河

汇入水体： 滇池

断面属性： 入湖口

断面类型： 河流

断面位置及经纬度： 位于呈贡区江尾下闸水站旁，坐标：E 102.7869°，N 24.8837°。

断面二维码

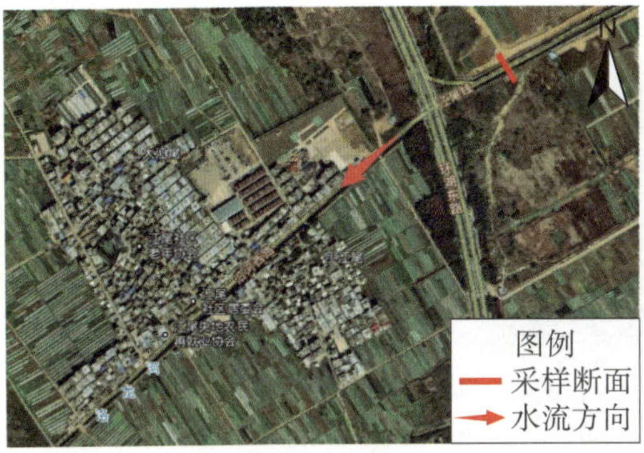

断面情况示意图

断面上游

自动监测站

断面下游

回龙村

控制属性： 国控

所属流域： 长江流域

所在水体： 马料河

汇入水体： 滇池

断面属性： 入湖口

断面类型： 河流

断面位置及经纬度： 位于官渡区彩云北路附近，坐标：E 102.7752°，N 24.9230°。

断面二维码

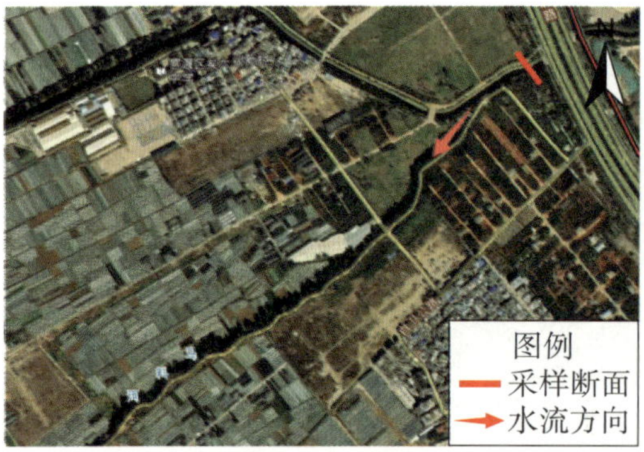

断面情况示意图

断面上游

自动监测站

断面下游

通仙桥

控制属性： 国控

所属流域： 长江流域

所在水体： 鸣矣河

汇入水体： 螳螂川

断面属性： 控制断面

断面类型： 河流

断面二维码

断面位置及经纬度： 位于安宁市通仙桥，坐标：E 102.4727°，N 24.8816°。

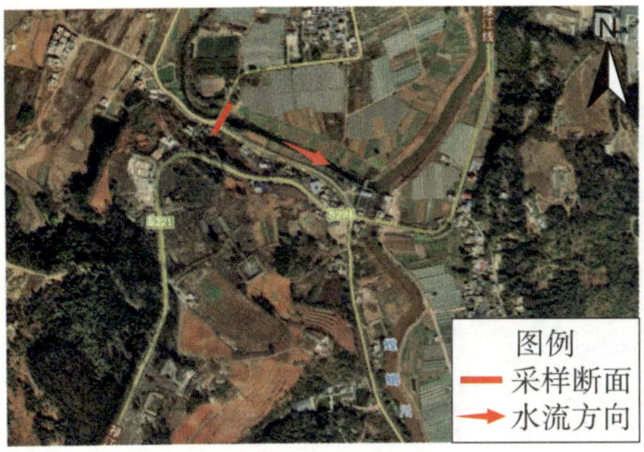

断面情况示意图

断面上游

自动监测站

断面下游

崔家庄

控制属性： 国控

所属流域： 长江流域

所在水体： 牛栏江

汇入水体： 金沙江

断面属性： 控制断面

断面类型： 河流

断面位置及经纬度： 位于嵩明县达龙东北向 500 米，坐标：E 103.2215°，N 25.3653°。

断面二维码

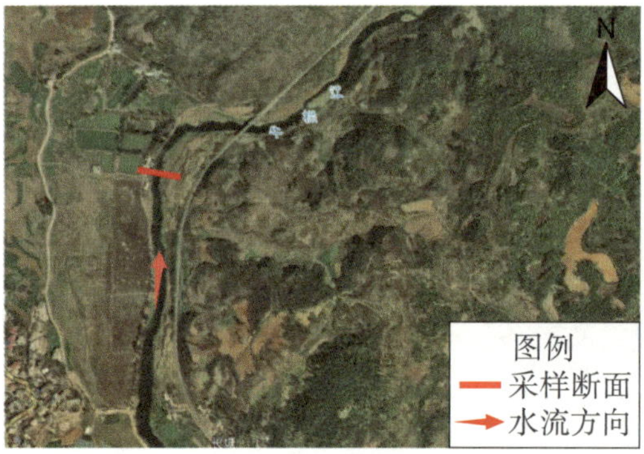

断面情况示意图

断面上游

自动监测站

断面下游

牛栏江河口（象鼻山吊桥）

控制属性： 国控

所属流域： 长江流域

所在水体： 牛栏江

汇入水体： 金沙江

断面属性： 控制断面

断面类型： 河流

断面位置及经纬度： 位于寻甸县河口，坐标：E 103.4054°，N 25.6392°。

断面二维码

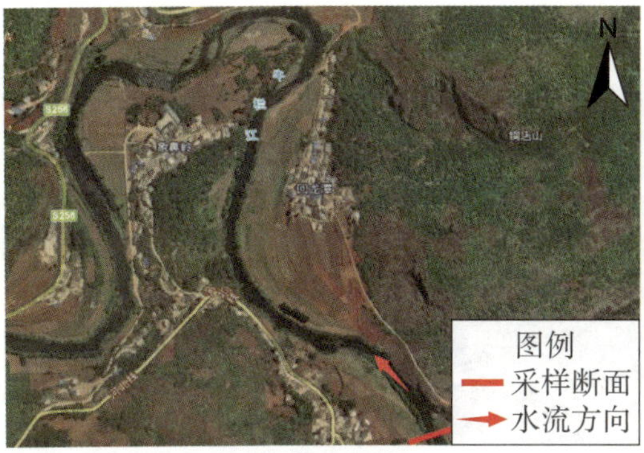

断面情况示意图

断面上游

自动监测站

断面下游

严家村桥

控制属性： 国控

所属流域： 长江流域

所在水体： 盘龙江

汇入水体： 滇池

断面属性： 入湖口

断面类型： 河流

断面位置及经纬度： 位于官渡区严家村盘江西路严家村桥上，坐标：E 102.7077°，N 24.9690°。

断面二维码

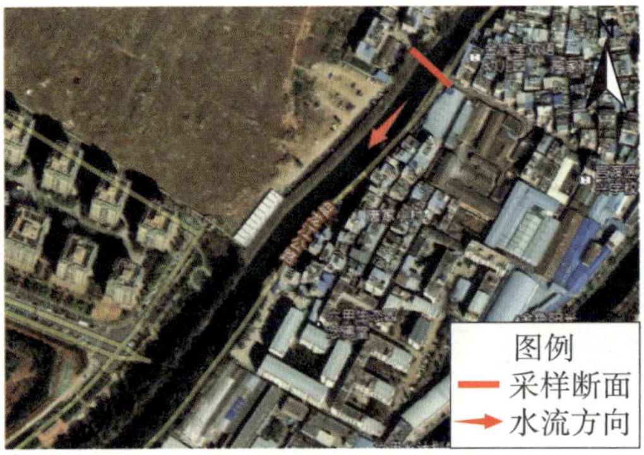

断面情况示意图

断面上游

自动监测站

断面下游

普渡河桥

控制属性： 国控

所属流域： 长江流域

所在水体： 普渡河

汇入水体： 金沙江

断面属性： 控制断面

断面类型： 河流

断面位置及经纬度： 位于禄劝县普渡河桥，坐标：E 102.6460°，N 25.6495°。

断面二维码

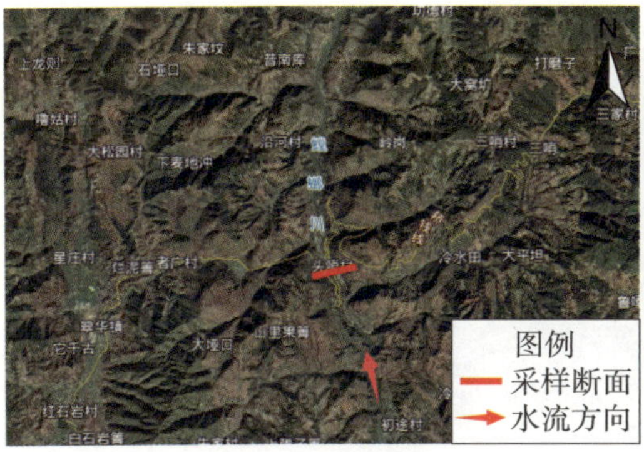

断面情况示意图

断面上游

自动监测站

断面下游

尼格水文站

控制属性：国控

所属流域：长江流域

所在水体：普渡河

汇入水体：金沙江

断面属性：控制断面

断面类型：河流

断面二维码

断面位置及经纬度：位于禄劝县雪山乡，沿会书姑段入丰租段，再入基多段，山路大约 34 千米可到达采样点，坐标：E 102.7744°，N 26.2103°。

断面情况示意图

断面上游

断面下游

松华坝坝口

控制属性： 国控

所属流域： 长江流域

所在水体： 松华坝水库

汇入水体： 盘龙江

断面属性： 控制断面

断面类型： 湖库

断面二维码

断面位置及经纬度： 位于盘龙区松华坝水库管理处水库坝埂，坐标：E 102.7841°，N 25.1413°。

断面情况示意图

断面上游

自动监测站

断面下游

富民大桥

控制属性： 国控

所属流域： 长江流域

所在水体： 螳螂川

汇入水体： 金沙江

断面属性： 控制断面

断面类型： 河流

断面二维码

断面位置及经纬度： 位于富民县富民大桥，坐标：E 102.4947°，N 25.2199°。

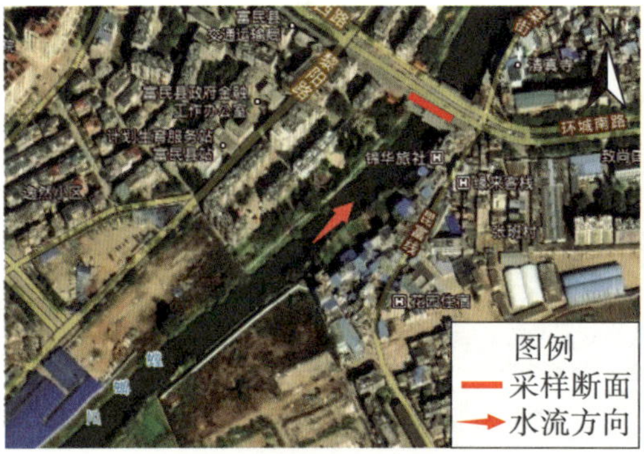

断面情况示意图

断面上游

自动监测站

断面下游

新河村入湖口（金属筛片厂小桥）

控制属性： 国控

所属流域： 长江流域

所在水体： 西坝河

汇入水体： 滇池

断面属性： 入湖口

断面类型： 河流

断面位置及经纬度： 位于西山区西福路与广福路交界的十字路口处，坐标：E 102.6694°，N 25.0115°。

断面二维码

断面情况示意图

断面上游

自动监测站

断面下游

四级站

控制属性： 国控

所属流域： 长江流域

所在水体： 小江

汇入水体： 金沙江

断面属性： 控制断面

断面类型： 河流

断面二维码

断面位置及经纬度： 位于东川区格勒北 2.5 千米，坐标：E 103.0567°，N 26.5172°。

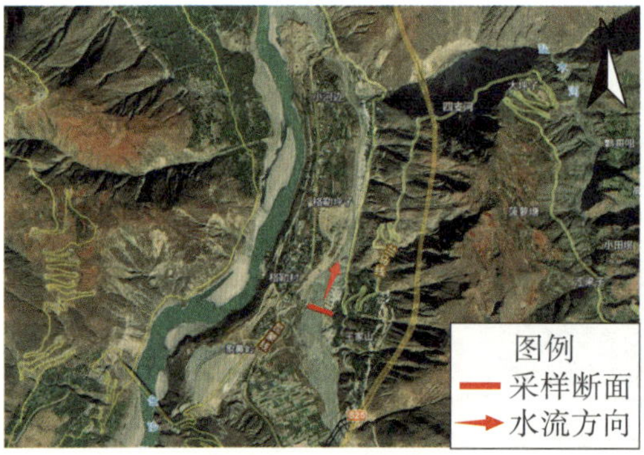

断面情况示意图

断面上游

断面下游

晋城小寨

控制属性： 国控

所属流域： 长江流域

所在水体： 淤泥河

汇入水体： 滇池

断面属性： 入湖口

断面类型： 河流

断面位置及经纬度： 位于晋宁区晋城镇 S102 省道旁，坐标：E 102.7311°，N 24.6936°。

断面二维码

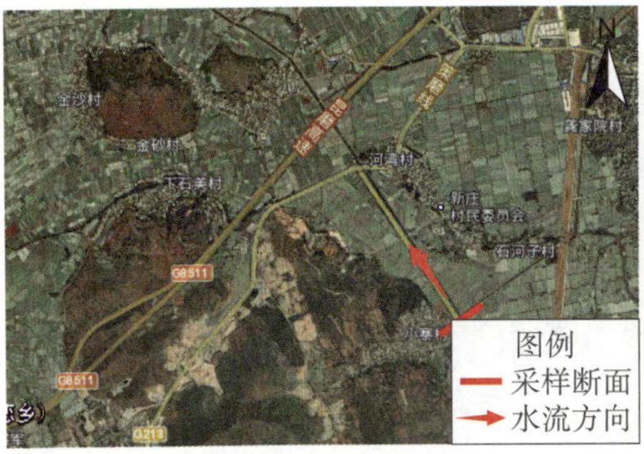

断面情况示意图

断面上游

自动监测站

断面下游

盐塘

控制属性： 国控

所属流域： 长江流域

所在水体： 掌鸠河

汇入水体： 普渡河

断面属性： 控制断面

断面类型： 河流

断面位置及经纬度： 位于禄劝县以南 008 乡道右侧 100 米处，坐标：E 102.5498°，N 25.5003°。

断面二维码

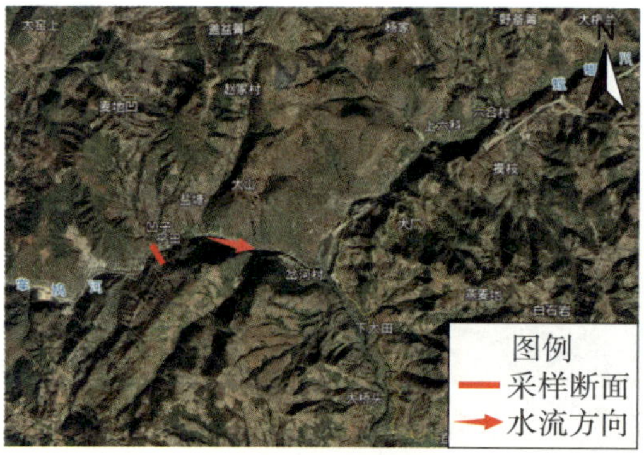

断面情况示意图

断面上游

断面下游

禄丰村

控制属性： 国控

所属流域： 珠江流域

所在水体： 南盘江

汇入水体： 红水河

断面属性： 市界（昆明市—红河州）

断面类型： 河流

断面位置及经纬度： 位于宜良县竹山镇石化加油站旁，坐标：E 103.1103°，N 24.5602°。

断面二维码

断面情况示意图

断面上游

自动监测站

断面下游

狗街

控制属性： 国控

所属流域： 珠江流域

所在水体： 南盘江

汇入水体： 红水河

断面属性： 市界（昆明市—玉溪市）

断面类型： 河流

断面位置及经纬度： 位于宜良县狗街镇政府旁的桥梁上，坐标：E 103.1383°，N 24.7920°。

断面二维码

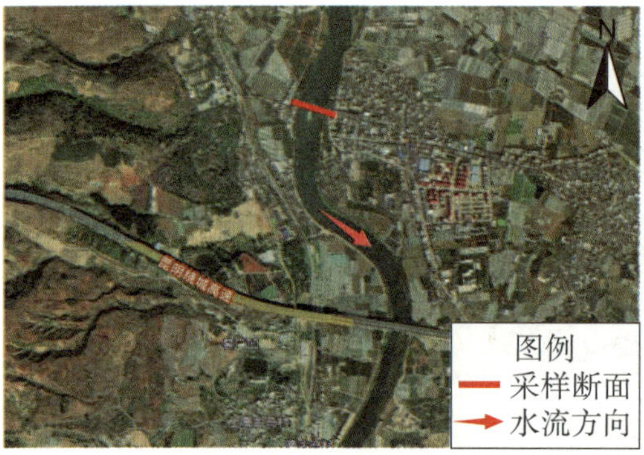

断面情况示意图

断面上游

断面下游

阳宗海中

控制属性： 国控

所属流域： 珠江流域

所在水体： 阳宗海

汇入水体： 南盘江

断面属性： 控制断面

断面类型： 湖库

断面位置及经纬度： 位于宜良县阳宗海，阳宗镇导航约20分钟即可到达采样点，坐标：E 103.0039°，N 24.9161°。

断面二维码

断面情况示意图

断面上游

自动监测站

断面下游

温泉大桥

控制属性： 省控

所属流域： 长江流域

所在水体： 螳螂川

汇入水体： 金沙江

断面属性： 控制断面

断面类型： 河流

采样方式： 桥上采

河宽： 28 米

河深： 左：2.23 米，中：2.60 米，右：2.34 米

采样位置： E 102.4489°，N 24.9626°

采样断面位置描述： 位于安宁市温泉街道升庵北路温泉大桥

所代表水功能区： —

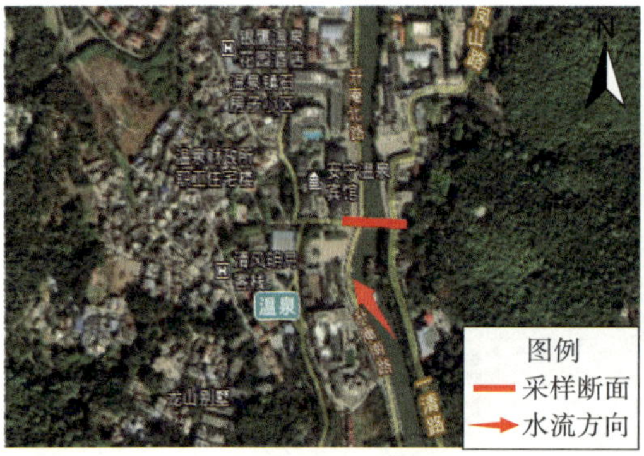

断面情况示意图

断面上游

断面下游

青龙峡

控制属性： 省控

所属流域： 长江流域

所在水体： 螳螂川

汇入水体： 金沙江

断面属性： 县界（安宁市—西山区）

断面类型： 河流

采样方式： 桥上采

河宽： 25 米

河深： 2.10 米

采样位置： E 102.3770°，N 25.0689°

采样断面位置描述： 位于安宁市 A87 县道青龙神峤景区入口处

所代表水功能区： —

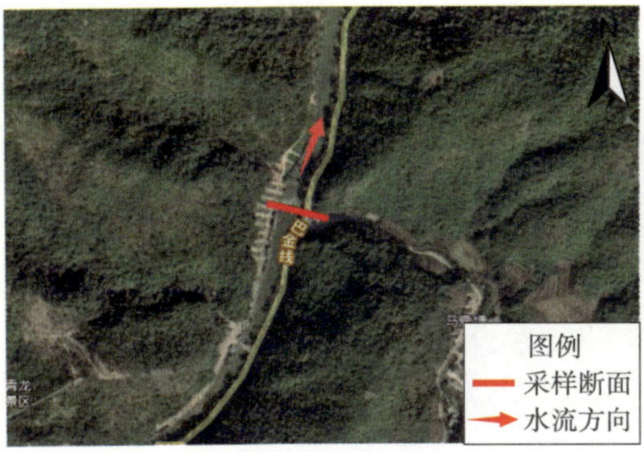

断面情况示意图

断面上游

自动监测站

断面下游

车木河水库取水点

控制属性： 省控

所属流域： 长江流域

所在水体： 车木河水库

汇入水体： 螳螂川

断面属性： 控制断面

断面类型： 湖库

采样方式： 船上采

河宽： —

河深： 26.2 米

采样位置： E 102.6339°，N 25.1511°

采样断面位置描述： 位于安宁市八街街道车木河水库取水点

所代表水功能区： 鸣矣河安宁源头水保护区 / 车木河水库安宁饮用、工业用水区

断面情况示意图

水面照片

反映采样位置的远景照片

梁王河高新大道

控制属性： 省控

所属流域： 长江流域

所在水体： 梁王河

汇入水体： 滇池

断面属性： 控制断面

断面类型： 河流

采样方式： 桥上采

河宽： 9.8 米

河深： 左：0.11 米，中：0.17 米，右：0.05 米

采样位置： E 102.8056°，N 24.8028°

采样断面位置描述： 位于呈贡区高新大道旁

所代表水功能区： 梁王河呈贡农业用水区

断面情况示意图

断面上游

自动监测站

断面下游

姑海

控制属性：省控

所属流域：长江流域

所在水体：小江

汇入水体：金沙江

断面属性：县界（东川区—寻甸县）

断面类型：河流

采样方式：岸边采

河宽：15.5 米

河深：左：0.62 米，中：0.75 米，右：0.44 米

采样位置：E 103.2498°，N 25.7940°

采样断面位置描述：位于寻甸县功山镇外

所代表水功能区：—

断面情况示意图

断面上游

自动监测站

断面下游

成器墩小桥

控制属性： 省控

所属流域： 长江流域

所在水体： 沙朗河

汇入水体： 螳螂川

断面属性： 控制断面

断面类型： 河流

采样方式： 桥上采

河宽： 4 米

河深： 0.4 米

采样位置： E 102.5063°，N 25.2208°

采样断面位置描述： 位于富民县富民北桥旁

所代表水功能区： —

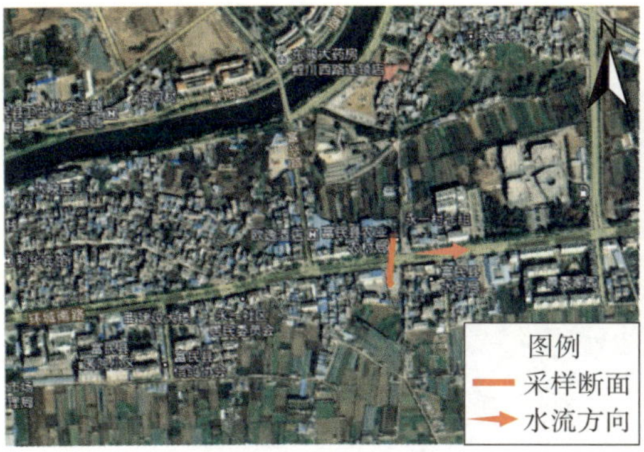

断面情况示意图

断面上游

断面下游

范家村新二桥

控制属性：省控

所属流域：长江流域

所在水体：海河

汇入水体：滇池

断面属性：入湖口

断面类型：河流

采样方式：桥上采

河宽：8 米

河深：1.5 米

采样位置：E 102.6980°，N 24.9553°

采样断面位置描述：位于官渡区环湖东路与福保路交叉口

所代表水功能区：—

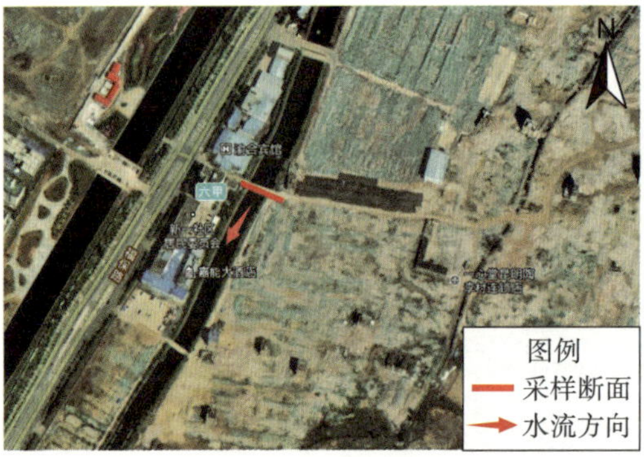

断面情况示意图

断面上游

断面下游

宝象河水库坝口

控制属性： 省控

所属流域： 长江流域

所在水体： 宝象河水库

汇入水体： 滇池

断面属性： 控制断面

断面类型： 湖库

采样方式： 船上采

河宽： —

河深： —

采样位置： E 102.9315°，N 25.0388°

采样断面位置描述： 位于官渡区大板桥街道宝象河水库管理处

所代表水功能区： 宝象河昆明饮用水源保护区

断面情况示意图

水面照片

反映采样位置的远景照片

宝象河水库坝中

控制属性： 省控

所属流域： 长江流域

所在水体： 宝象河水库

汇入水体： 滇池

断面属性： 控制断面

断面类型： 湖库

采样方式： 船上采

河宽： —

河深： —

采样位置： E 102.9336°，N 25.0367°

采样断面位置描述： 位于官渡区大板桥街道宝象河水库管理处

所代表水功能区： —

断面情况示意图

水面照片

反映采样位置的远景照片

昆阳码头

控制属性： 省控

所属流域： 长江流域

所在水体： 城河（中河）

汇入水体： 滇池

断面属性： 入湖口

断面类型： 河流

采样方式： 桥上采

河宽： 9.7 米

河深： 左：0.22 米，中：0.48 米，右：0.25 米

采样位置： E 102.5986°，N 24.6727°

采样断面位置描述： 位于晋宁区郑和路 215 号晋宁区广播电视台

所代表水功能区： —

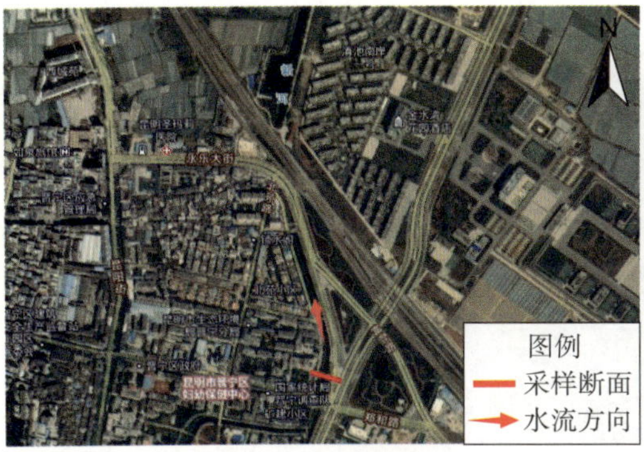

断面情况示意图

断面上游

断面下游

马渔滩

控制属性：省控

所属流域：长江流域

所在水体：古城河

汇入水体：滇池

断面属性：入湖口

断面类型：河流

采样方式：桥上采

河宽：4 米

河深：季节性河流

采样位置：E 102.5996°，N 24.7292°

采样断面位置描述：位于晋宁区 G5601 号古城出口

所代表水功能区：古城河晋宁农业、工业用水区

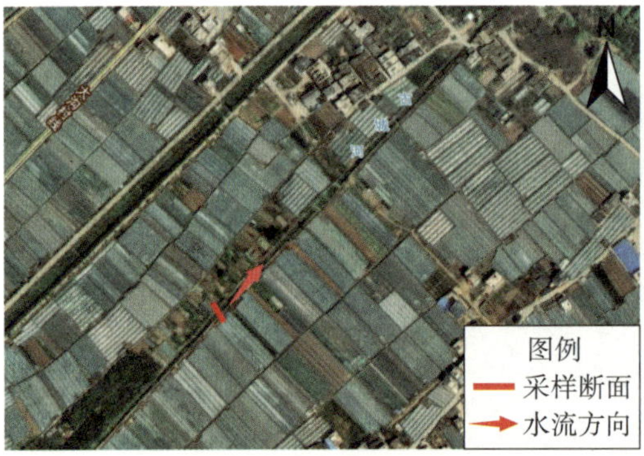

断面情况示意图

断面上游

断面下游

大河水库坝口

控制属性：省控

所属流域：长江流域

所在水体：大河水库

汇入水体：滇池

断面属性：控制断面

断面类型：湖库

采样方式：船上采

河宽：—

河深：—

采样位置：E 102.7675°，N 24.5550°

采样断面位置描述：位于晋宁区东沟嘴大河水库

所代表水功能区：大河晋宁饮用水源保护区

断面情况示意图

水面照片

反映采样位置的远景照片

洛武河水库监测点

控制属性： 省控

所属流域： 长江流域

所在水体： 洛武河水库

汇入水体： 滇池

断面属性： 控制断面

断面类型： 湖库

采样方式： 桥上采

河宽： —

河深： —

采样位置： E 102.5717°，N 24.6183°

采样断面位置描述： 位于晋宁区昆阳街道普家村洛武水库主坝

所代表水功能区： —

断面情况示意图

水面照片

反映采样位置的远景照片

双龙水库监测点

控制属性： 省控

所属流域： 长江流域

所在水体： 双龙水库

汇入水体： 滇池

断面属性： 控制断面

断面类型： 湖库

采样方式： 船上采

河宽： —

河深： —

采样位置： E 102.5628°，N 24.5964°

采样断面位置描述： 位于晋宁区宝丰街道双龙村双龙水库主坝

所代表水功能区： 东大河晋宁源头水保护区

断面情况示意图

水面照片

反映采样位置的远景照片

柴河水库坝口

控制属性： 省控

所属流域： 长江流域

所在水体： 柴河水库

汇入水体： 滇池

断面属性： 控制断面

断面类型： 湖库

采样方式： 岸边

河宽： —

河深： —

采样位置： E 102.6862°，N 24.5953°

采样断面位置描述： 位于晋宁区六街镇柴河水库

所代表水功能区： 柴河晋宁饮用水源保护区

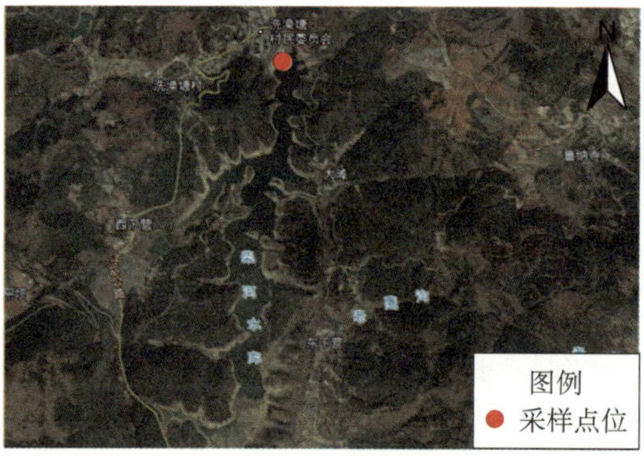

断面情况示意图

水面照片

反映采样位置的远景照片

云龙坝中

控制属性： 省控

所属流域： 长江流域

所在水体： 云龙水库

汇入水体： 普渡河

断面属性： 控制断面

断面类型： 湖库

采样方式： 船上采

河宽： —

河深： —

采样位置： E 102.4256°，N 25.9228°

采样断面位置描述： 位于禄劝县云龙乡云龙水库管理处

所代表水功能区： —

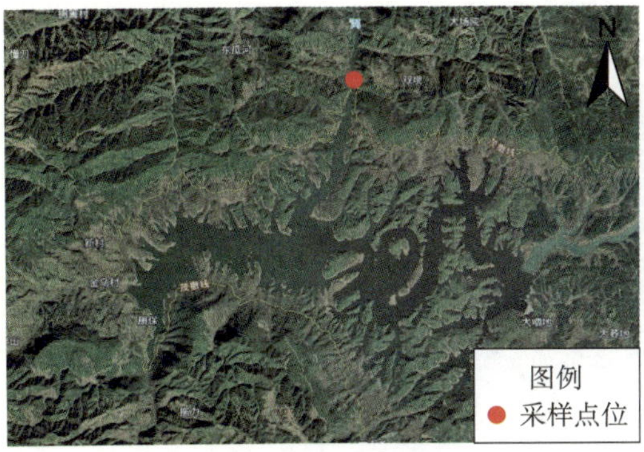

断面情况示意图

水面照片

反映采样位置的远景照片

云龙坝前

控制属性：省控

所属流域：长江流域

所在水体：云龙水库

汇入水体：普渡河

断面属性：控制断面

断面类型：湖库

采样方式：船上采

河宽：—

河深：—

采样位置：E 102.4256°，N 25.8561°

采样断面位置描述：位于禄劝县云龙乡云龙水库管理处

所代表水功能区：掌鸠河禄劝饮用水源保护区

断面情况示意图

水面照片

反映采样位置的远景照片

转龙

控制属性： 省控

所属流域： 长江流域

所在水体： 洗马河

汇入水体： 普渡河

断面属性： 控制断面

断面类型： 河流

采样方式： 桥上采

河宽： 16 米

河深： 0.7 米

采样位置： E 102.8528°，N 25.9128°

采样断面位置描述： 位于禄劝县转龙镇卫生院旁

所代表水功能区： 洗马河寻甸—禄劝保留区

断面情况示意图

断面上游

断面下游

高规槽

控制属性：省控

所属流域：长江流域

所在水体：牧羊河

汇入水体：松华坝水库

断面属性：入湖口

断面类型：河流

采样方式：桥上采

河宽：20 米

河深：0.64 米

采样位置：E 102.8353°，N 25.2108°

采样断面位置描述：位于盘龙区 168 乡道黄石岩高规槽站

所代表水功能区：—

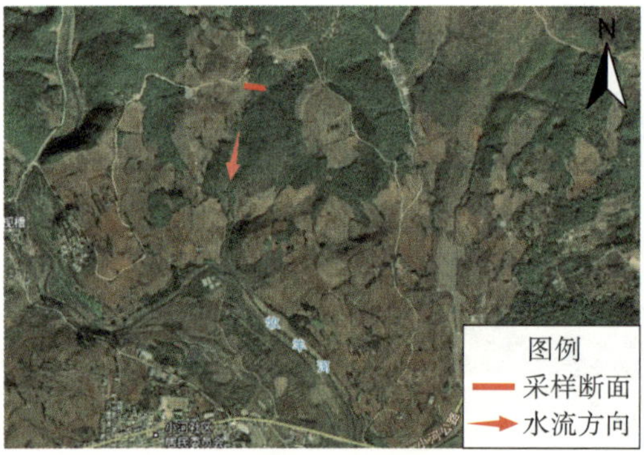

断面情况示意图

断面上游

断面下游

松华坝坝中

控制属性： 省控

所属流域： 长江流域

所在水体： 松华坝水库

汇入水体： 盘龙江

断面属性： 控制断面

断面类型： 湖库

采样方式： 船上采

河宽： —

河深： —

采样位置： E 102.7858°，N 25.1378°

采样断面位置描述： 位于盘龙区龙泉街道松华坝水库

所代表水功能区： —

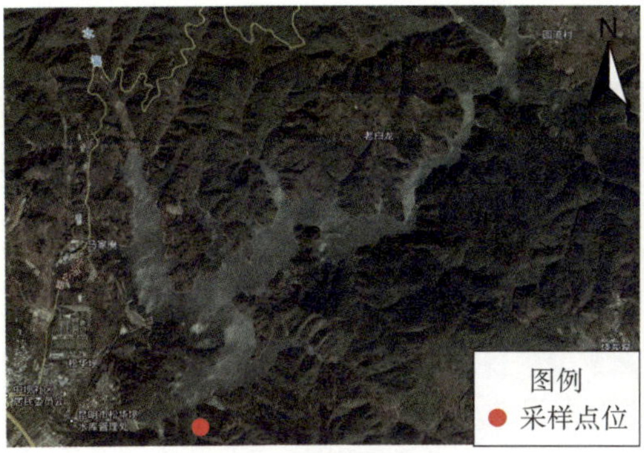

断面情况示意图

水面照片

反映采样位置的远景照片

东山桥

控制属性： 省控

所属流域： 珠江流域

所在水体： 巴江

汇入水体： 南盘江

断面属性： 控制断面

断面类型： 河流

采样方式： 桥上采

河宽： 22.8 米

河深： 左：0.90 米，中：3.12 米，右：0.82 米

采样位置： E 103.2721°，N 24.7638°

采样断面位置描述： 位于石林县鹿阜街道东山路水岸星城旁

所代表水功能区： —

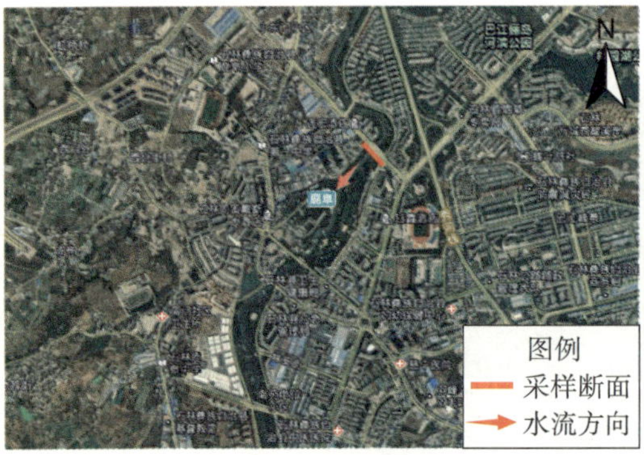

断面情况示意图

断面上游

断面下游

大叠水

控制属性：省控

所属流域：珠江流域

所在水体：巴江

汇入水体：南盘江

断面属性：县界（石林县—宜良县）

断面类型：河流

采样方式：桥上采

河宽：5.4 米

河深：1 米

采样位置：E 103.1966°，N 24.6678°

采样断面位置描述：位于石林县大叠水景区

所代表水功能区：巴江石林工业用水区、农业用水区、景观用水区

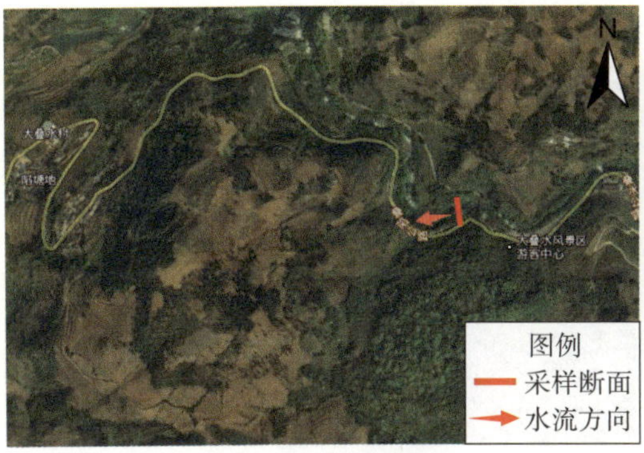

断面情况示意图

断面上游

断面下游

团结水库

控制属性： 省控

所属流域： 珠江流域

所在水体： 巴江

汇入水体： 南盘江

断面属性： 控制断面

断面类型： 湖库

采样方式： 岸边采

河宽： —

河深： —

采样位置： E 103.3567°，N 24.8997°

采样断面位置描述： 位于石林县乃古石林段

所代表水功能区： 巴江石林源头水保护区

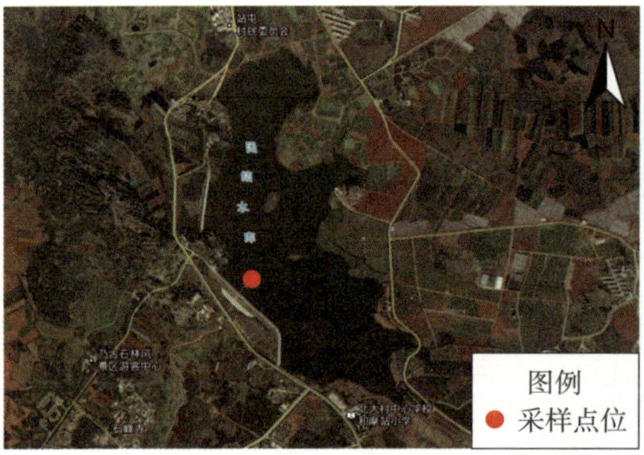

断面情况示意图

水面照片

反映采样位置的远景照片

果马河河湾闸

控制属性： 省控

所属流域： 长江流域

所在水体： 牛栏江果马河

汇入水体： 牛栏江

断面属性： 控制断面

断面类型： 河流

采样方式： 岸边采

河宽： 30 米

河深： 2.78 米

采样位置： E 103.0752°，N 25.3067°

采样断面位置描述： 位于嵩明县 079 乡道河湾村河湾闸大桥

所代表水功能区： —

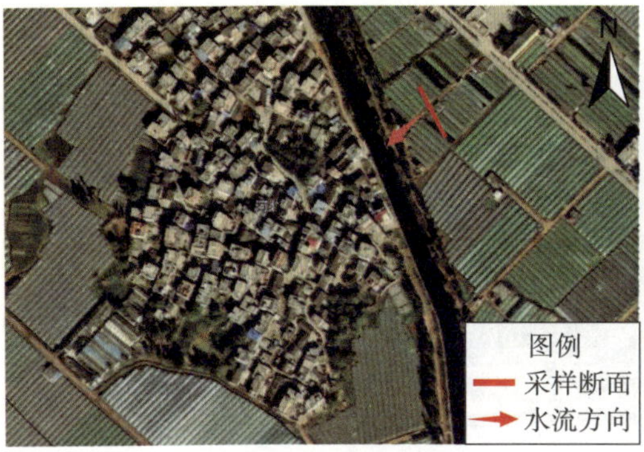

断面情况示意图

断面上游

断面下游

四营水文站

控制属性： 省控

所属流域： 长江流域

所在水体： 牛栏江

汇入水体： 金沙江

断面属性： 控制断面

断面类型： 河流

采样方式： 岸边采

河宽： 38 米

河深： 2.64 米

采样位置： E 103.1467°，N 25.2906°

采样断面位置描述： 位于嵩明县兔街新桥村村口兔街大桥（嵩黄线和牛栏江交汇处）

所代表水功能区： —

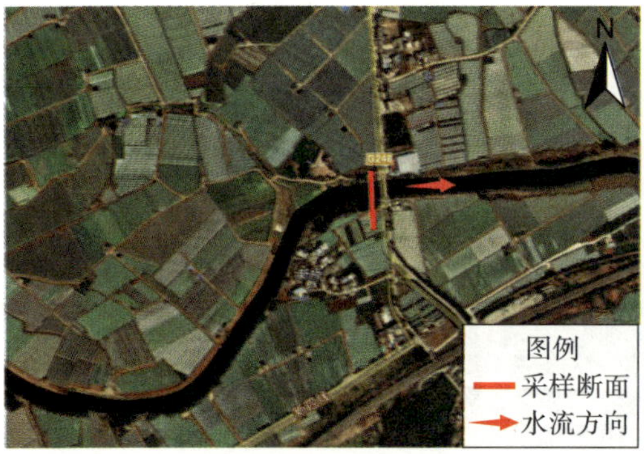

断面情况示意图

断面上游

自动监测站

断面下游

杨林河汇入牛栏江处

控制属性： 省控

所属流域： 长江流域

所在水体： 牛栏江杨林河

汇入水体： 牛栏江

断面属性： 控制断面

断面类型： 河流

采样方式： 桥上采

河宽： 49.5 米

河深： 左：0.30 米，中：0.81 米，右：0.47 米

采样位置： E 103.1050°，N 25.2594°

采样断面位置描述： 位于嵩明县牛栏江镇恒大养生谷前

所代表水功能区： —

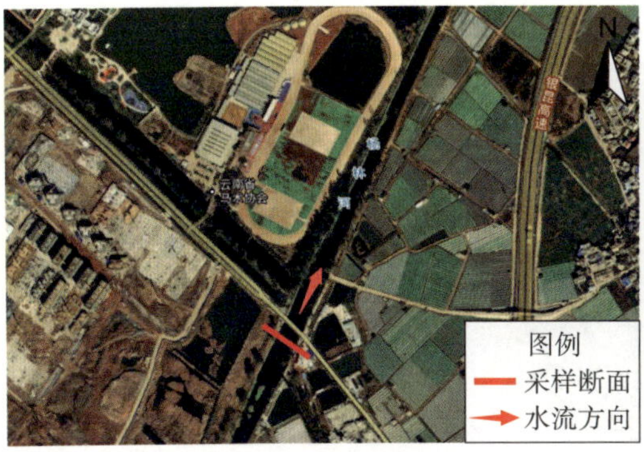

断面情况示意图

断面上游

断面下游

对龙河官渡桥

控制属性： 省控

所属流域： 长江流域

所在水体： 牛栏江对龙河

汇入水体： 牛栏江

断面属性： 控制断面

断面类型： 河流

采样方式： 桥上采

河宽： 11.23 米

河深： 左：0.32 米，中：0.68 米，右：0.35 米

采样位置： E 103.0655°，N 25.2546°

采样断面位置描述： 位于杨林镇杨林镇二中

所代表水功能区： —

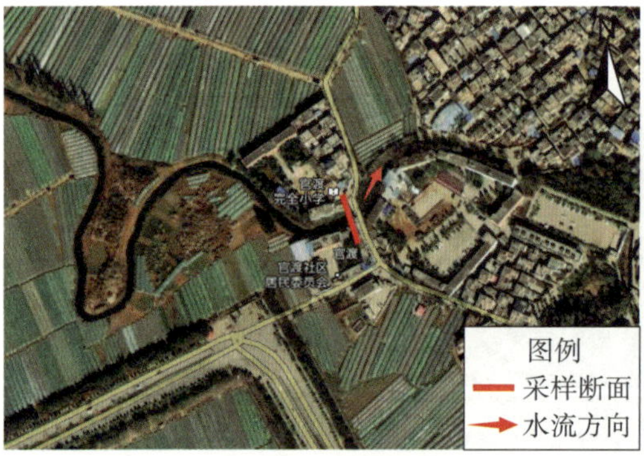

断面情况示意图

断面上游

断面下游

老煤山大桥

控制属性： 省控

所属流域： 长江流域

所在水体： 大营河

汇入水体： 螳螂川

断面属性： 县界（五华区—富民县）

断面类型： 河流

采样方式： 桥上采

河宽： 8.4 米

河深： 0.4 米

采样位置： E 102.5859°，N 25.1975°

采样断面位置描述： 位于五华区 G5 京昆高速昆明景悦工贸有限公司腻子粉厂旁

所代表水功能区： —

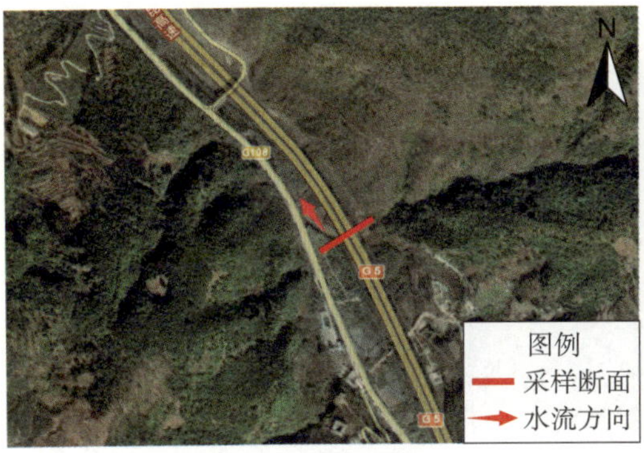

断面情况示意图

断面上游

自动监测站

断面下游

自卫村水库坝中

控制属性： 省控

所属流域： 长江流域

所在水体： 自卫村水库

汇入水体： —

断面属性： 控制断面

断面类型： 湖库

采样方式： 桥上采

河宽： —

河深： 3.86 米

采样位置： E 102.640°，N 25.1085°

采样断面位置描述： 位于五华区龙普路自卫村内

所代表水功能区： —

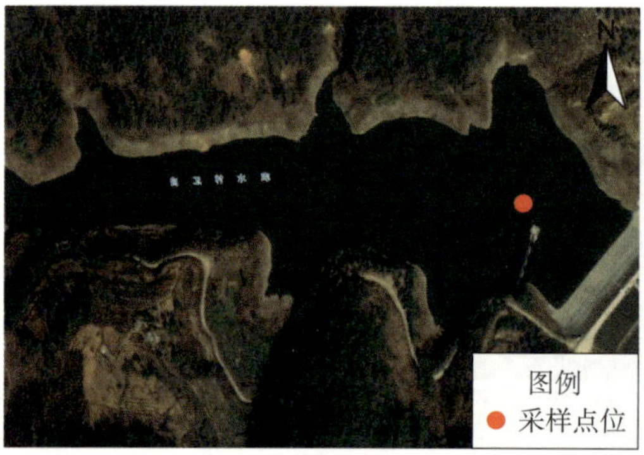

断面情况示意图

水面照片

反映采样位置的远景照片

自卫村水库坝口

控制属性： 省控

所属流域： 长江流域

所在水体： 自卫村水库

汇入水体： —

断面属性： 控制断面

断面类型： 湖库

采样方式： 岸边采

河宽： —

河深： 1.56 米

采样位置： E 102.6409°，N 25.1082°

采样断面位置描述： 位于五华区龙普路自卫村内

所代表水功能区： —

断面情况示意图

水面照片

反映采样位置的远景照片

大青河泵站

控制属性： 省控

所属流域： 长江流域

所在水体： 大青河

汇入水体： 滇池

断面属性： 入湖口

断面类型： 河流

采样方式： 桥上采

河宽： 25.7 米

河深： 左：1.72 米，中：2.08 米，右：1.68 米

采样位置： E 102.6940°，N 24.9523°

采样断面位置描述： 位于官渡区六甲社区卫生服务中心南 200 米

所代表水功能区： 大清河昆明景观、工业用水区

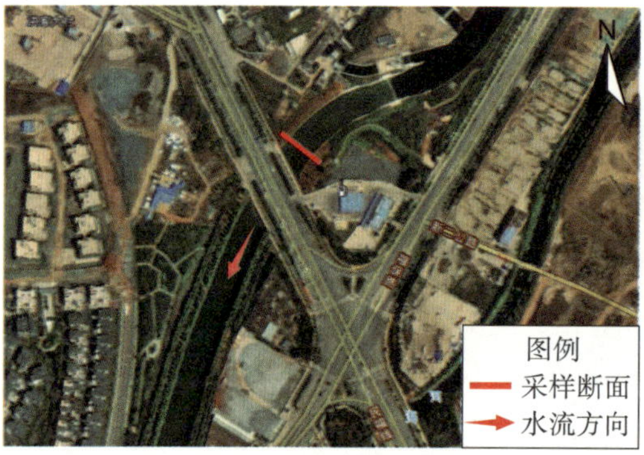

断面情况示意图

断面上游

断面下游

积下村（积中村）

控制属性： 省控

所属流域： 长江流域

所在水体： 老运粮河

汇入水体： 滇池

断面属性： 入湖口

断面类型： 河流

采样方式： 岸边采

河宽： 10 米

河深： 1 米

采样位置： E 102.6571°，N 25.0279°

采样断面位置描述： 位于西山区老运粮河三污排口旁

所代表水功能区： 运粮河昆明景观用水区

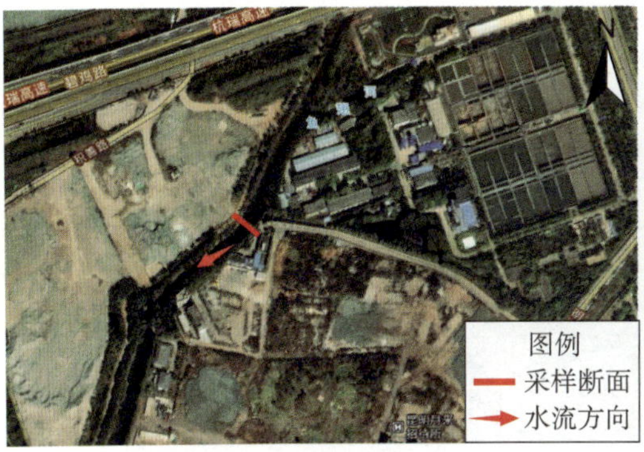

断面情况示意图

断面上游

断面下游

明波村

控制属性： 省控

所属流域： 长江流域

所在水体： 乌龙河

汇入水体： 滇池

断面属性： 入湖口

断面类型： 河流

采样方式： 桥上采

河宽： 6 米

河深： 1.78 米

采样位置： E 102.6699°，N 25.0299°

采样断面位置描述： 位于西山区 306 乡道云南省民族专业中等学校旁

所代表水功能区： —

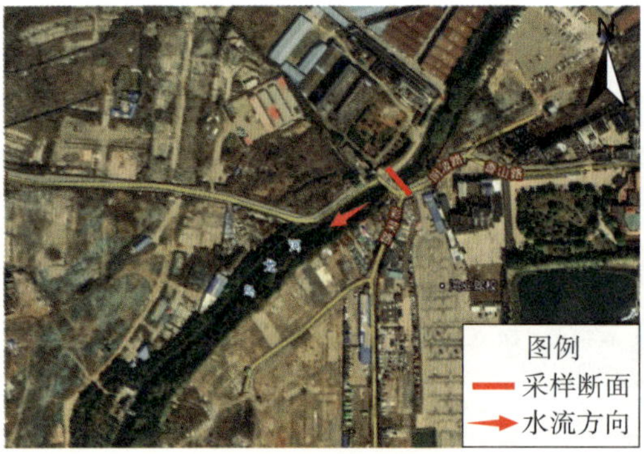

断面情况示意图

断面上游

断面下游

积善村桥

控制属性： 省控

所属流域： 长江流域

所在水体： 新河

汇入水体： 滇池

断面属性： 入湖口

断面类型： 河流

采样方式： 桥上采

河宽： 17.4 米

河深： 2.92 米

采样位置： E 102.6494°，N 25.0265°

采样断面位置描述： 位于西山区积善路 20 号西山新城云石国际中心旁，新运粮河融创乐园门口

所代表水功能区： 新河昆明景观、工业用水区

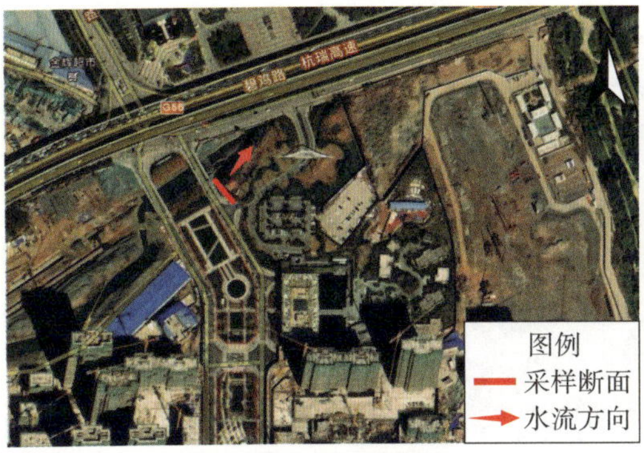

断面情况示意图

断面上游

断面下游

小人桥

控制属性： 省控

所属流域： 长江流域

所在水体： 盘龙江

汇入水体： 滇池

断面属性： 县界（盘龙区—西山区）

断面类型： 河流

采样方式： 桥上采

河宽： 25.48 米

河深： 左：1.90 米，中：1.88 米，右：1.94 米

采样位置： E 102.7139°，N 25.0320°

采样断面位置描述： 位于巡津街昆明市第一人民医院对面小人桥

所代表水功能区： —

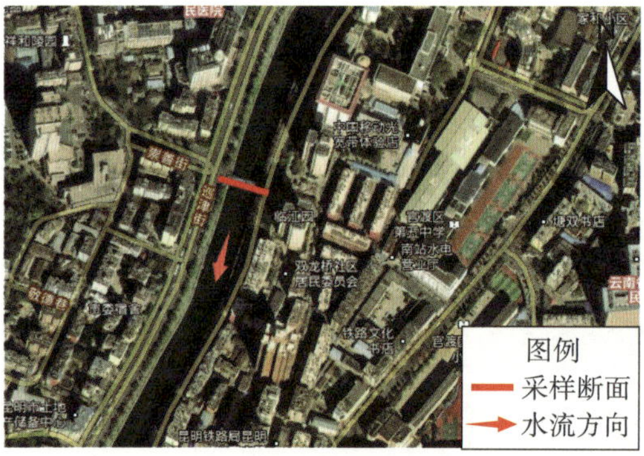

断面情况示意图

断面上游

自动监测站

断面下游

中滩闸门

控制属性：省控

所属流域：长江流域

所在水体：螳螂川

汇入水体：金沙江

断面属性：出湖口

断面类型：河道

采样方式：桥上采

河宽：—

河深：—

采样位置：E 102.6064°，N 24.7820°

采样断面位置描述：位于海口镇海口大桥旁

所代表水功能区：—

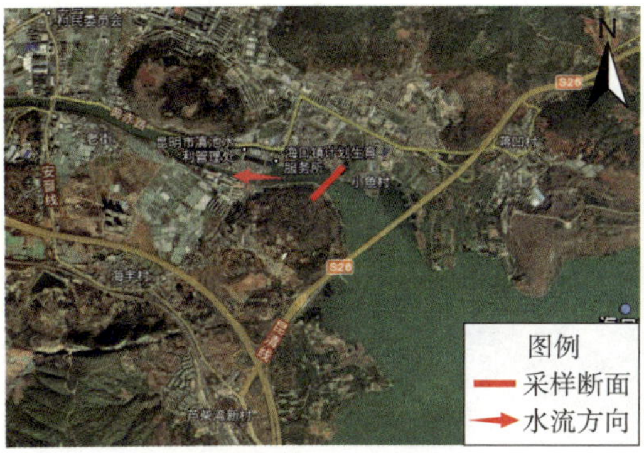

断面情况示意图

断面上游

自动监测站

断面下游

七星水文站

控制属性： 省控

所属流域： 长江流域

所在水体： 牛栏江

汇入水体： 金沙江

断面属性： 控制断面

断面类型： 河流

采样方式： 桥上采

河宽： 24 米

河深： 1.2 米

采样位置： E 103.3221°，N 25.5377°

采样断面位置描述： 位于寻甸县七星镇七星桥头东北方 500 米处

所代表水功能区： 马龙河寻甸保留区 / 凤龙湾水库寻甸农业、景观用水区

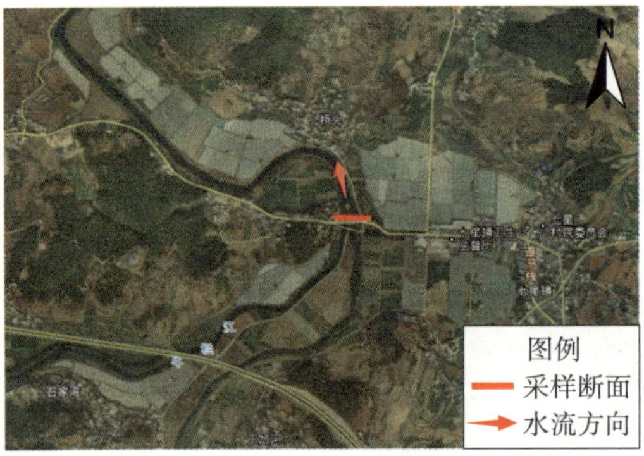

断面情况示意图

断面上游

断面下游

德泽水库调水取水口

控制属性： 省控

所属流域： 长江流域

所在水体： 牛栏江（德泽水库）

汇入水体： 金沙江

断面属性： 控制断面

断面类型： 河流

采样方式： 桥上采

河宽： 35 米

河深： 30 米

采样位置： E 103.4969°，N 25.8135°

采样断面位置描述： 位于寻甸回族彝族自治县白石岩村干海子泵站内

所代表水功能区： —

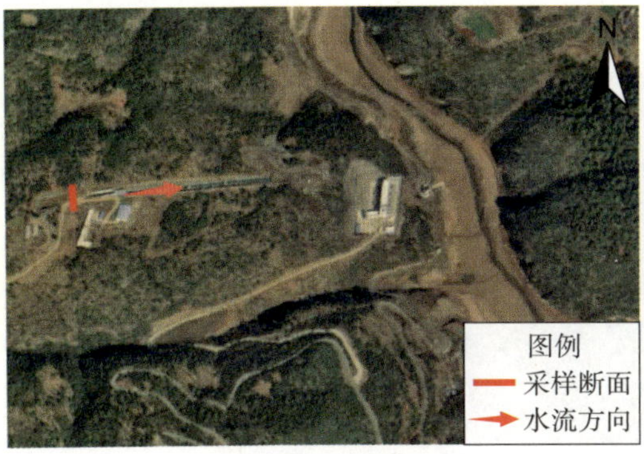

断面情况示意图

断面上游

断面下游

前进河哦嘎电站

控制属性： 省控

所属流域： 长江流域

所在水体： 牛栏江前进河（挖心河）

汇入水体： 牛栏江

断面属性： 控制断面

断面类型： 河流

采样方式： 桥上采

河宽： 13 米

河深： 1 米

采样位置： E 103.3011°，N 25.5381°

采样断面位置描述： 位于寻甸县仁德镇哦噶电站西南方 200 米处

所代表水功能区： —

断面情况示意图

断面上游

断面下游

金源大桥

控制属性：省控

所属流域：长江流域

所在水体：块河

汇入水体：小江

断面属性：县界（寻甸县—东川区）

断面类型：河流

采样方式：桥上采

河宽：30 米

河深：0.6 米

采样位置：E 103.1124°，N 25.8716°

采样断面位置描述：位于寻甸县金源乡 163 乡道贾家山五里松大桥

所代表水功能区：—

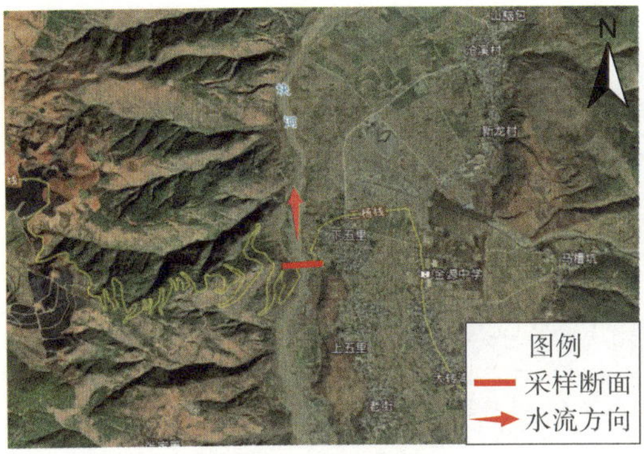

断面情况示意图

断面上游

自动监测站

断面下游

清水海

控制属性：省控

所属流域：长江流域

所在水体：清水海

汇入水体：金沙江

断面属性：控制断面

断面类型：湖库

采样方式：船上采

河宽：—

河深：—

采样位置：E 103.1160°，N 25.5896°

采样断面位置描述：位于寻甸县清水海调水取水口

所代表水功能区：清水海寻甸饮用水源保护区

断面情况示意图

水面照片

反映采样位置的远景照片

阳宗海南

控制属性：省控

所属流域：珠江流域

所在水体：阳宗海

汇入水体：南盘江

断面属性：控制断面

断面类型：湖库

采样方式：船上采

河宽：—

河深：—

采样位置：E 102.9950°，N 24.8831°

采样断面位置描述：位于宜良县阳宗海南

所代表水功能区：—

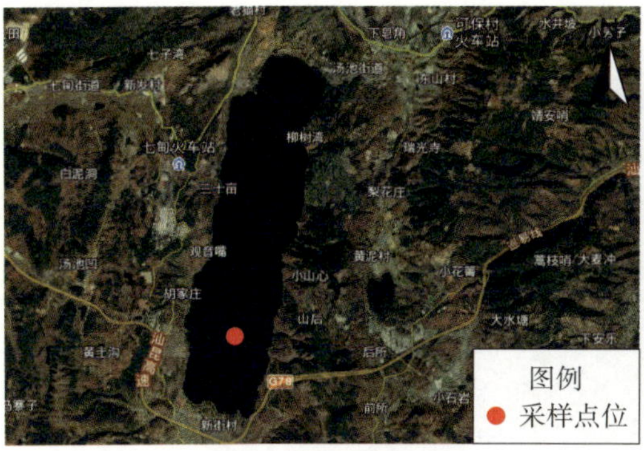

断面情况示意图

水面照片

反映采样位置的远景照片

阳宗海北

控制属性： 省控

所属流域： 珠江流域

所在水体： 阳宗海

汇入水体： 南盘江

断面属性： 控制断面

断面类型： 湖库

采样方式： 船上采

河宽： —

河深： —

采样位置： E 103.0078°，N 24.9547°

采样断面位置描述： 位于宜良县阳宗海北

所代表水功能区： —

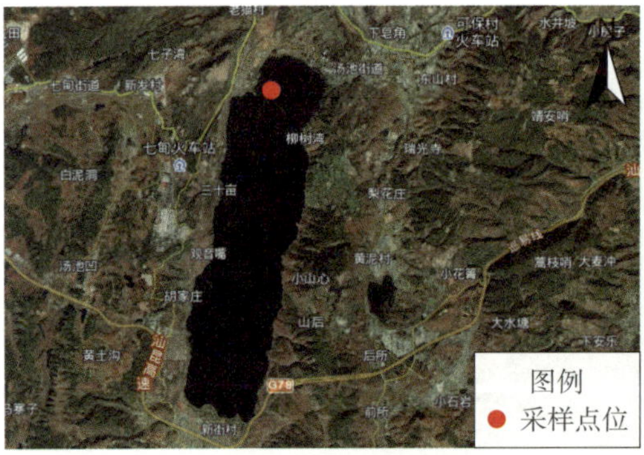

断面情况示意图

水面照片

反映采样位置的远景照片

柴石滩

控制属性： 省控

所属流域： 珠江流域

所在水体： 南盘江

汇入水体： 红水河

断面属性： 控制断面

断面类型： 河流

采样方式： 桥上采

河宽： 31.2 米

河深： 左：0.14 米，中：0.27 米，右：0.10 米

采样位置： E 103.3291°，N 25.0016°

采样断面位置描述： 位于宜良县北古城镇柴石滩电站门口

所代表水功能区： —

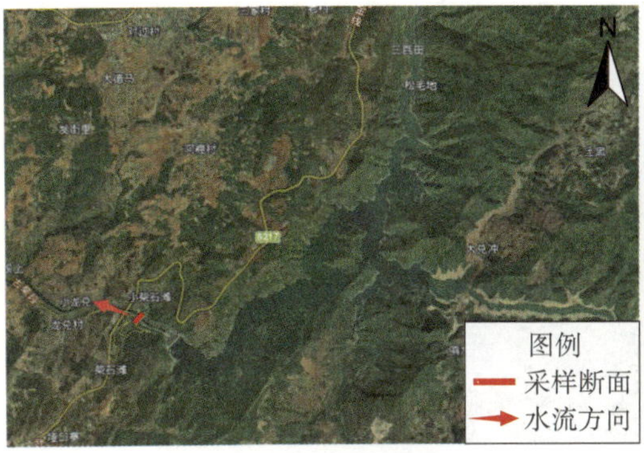

断面情况示意图

断面上游

断面下游

摆依河引洪渠

控制属性：省控

所属流域：珠江流域

所在水体：摆依河引洪渠

汇入水体：阳宗海

断面属性：入湖口

断面类型：河流

采样方式：岸边采

河宽：5 米

河深：3.2 米

采样位置：E 103.0284°，N 24.9586°

采样断面位置描述：位于宜良县汤电段山水天使湾

所代表水功能区：摆夷河宜良源头水保护区

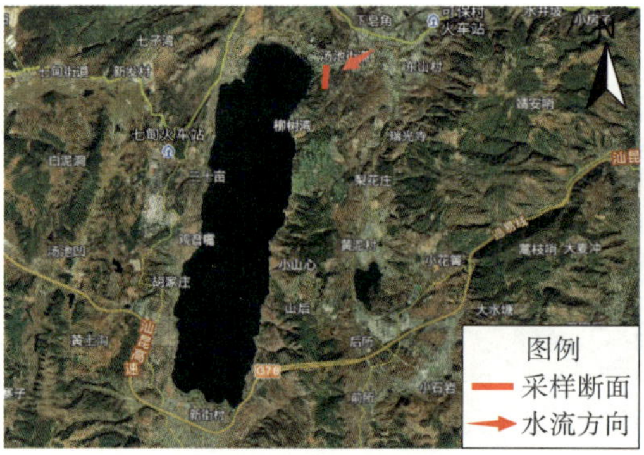

断面情况示意图

断面上游

断面下游

2.2 昭通市（36）

凤翥

控制属性： 国控

所属流域： 长江流域

所在水体： 白水江

汇入水体： 横江

断面属性： 控制断面

断面类型： 河流

断面位置及经纬度： 位于镇雄县罗坎镇煤炭验票站旁，坐标：E 104.6595°，N 27.7709°。

断面二维码

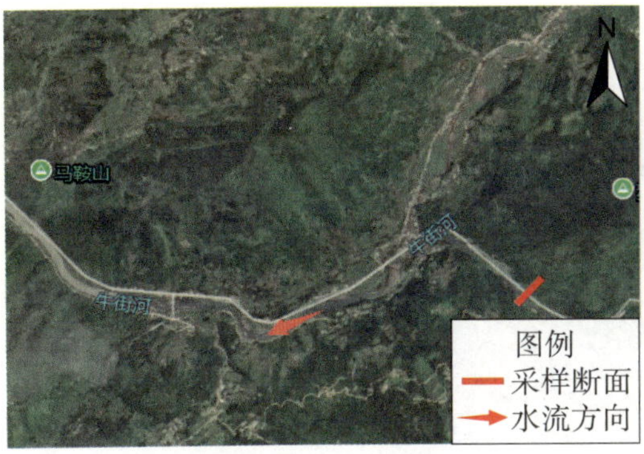

断面情况示意图

断面上游

自动监测站

断面下游

清水铺

控制属性： 国控

所属流域： 长江流域

所在水体： 赤水河

汇入水体： 长江

断面属性： 省界（滇—黔）

断面类型： 河流

断面位置及经纬度： 位于贵州省毕节市七星关区赤水镇赤水路自动监测站旁，坐标：E 105.5797°，N 27.7244°。

断面二维码

断面情况示意图

断面上游

自动监测站

断面下游

岔河渡口

控制属性： 国控

所属流域： 长江流域

所在水体： 赤水河

汇入水体： 长江

断面属性： 省界（滇—黔）

断面类型： 河流

断面二维码

断面位置及经纬度： 位于镇雄县坡头镇红军桥，坐标：E 105.2893°，N 27.7147°。

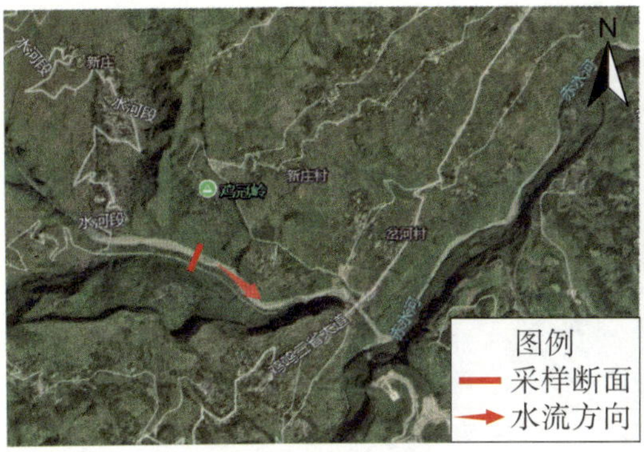

断面情况示意图

断面上游

断面下游

横江桥

控制属性：国控

所属流域：长江流域

所在水体：横江

汇入水体：金沙江

断面属性：省界（滇—川）

断面类型：河流

断面位置及经纬度：位于水富市云富街道双江社区横江桥，坐标：E 104.4197°，N 28.6258°。

断面二维码

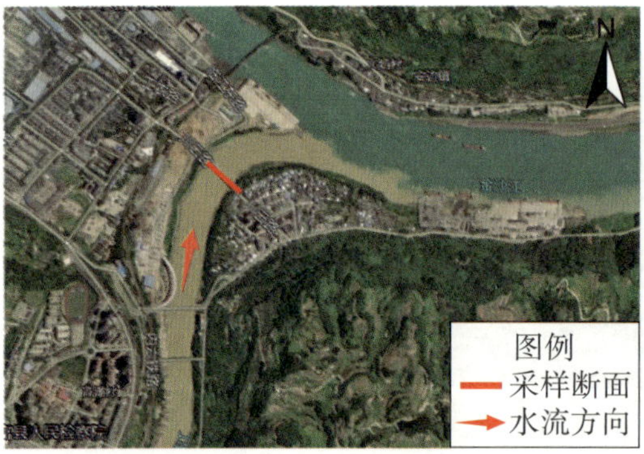

断面情况示意图

断面上游

自动监测站

断面下游

三块石

控制属性： 国控

所属流域： 长江流域

所在水体： 金沙江

汇入水体： 东海

断面属性： 省界（滇—川）

断面类型： 河流

断面位置及经纬度： 位于四川省宜宾市叙州区安边镇豆坝村马槽组，坐标：E 104.4516°，N 28.6317°。

断面二维码

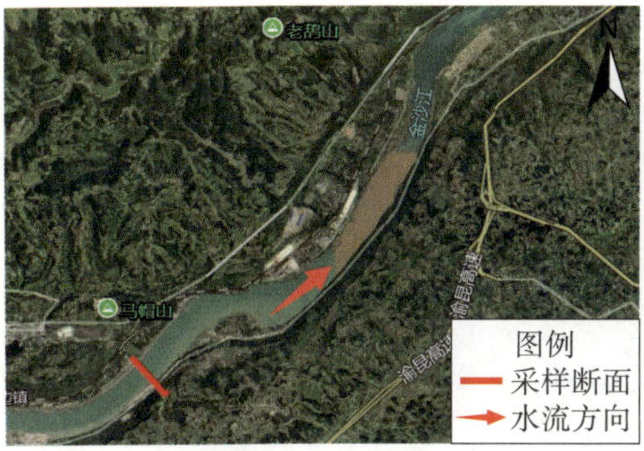

断面情况示意图

断面上游

自动监测站

断面下游

倒流子

控制属性：国控

所属流域：长江流域

所在水体：金沙江

汇入水体：东海

断面属性：控制断面

断面类型：河流

断面位置及经纬度：位于永善县黄琅镇省道307旁，坐标：E 103.8229°，N 28.4728°。

断面二维码

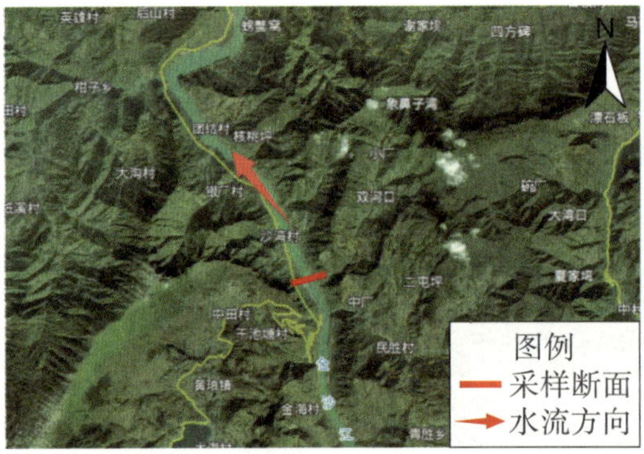

断面情况示意图

断面上游

自动监测站

断面下游

黄沙坡

控制属性： 国控

所属流域： 长江流域

所在水体： 金沙江

汇入水体： 东海

断面属性： 省界（滇—川）

断面类型： 河流

断面位置及经纬度： 位于绥江县新滩镇栀子铺对面，坐标：E 104.2553°，N 28.6469°。

断面二维码

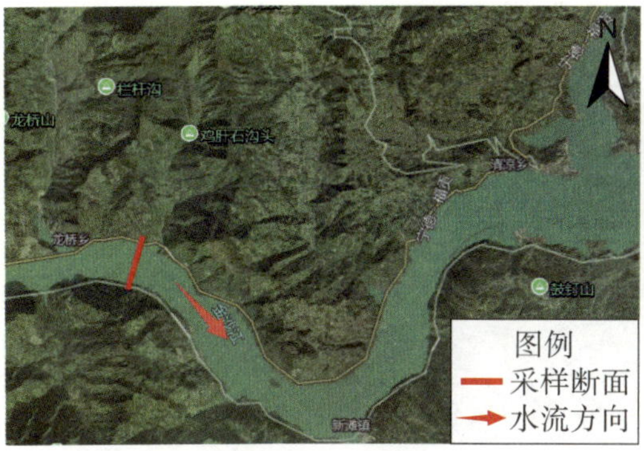

断面情况示意图

断面上游

自动监测站

断面下游

坪地营

控制属性： 国控

所属流域： 长江流域

所在水体： 龙树河

汇入水体： 洒渔河（关河）

断面属性： 控制断面

断面类型： 河流

断面位置及经纬度： 位于鲁甸县新街镇闪桥村集中安置点下游约 1 千米，坐标：E 103.4418°，N 27.4550°。

断面二维码

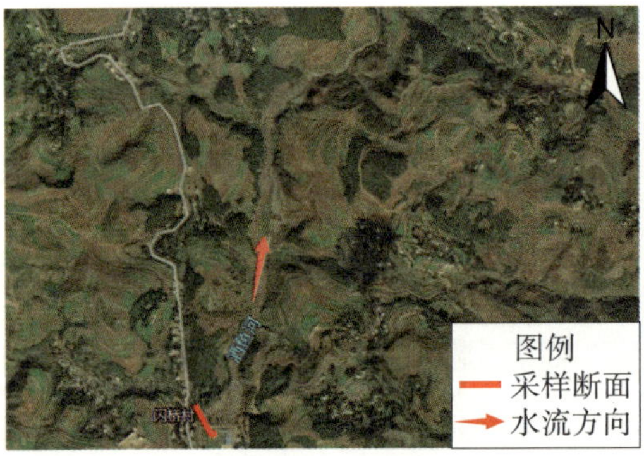

断面情况示意图

断面上游

自动监测站

断面下游

邓家河

控制属性： 国控

所属流域： 长江流域

所在水体： 罗布河

汇入水体： 南广河

断面属性： 省界（滇—川）

断面类型： 河流

断面位置及经纬度： 位于威信县 023 县道和 X023 交汇处岔路口往东北方向行驶约 3 千米处，坐标：E 104.9711°，N 28.0397°。

断面二维码

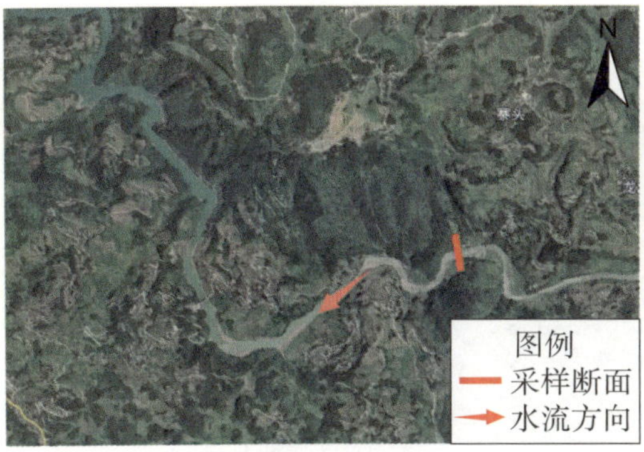

断面情况示意图

断面上游

自动监测站

断面下游

洛亥

控制属性： 国控

所属流域： 长江流域

所在水体： 洛亥河

汇入水体： 南广河

断面属性： 省界（滇—川）

断面类型： 河流

断面位置及经纬度： 位于四川省宜宾市珙县洛亥镇下游8千米附近处，坐标：104.9265°，104.9948°。

断面二维码

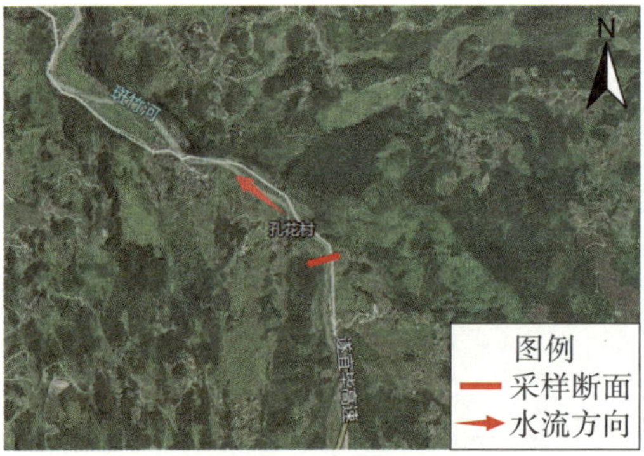

断面情况示意图

断面上游

自动监测站

断面下游

江底桥

控制属性： 国控

所属流域： 长江流域

所在水体： 牛栏江

汇入水体： 金沙江

断面属性： 市界（曲靖市—昭通市）

断面类型： 河流

断面二维码

断面位置及经纬度： 位于鲁甸县江底镇东 3.4 千米，坐标：E 103.6307°，N 27.0220°。

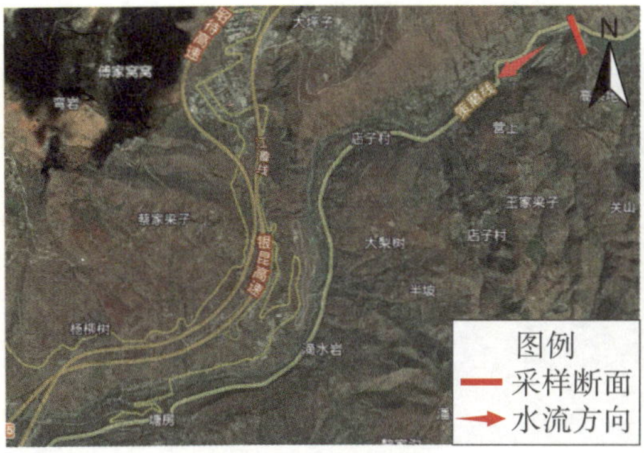

断面情况示意图

断面上游

自动监测站

断面下游

青岗坪

控制属性： 国控

所属流域： 长江流域

所在水体： 牛栏江

汇入水体： 金沙江

断面属性： 控制断面

断面类型： 河流

断面位置及经纬度： 位于鲁甸县甘田村委会沿 Y009 向东南方向行驶约 2 千米，坐标：E 103.2120°，N 27.3654°。

断面二维码

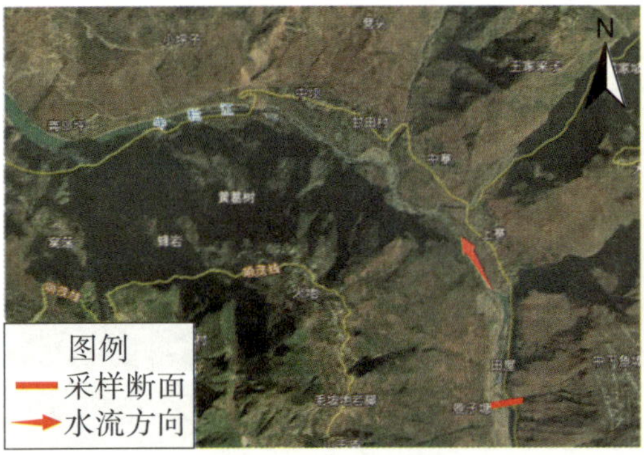

断面情况示意图

断面上游

自动监测站

断面下游

头屯河

控制属性： 国控

所属流域： 长江流域

所在水体： 头屯河

汇入水体： 六冲河

断面属性： 省界（滇—黔）

断面类型： 河流

断面位置及经纬度： 位于镇雄县屯镇头屯河水站旁，坐标：E 104.8918°，N 27.3081°。

断面二维码

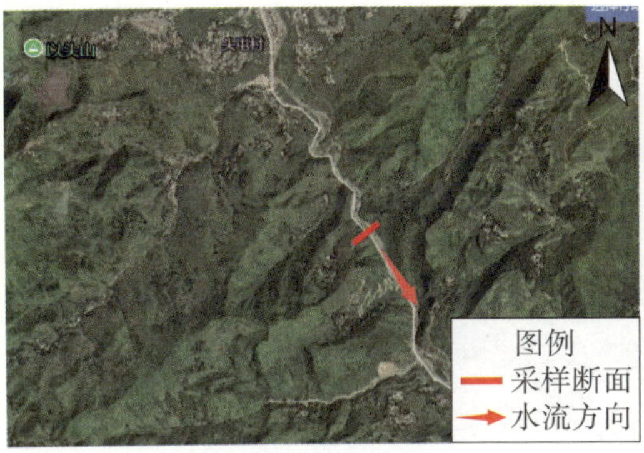

断面情况示意图

断面上游

自动监测站

断面下游

永宁河云南出境

控制属性： 国控

所属流域： 长江流域

所在水体： 落木河

汇入水体： 永宁河

断面属性： 省界（滇—川）

断面类型： 河流

断面位置及经纬度： 位于威信县沿 507 乡道行驶至鱼井坝，坐标：E 105.2589°，N 28.0037°。

断面二维码

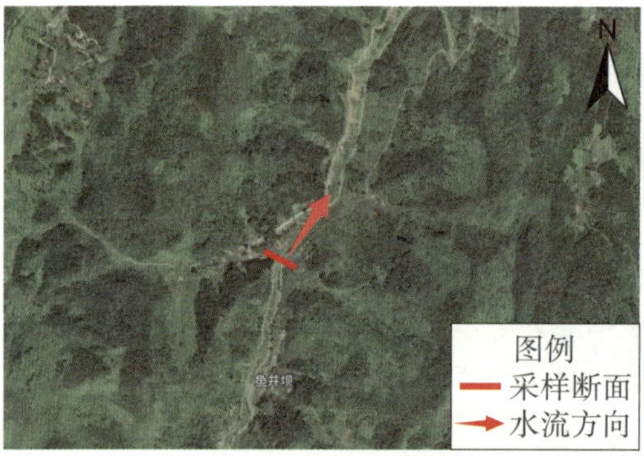

断面情况示意图

断面上游

断面下游

岔河

控制属性： 省控

所属流域： 长江流域

所在水体： 洛泽河

汇入水体： 横江

断面属性： 控制断面

断面类型： 河流

采样方式： 桥上采

河宽： 15 米

河深： 1.2 米

采样位置： E 103.9139°，N 27.8883°

采样断面位置描述： 位于大关县翠华镇田元村大路社

所代表水功能区： —

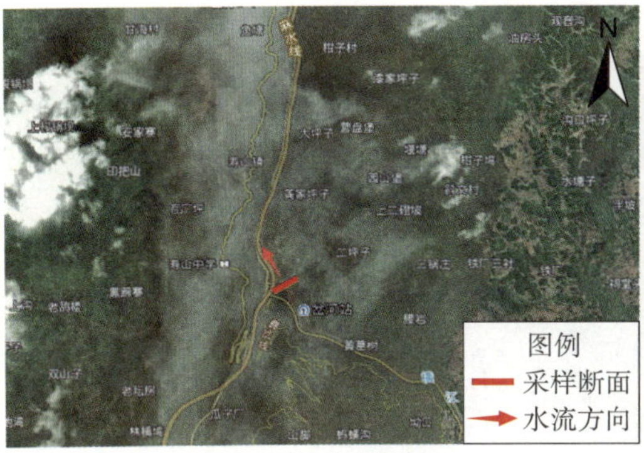

断面情况示意图

断面上游

断面下游

大桥

控制属性： 省控

所属流域： 长江流域

所在水体： 关河

汇入水体： 横江

断面属性： 控制断面

断面类型： 河流

采样方式： 桥上采

河宽： 6 米

河深： 0.4 米

采样位置： E 103.8558°，N 27.8210°

采样断面位置描述： 位于大关县翠华镇金坪村小河社

所代表水功能区： —

断面情况示意图

断面上游

断面下游

砚池山水库

控制属性： 省控

所属流域： 长江流域

所在水体： 砚池山水库

汇入水体： 洒渔河

断面属性： 控制断面

断面类型： 湖库

采样方式： 岸边采

河宽： 1 000 米

河深： 2 米

采样位置： E 103.5525°，N 27.1711°

采样断面位置描述： 位于云南省昭通市鲁甸县文屏镇砚池山社区

所代表水功能区： 昭鲁大河鲁甸保留区 / 砚池山水库鲁甸饮用、农业用水区

断面情况示意图

水面照片

反映采样位置的远景照片

麻壕

控制属性： 省控

所属流域： 长江流域

所在水体： 金沙江

汇入水体： 东海

断面属性： 县界（巧家县—永善县）

断面类型： 河流

采样方式： 岸边采

河宽： 280 米

河深： 300 米

采样位置： E 103.1079°，N 27.4004°

采样断面位置描述： 位于巧家县红山乡牛栏村小牛栏

所代表水功能区： —

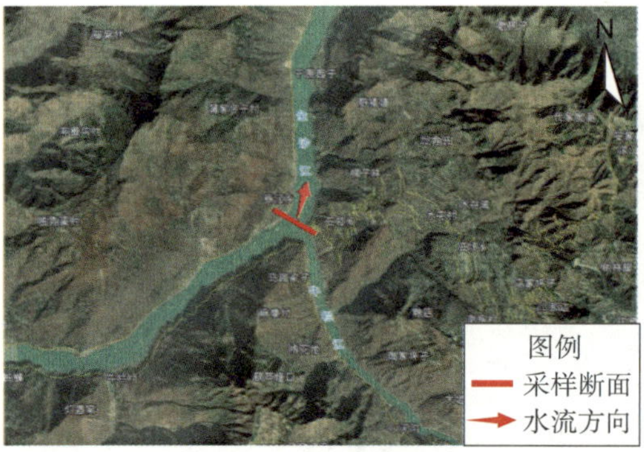

断面情况示意图

断面上游

断面下游

逗号码头

控制属性： 省控

所属流域： 长江流域

所在水体： 金沙江

汇入水体： 东海

断面属性： 控制断面

断面类型： 河流

采样方式： 船上采、岸边采

河宽： 1 200 米

河深： 80 米

采样位置： E 103.9645°，N 28.5990°

采样断面位置描述： 位于绥江县中城镇湖广路以北 100 米

所代表水功能区： —

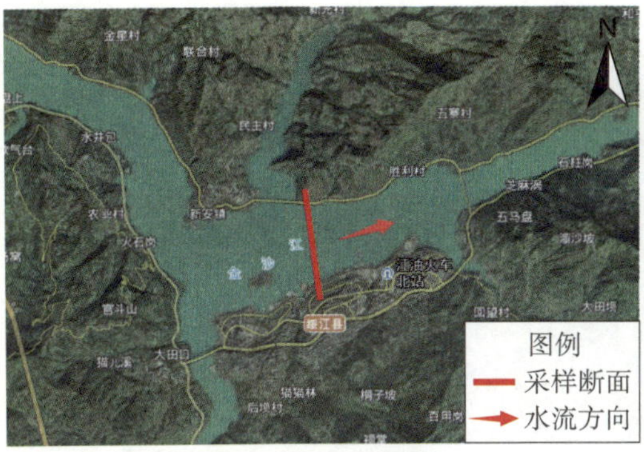

断面情况示意图

断面上游

断面下游

双河

控制属性： 省控

所属流域： 长江流域

所在水体： 大汶溪

汇入水体： 金沙江

断面属性： 控制断面

断面类型： 河流

采样方式： 岸边采

河宽： 12 米

河深： 1.2 米

采样位置： E 103.9537°，N 28.5501°

采样断面位置描述： 位于绥江县中城镇双河村新华水文站旁

所代表水功能区： —

断面情况示意图

断面上游

断面下游

钨城

控制属性： 省控

所属流域： 长江流域

所在水体： 罗布河

汇入水体： 南广河

断面属性： 控制断面

断面类型： 河流

采样方式： 岸边采

河宽： 5.0 米

河深： 0.3 米

采样位置： E 105.2153°，N 27.9486°

采样断面位置描述： 位于威信县高田乡钨城村村东北方向 0.7 千米

所代表水功能区： —

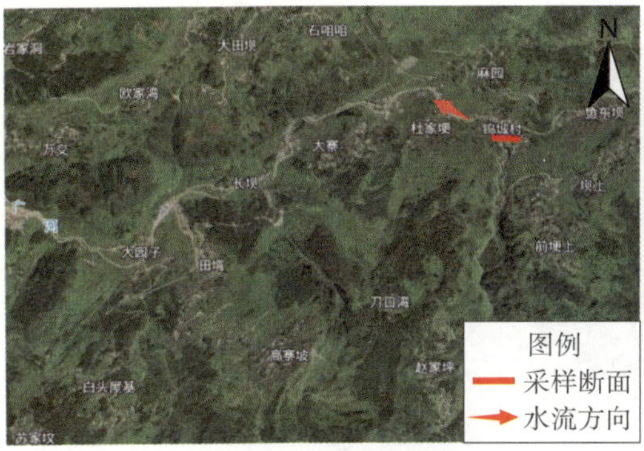

断面情况示意图

断面上游

断面下游

石坎

控制属性： 省控

所属流域： 长江流域

所在水体： 石坎河

汇入水体： 赤水河

断面属性： 县界（威信县—镇雄县）

断面类型： 河流

采样方式： 岸边采

河宽： 15 米

河深： 0.5 米

采样位置： E 105.1775°，N 27.7559°

采样断面位置描述： 位于威信县扎西镇石坎社区正南方向 7.0 千米

所代表水功能区： —

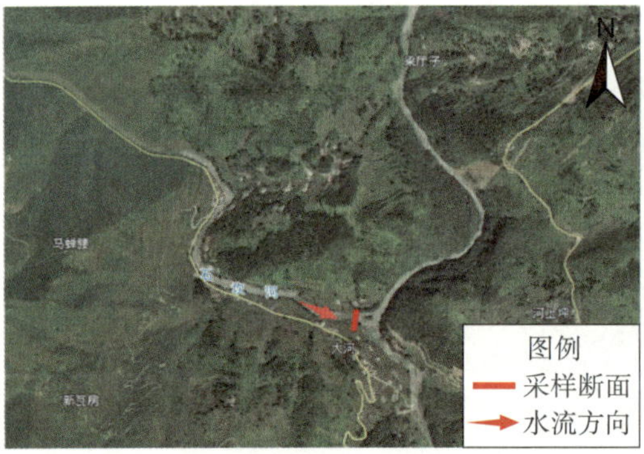

断面情况示意图

断面上游

自动监测站

断面下游

白水

控制属性： 省控

所属流域： 长江流域

所在水体： 白水江

汇入水体： 横江

断面属性： 县界（威信县—彝良县）

断面类型： 河流

采样方式： 岸边采

河宽： 14 米

河深： 0.6 米

采样位置： E 104.7639°，N 27.7797°

采样断面位置描述： 位于威信县庙沟镇大唐村东南方向 2.0 千米

所代表水功能区： —

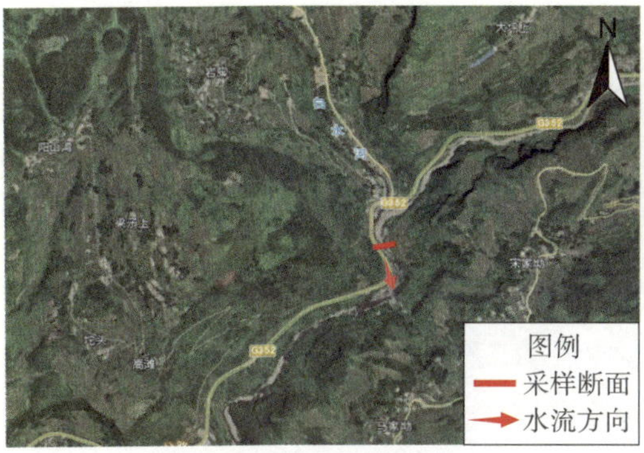

断面情况示意图

断面上游

自动监测站

断面下游

豆沙关

控制属性： 省控

所属流域： 长江流域

所在水体： 横江

汇入水体： 金沙江

断面属性： 县界（大关县—盐津县）

断面类型： 河流

采样方式： 岸边采

河宽： 56 米

河深： 15 米

采样位置： E 104.1200°，N 28.0378°

采样断面位置描述： 位于盐津县豆沙镇石门村东南方向 4 千米

所代表水功能区： —

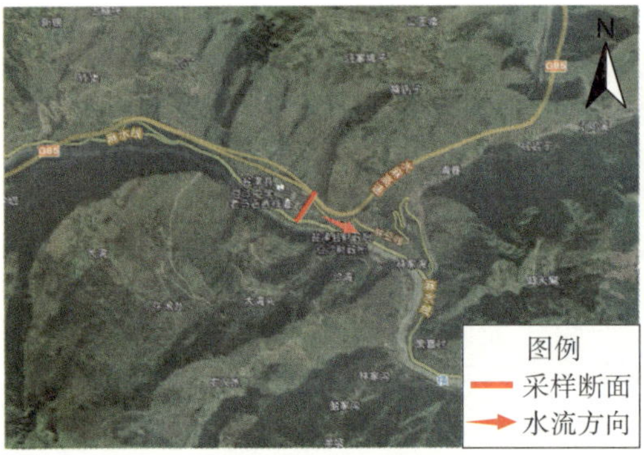

断面情况示意图

断面上游

自动监测站

断面下游

燕子坡铁路桥

控制属性： 省控

所属流域： 长江流域

所在水体： 横江

汇入水体： 金沙江

断面属性： 县界（盐津县—水富县）

断面类型： 河流

采样方式： 岸边采

河宽： 59 米

河深： 20 米

采样位置： E 104.2677°，N 28.3876°

采样断面位置描述： 位于盐津县滩头乡北甲村东南方向 9 千米

所代表水功能区： —

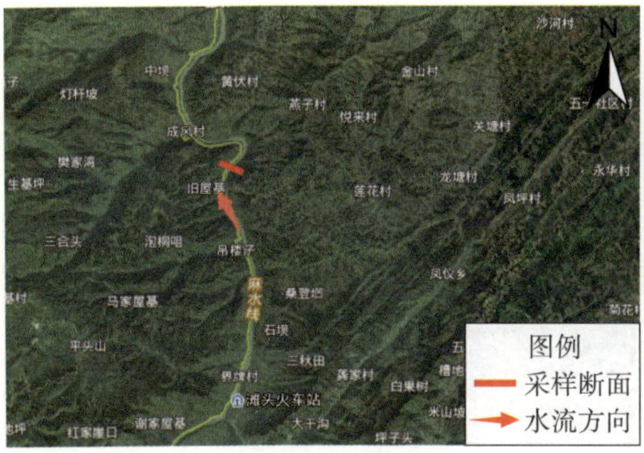

断面情况示意图

断面上游

自动监测站

断面下游

云贵桥

控制属性： 省控

所属流域： 长江流域

所在水体： 洛泽河

汇入水体： 横江

断面属性： 省界（黔—滇）

断面类型： 河流

采样方式： 岸边采

河宽： 35 米

河深： 2.5 米

采样位置： E 104.0132°，N 27.4224°

采样断面位置描述： 位于贵州省毕节市威宁县石门乡年丰村（毕节市 302 省道旁）

所代表水功能区： 横江滇黔缓冲区

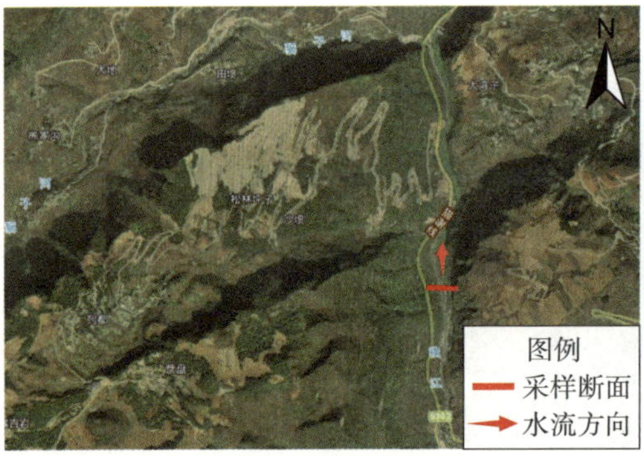

断面情况示意图

断面上游

自动监测站

断面下游

牛街

控制属性： 省控

所属流域： 长江流域

所在水体： 白水江

汇入水体： 横江

断面属性： 县界（彝良县—盐津县）

断面类型： 河流

采样方式： 岸边采

河宽： 43 米

河深： 2.3 米

采样位置： E 104.4767°，N 27.8544°

采样断面位置描述： 位于彝良县牛街镇楠厂村凉风沟组（法上段）

所代表水功能区： 白水江镇雄—盐津保护区

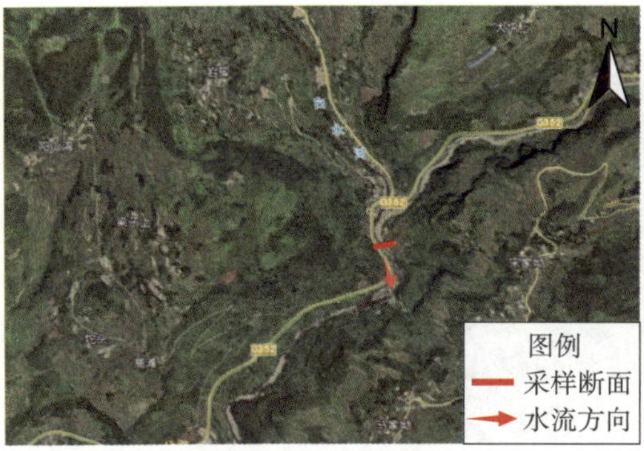

断面情况示意图

断面上游

自动监测站

断面下游

欧家小河

控制属性： 省控
所属流域： 长江流域
所在水体： 洛泽河
汇入水体： 横江
断面属性： 县界（彝良县—大关县）
断面类型： 河流
采样方式： 岸边采

河宽： 42 米
河深： 2.1 米
采样位置： E 104.0312°，N 27.6450°
采样断面位置描述： 位于彝良县角奎镇寨子村寨子组小河边
所代表水功能区： —

断面情况示意图

断面上游

自动监测站

断面下游

马家河坝

控制属性： 省控

所属流域： 长江流域

所在水体： 金沙江

汇入水体： 东海

断面属性： 控制断面

断面类型： 河流

采样方式： 船上采、岸边采

河宽： 600 米

河深： 240 米

采样位置： E 103.5995°，N 28.2481°

采样断面位置描述： 位于永善县溪洛渡电站大坝上游 1.5 千米

所代表水功能区： —

断面情况示意图

断面上游

断面下游

靖安

控制属性： 省控

所属流域： 长江流域

所在水体： 洒渔河

汇入水体： 横江

断面属性： 县界（昭阳区—大关县）

断面类型： 河流

采样方式： 岸边采

河宽： 10 米

河深： 1.0 米

采样位置： E 103.7492°，N 27.5654°

采样断面位置描述： 位于昭阳区靖安镇五星村

所代表水功能区： 洒渔河昭阳—盐津保留区 / 洒渔河昭阳农业用水区

断面情况示意图

断面上游

自动监测站

断面下游

曾家坡

控制属性： 省控

所属流域： 长江流域

所在水体： 盘河

汇入水体： 洛泽河

断面属性： 县界（昭阳区—大关县）

断面类型： 河流

采样方式： 岸边采

河宽： 5 米

河深： 0.45 米

采样位置： E 103.9673°，N 27.6259°

采样断面位置描述： 位于昭阳区盘河镇五寨村曾家坡

所代表水功能区： —

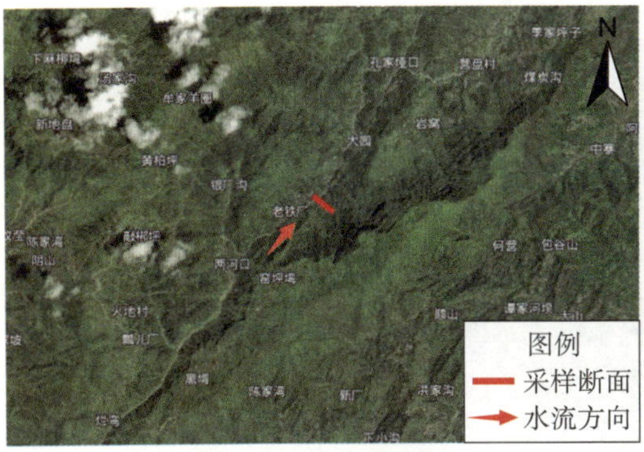

断面情况示意图

断面上游

断面下游

得胜桥（石牛口）

控制属性： 省控

所属流域： 长江流域

所在水体： 昭鲁河

汇入水体： 洒渔河

断面属性： 县界（鲁甸县—昭阳区）

断面类型： 河流

采样方式： 岸边采

河宽： 15 米

河深： 0.5 米

采样位置： E 103.6208°，N 27.2423°

采样断面位置描述： 位于鲁甸县昭鲁大道

所代表水功能区： 昭鲁大河鲁甸—昭阳农业、工业用水区

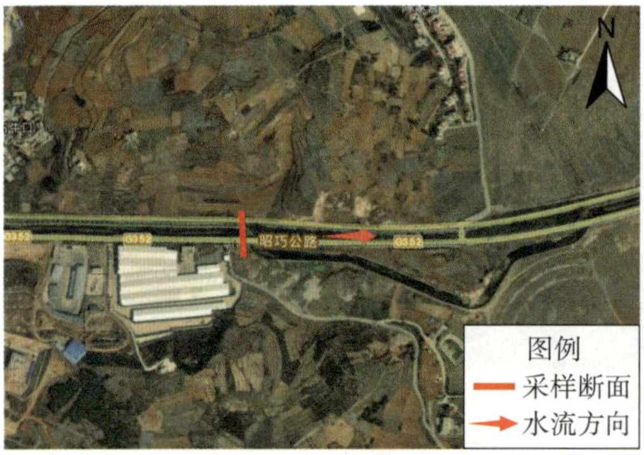

断面情况示意图

断面上游

断面下游

永丰水库

控制属性： 省控

所属流域： 长江流域

所在水体： 永丰水库

汇入水体： 昭鲁河

断面属性： 昭阳区境内

断面类型： 湖库

采样方式： 岸边采

河宽： 300 米

河深： 15 米

采样位置： E 103.6533°，N 27.2438°

采样断面位置描述： 位于昭阳区永丰镇新民村邱家大院子

所代表水功能区： —

断面情况示意图

水面照片

反映采样位置的远景照片

北闸水库

控制属性： 省控

所属流域： 长江流域

所在水体： 北闸水库

汇入水体： 昭鲁河

断面属性： 昭阳区境内

断面类型： 湖库

采样方式： 岸边采

河宽： 300 米

河深： 10 米

采样位置： E 103.7659°，N 27.4206°

采样断面位置描述： 位于昭阳区北闸镇北闸社区

所代表水功能区： —

断面情况示意图

水面照片

反映采样位置的远景照片

渔洞水库

控制属性： 省控

所属流域： 长江流域

所在水体： 渔洞水库

汇入水体： 洒渔河

断面属性： 控制断面

断面类型： 湖库

采样方式： 船上采

河宽： 1 000 米

河深： 150 米

采样位置： E 103.5523°，N 27.4040°

采样断面位置描述： 位于昭阳区乐居镇乐居村渔洞水库大坝

所代表水功能区： 渔洞水库昭阳饮用、农业用水区

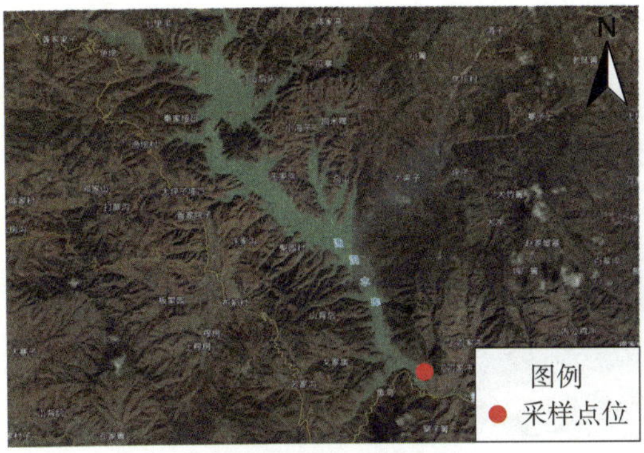

断面情况示意图

水面照片

反映采样位置的远景照片

洗白

控制属性：省控

所属流域：长江流域

所在水体：洗白河

汇入水体：赤水河

断面属性：控制断面

断面类型：河流

采样方式：岸边采

河宽：8 米

河深：0.15 米

采样位置：E 104.8118°，N 27.4996°

采样断面位置描述：位于镇雄县赤水源镇洗白村西方向 1.0 千米

所代表水功能区：—

断面情况示意图

断面上游

断面下游

2.3 曲靖市（39）

马过河河边桥

控制属性： 国控

所属流域： 长江流域

所在水体： 马龙河

汇入水体： 牛栏江

断面属性： 市界（曲靖市—昆明市）

断面类型： 河流

断面位置及经纬度： 位于马龙区马过河镇，坐标：E 103.3909°，N 25.4536°。

断面二维码

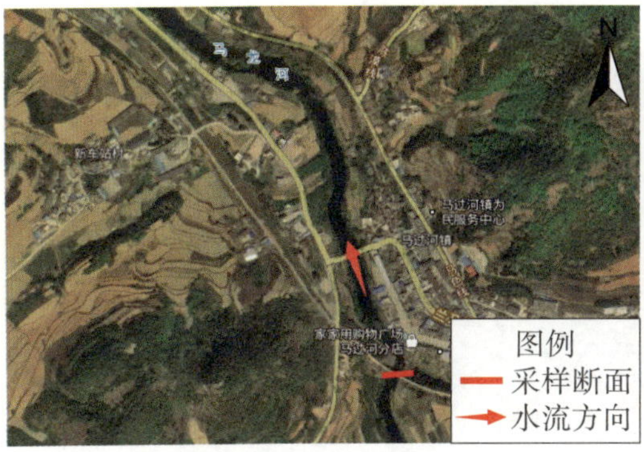

断面情况示意图

断面上游

自动监测站

断面下游

德泽水库大坝

控制属性：国控

所属流域：长江流域

所在水体：牛栏江

汇入水体：金沙江

断面属性：控制断面

断面类型：河流

断面位置及经纬度：位于沾益区德泽乡德泽水库大坝，坐标：E 103.6009°，N 25.9562°。

断面二维码

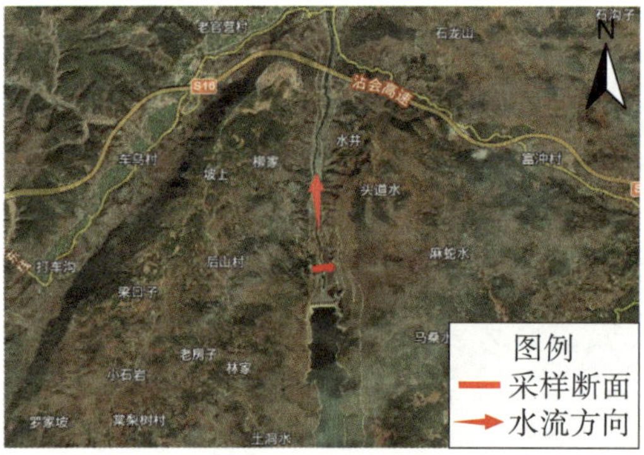

断面情况示意图

断面上游

自动监测站

断面下游

牛栏江大桥

控制属性： 国控

所属流域： 长江流域

所在水体： 牛栏江

汇入水体： 金沙江

断面属性： 省界（滇—黔）

断面类型： 河流

断面位置及经纬度： 位于会泽县盐塘村西侧省道303的桥上，坐标：E 103.7175°，N 26.5186°。

断面二维码

断面情况示意图

断面上游

自动监测站

反映采样位置的远景照片

以礼河水文站

控制属性：国控

所属流域：长江流域

所在水体：以礼河

汇入水体：金沙江

断面属性：市界（曲靖市—昭通市）

断面类型：河流

断面位置及经纬度：位于会泽县以礼河水电站管理处旁边，坐标：E 103.1900°，N 26.5167°。

断面二维码

断面情况示意图

断面上游

自动监测站

断面下游

厂房大桥

控制属性： 国控

所属流域： 珠江流域

所在水体： 北盘江

汇入水体： 红水河

断面属性： 省界（滇—黔）

断面类型： 河流

断面位置及经纬度： 位于宣威市宝山镇厂房大桥，坐标：E 104.4711°，N 26.2394°。

断面二维码

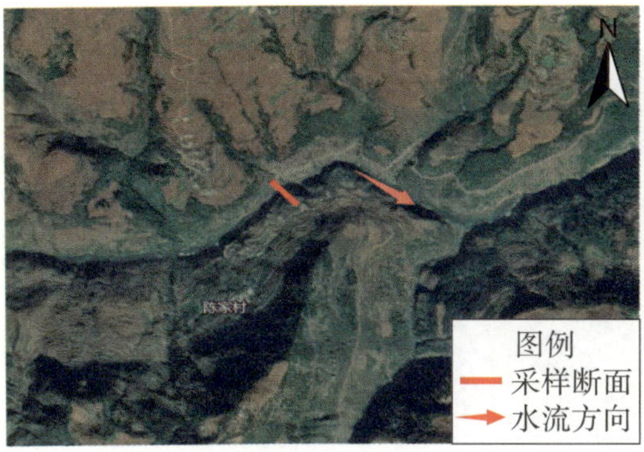

断面情况示意图

断面上游

自动监测站

断面下游

旧营桥

控制属性： 国控

所属流域： 珠江流域

所在水体： 北盘江

汇入水体： 红水河

断面属性： 控制断面

断面类型： 河流

断面二维码

断面位置及经纬度： 位于宣威市旧营村农田示范基地往左转后有一小桥处，坐标：E 104.2238°，N 26.2443°。

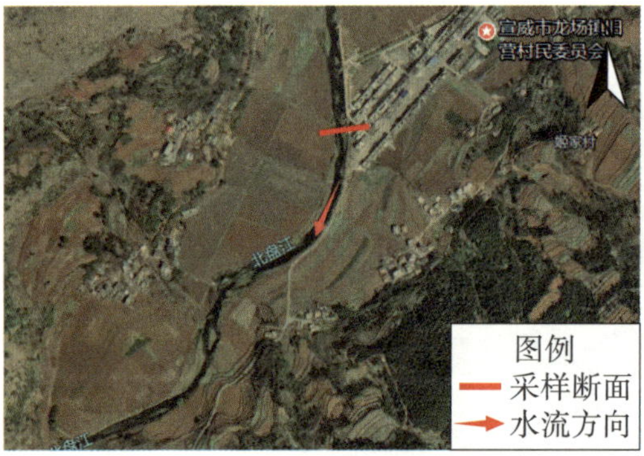

断面情况示意图

断面上游

断面下游

偏桥水库

控制属性： 国控

所属流域： 珠江流域

所在水体： 规沙河

汇入水体： 北盘江

断面属性： 控制断面

断面类型： 河流

断面位置及经纬度： 位于宣威市 Y018 乡道与 Y225 乡道交汇处东侧 100 米左右，坐标：E 103.9290°，N 25.9922°。

断面二维码

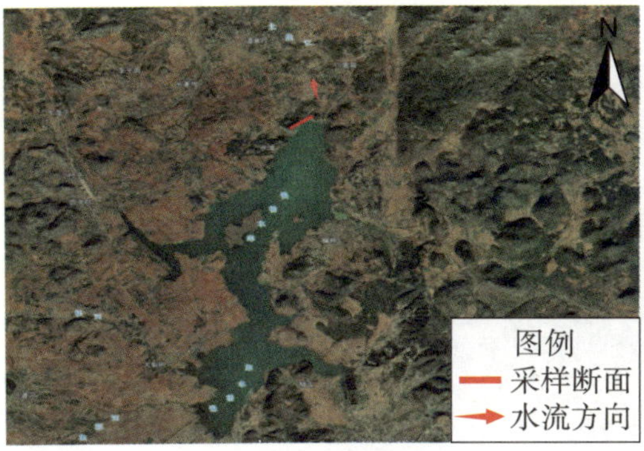

断面情况示意图

断面上游

断面下游

龙潭河

控制属性： 国控

所属流域： 珠江流域

所在水体： 龙潭河

汇入水体： 可渡河

断面属性： 省界（滇—黔）

断面类型： 河流

断面位置及经纬度： 位于宣威市，沿156乡道走到尽头后右转走小路进去500米处到达采样位置，坐标：E 104.0589°，N 26.5039°。

断面二维码

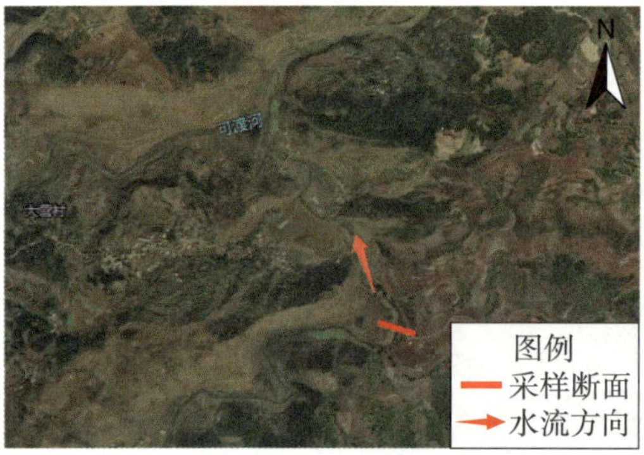

断面情况示意图

断面上游

断面下游

南盘江三江口

控制属性： 国控

所属流域： 珠江流域

所在水体： 南盘江

汇入水体： 红水河

断面属性： 省界（滇—桂、黔）

断面类型： 河流

断面位置及经纬度： 位于罗平县三江口码头对面位置，坐标：E 104.5273°，N 24.7346°。

断面二维码

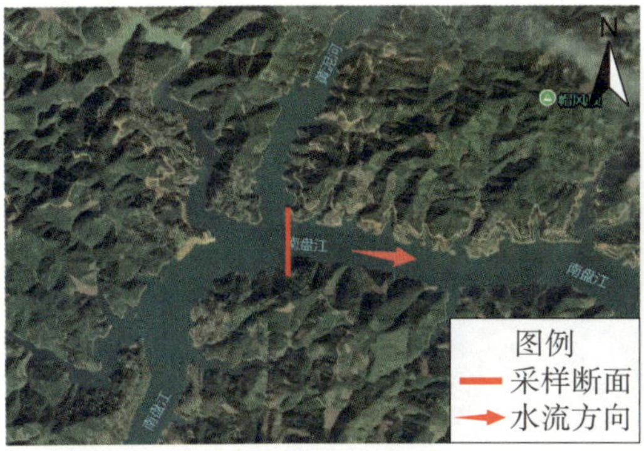

断面情况示意图

断面上游

自动监测站

断面下游

花山水库出水口

控制属性： 国控

所属流域： 珠江流域

所在水体： 南盘江

汇入水体： 红水河

断面属性： 控制断面

断面类型： 河流

断面二维码

断面位置及经纬度： 位于沾益县花山水库，坐标：E 103.8992°，N 25.7648°。

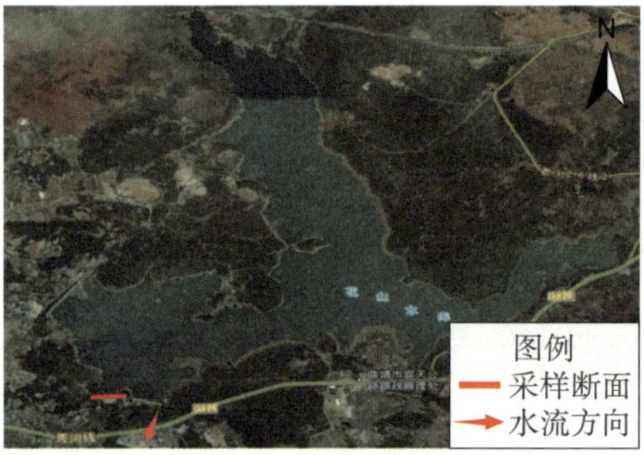

断面情况示意图

断面上游

自动监测站

断面下游

天生桥

控制属性： 国控

所属流域： 珠江流域

所在水体： 南盘江

汇入水体： 红水河

断面属性： 市界（曲靖市—昆明市）

断面类型： 河流

断面位置及经纬度： 位于宜良县天生桥，坐标：E 103.4929°，N 24.9373°。

断面二维码

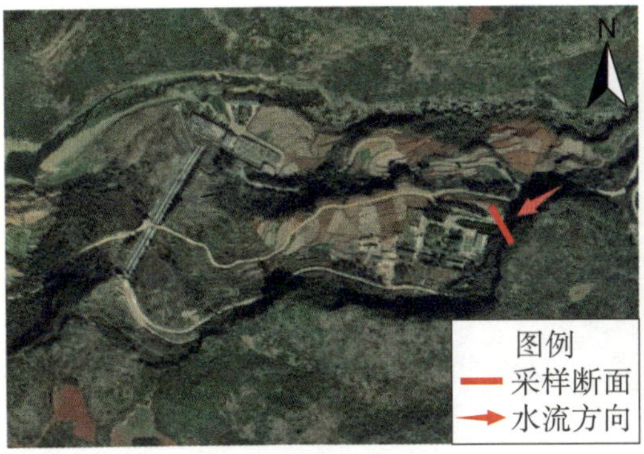

断面情况示意图

断面上游

自动监测站

断面下游

设里桥

控制属性： 国控

所属流域： 珠江流域

所在水体： 南盘江

汇入水体： 红水河

断面属性： 市界（曲靖市—文山州）

断面类型： 河流

断面二维码

断面位置及经纬度： 位于师宗县五龙壮族乡，在大桥加油站西侧 140 米处，坐标：E 104.3319°，N 24.5498°。

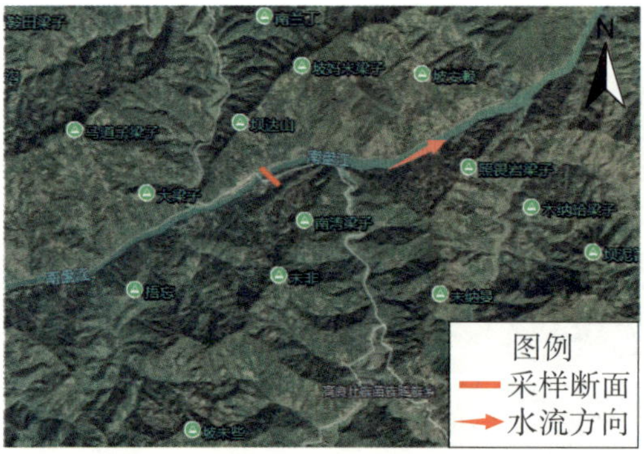

断面情况示意图

断面上游

自动监测站

断面下游

长底大桥

控制属性：国控

所属流域：珠江流域

所在水体：喜旧溪河

汇入水体：黄泥河

断面属性：入河口，省界（滇—黔）

断面类型：河流

断面位置及经纬度：位于罗平县长底村村头的跨河大桥处，坐标：E 104.5075°，N 25.0358°。

断面二维码

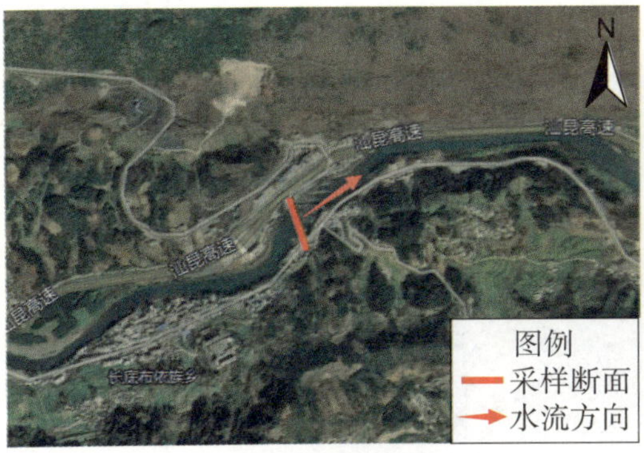

断面情况示意图

断面上游

断面下游

腊龙

控制属性： 国控

所属流域： 珠江流域

所在水体： 可渡河

汇入水体： 北盘江

断面属性： 省界（滇、黔）

断面类型： 河流

断面位置及经纬度： 位于宣威市格宜镇半坡村附近 10 千米的铁索桥西侧，坐标：E 104.6803°，N 26.3817°。

断面二维码

断面情况示意图

断面上游

断面下游

海丹大桥

控制属性： 省控

所属流域： 珠江流域

所在水体： 块泽河

汇入水体： 喜旧溪河

断面属性： 县界（富源县—罗平县）

断面类型： 河流

采样方式： 桥上采

河宽： 15 米

河深： 0.5 米

采样位置： E 104.3488°，N 25.4668°

采样断面位置描述： 位于富源县李家湾西面约 500 米

所代表水功能区： 块泽河富源—罗平保留区

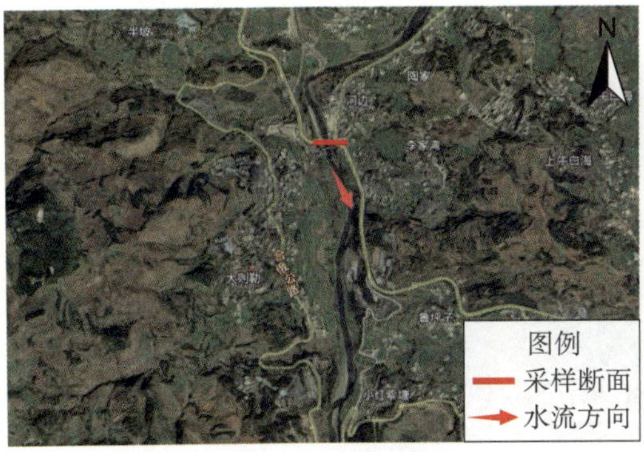

断面情况示意图

断面上游

断面下游

普里寨

控制属性：省控

所属流域：珠江流域

所在水体：黄泥河

汇入水体：南盘江

断面属性：省界（黔—滇）

断面类型：河流

采样方式：岸上采

河宽：15 米

河深：2 米

采样位置：E 104.7248°，N 25.2518°

采样断面位置描述：位于富源县草鞋田北面约 500 米

所代表水功能区：—

断面情况示意图

断面上游

断面下游

响水河水库

控制属性： 省控

所属流域： 珠江流域

所在水体： 块泽河

汇入水体： 喜旧溪河

断面属性： 控制断面

断面类型： 湖库

采样方式： 岸边采

河宽： 173.5 米

河深： 23.4 米

采样位置： E 104.1678°，N 25.6910°

采样断面位置描述： 位于富源县迤格槽子北面约 500 米

所代表水功能区： 块泽河富源源头水保护区

断面情况示意图

水面照片

反映采样位置的远景照片

毛家村水库大坝

控制属性： 省控

所属流域： 长江流域

所在水体： 毛家村水库

汇入水体： 金沙江

断面属性： 控制断面

断面类型： 湖库

采样方式： 岸边采

河宽： 400 米

河深： 10～20 米

采样位置： E 103.2694°，N 26.3472°

采样断面位置描述： 位于会泽县以礼河村东面约 1 000 米

所代表水功能区： 以礼河会泽源头水保护区

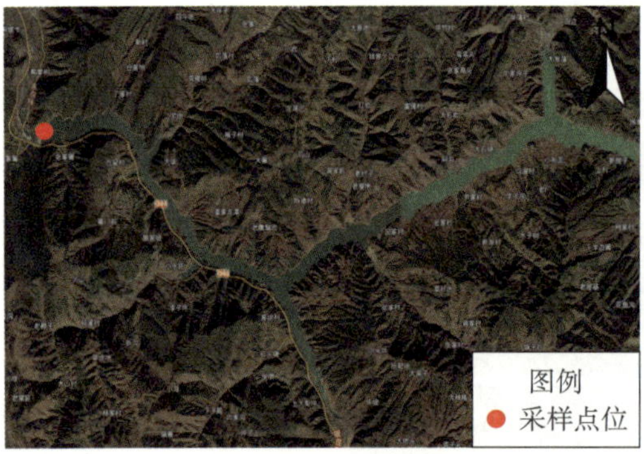

断面情况示意图

水面照片

反映采样位置的远景照片

会泽跃进水库

控制属性： 省控

所属流域： 长江流域

所在水体： 杨梅山河

汇入水体： 哨厂河

断面属性： 控制断面

断面类型： 湖库

采样方式： 岸上采

河宽： 1 000 米

河深： 8～10 米

采样位置： E 103.3369°，N 26.6792°

采样断面位置描述： 位于会泽县胡家垭口南面约 500 米

所代表水功能区： 跃进水库会泽饮用、农业用水区

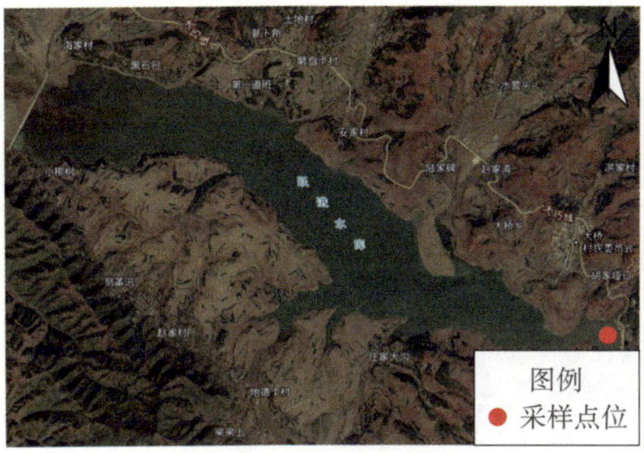

断面情况示意图

水面照片

反映采样位置的远景照片

乃格

控制属性： 省控

所属流域： 珠江流域

所在水体： 黄泥河

汇入水体： 南盘江

断面属性： 省界（滇—黔）

断面类型： 河流

采样方式： 船上采

河宽： 217.7 米

河深： 90 米

采样位置： E 104.5793°，N 24.8676°

采样断面位置描述： 位于罗平县鲁布革电站大坝

所代表水功能区： —

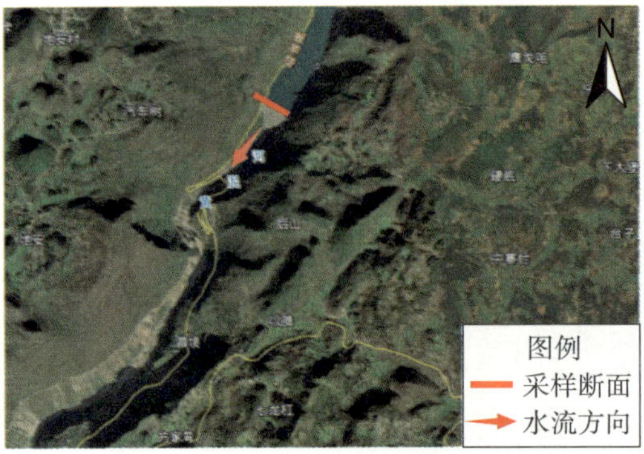

断面情况示意图

断面上游

断面下游

松溪坡水库

控制属性： 省控

所属流域： 长江流域

所在水体： 马龙河

汇入水体： 牛栏江

断面属性： 控制断面

断面类型： 湖库

采样方式： 岸上采

河宽： 230 米

河深： 2 米

采样位置： E 103.6889°，N 25.3022°

采样断面位置描述： 位于马龙区松溪坡村南面约 1 000 米

所代表水功能区： 马龙河马龙源头水保护区

断面情况示意图

水面照片

反映采样位置的远景照片

金龙桥

控制属性： 省控

所属流域： 珠江流域

所在水体： 南盘江

汇入水体： 红水河

断面属性： 县界（沾益区—麒麟区）

断面类型： 河流

采样方式： 桥上采

河宽： 21 米

河深： 1.5 米

采样位置： E 103.8599°，N 25.5417°

采样断面位置描述： 位于沾益区李家圩村东 700 米

所代表水功能区： —

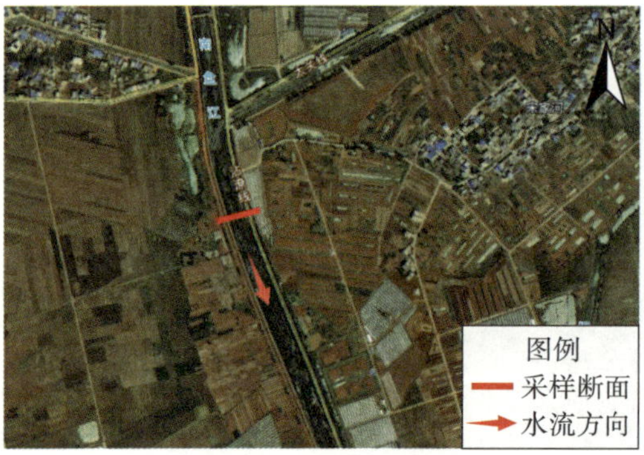

断面情况示意图

断面上游

断面下游

潇湘水库坝中

控制属性： 省控

所属流域： 珠江流域

所在水体： 潇湘水库

汇入水体： 南盘江

断面属性： 控制断面

断面类型： 湖库

采样方式： 岸上采

河宽： 120 米

河深： 7 米

采样位置： E 103.7594°，N 25.4569°

采样断面位置描述： 位于麒麟区红庙村西南约 2 千米

所代表水功能区： 潇湘水库麒麟饮用、渔业用水区

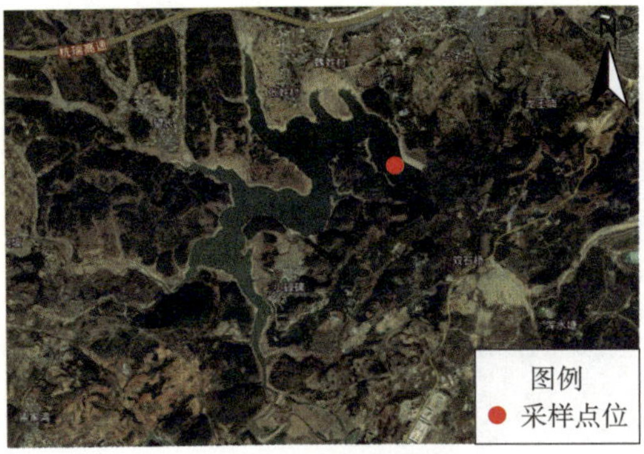

断面情况示意图

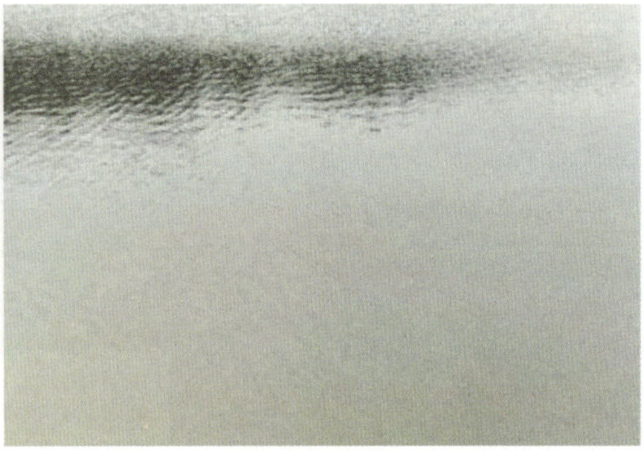

水面照片

反映采样位置的远景照片

水城水库坝中

控制属性：省控

所属流域：珠江流域

所在水体：水城水库

汇入水体：龙潭河

断面属性：控制断面

断面类型：湖库

采样方式：岸上采

河宽：800 米

河深：10～20 米

采样位置：E 103.9433°，N 25.3036°

采样断面位置描述：位于麒麟区水城加油站东北面约 3 千米

所代表水功能区：水城水库麒麟饮用、农业用水区

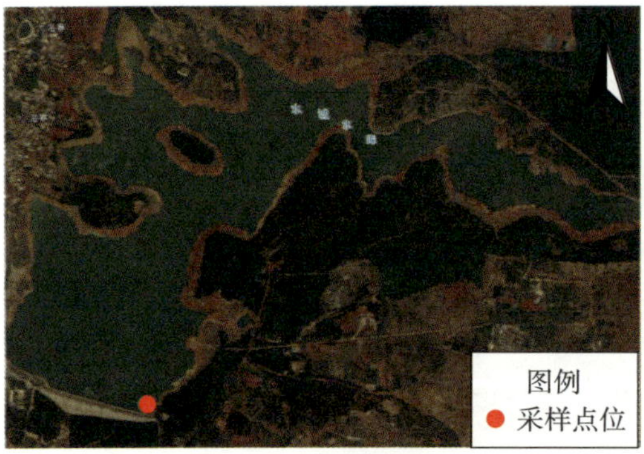

断面情况示意图

水面照片

反映采样位置的远景照片

独木水库大坝

控制属性： 省控

所属流域： 珠江流域

所在水体： 独木水库

汇入水体： 黄泥河

断面属性： 控制断面

断面类型： 湖库

采样方式： 船上采

河宽： 400 米

河深： 10～50 米

采样位置： E 104.1006°，N 25.2989°

采样断面位置描述： 位于麒麟区牙比克村北面约 4 千米

所代表水功能区： 喜旧溪河富源—麒麟源头水保护区

断面情况示意图

水面照片

反映采样位置的远景照片

响水坝老吴村

控制属性： 省控

所属流域： 珠江流域

所在水体： 南盘江

汇入水体： 红水河

断面属性： 县界（麒麟区—陆良县）

断面类型： 河流

采样方式： 桥上采

河宽： 110 米

河深： 3.0 米

采样位置： E 103.8567°，N 25.1919°

采样断面位置描述： 位于麒麟区老吴村西南 2 千米

所代表水功能区： —

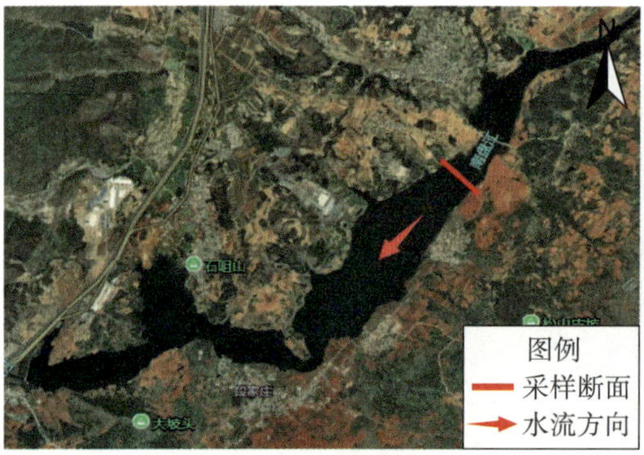

断面情况示意图

断面上游

断面下游

龙潭河水库坝下

控制属性： 省控

所属流域： 珠江流域

所在水体： 龙潭河

汇入水体： 南盘江

断面属性： 控制断面

断面类型： 河流

采样方式： 岸上采

河宽： 2.0 米

河深： 0.5 米

采样位置： E 103.9402°，N 25.4061°

采样断面位置描述： 位于麒麟区红石岩村东面 500 米

所代表水功能区： 龙潭河麒麟源头水保护区 / 龙潭河麒麟保留区

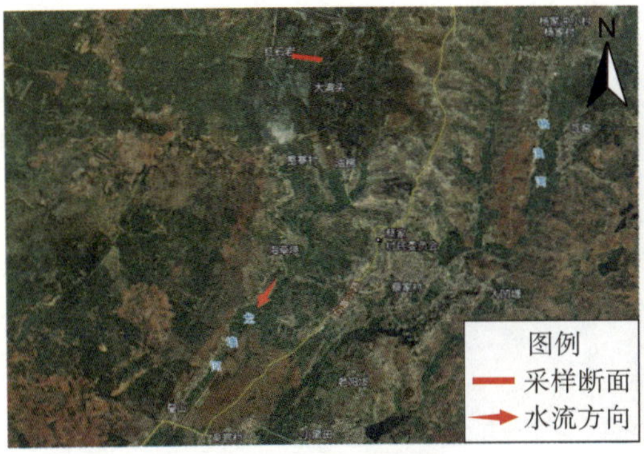

断面情况示意图

断面上游

断面下游

冯家圩

控制属性： 省控

所属流域： 珠江流域

所在水体： 潇湘江

汇入水体： 南盘江

断面属性： 控制断面

断面类型： 河流

采样方式： 岸上采

河宽： 19 米

河深： 1.2 米

采样位置： E 103.8467°，N 25.4825°

采样断面位置描述： 位于麒麟区冯家圩村东 500 米

所代表水功能区： 潇湘江麒麟景观、农业用水区 / 白石江麒麟景观、工业用水区

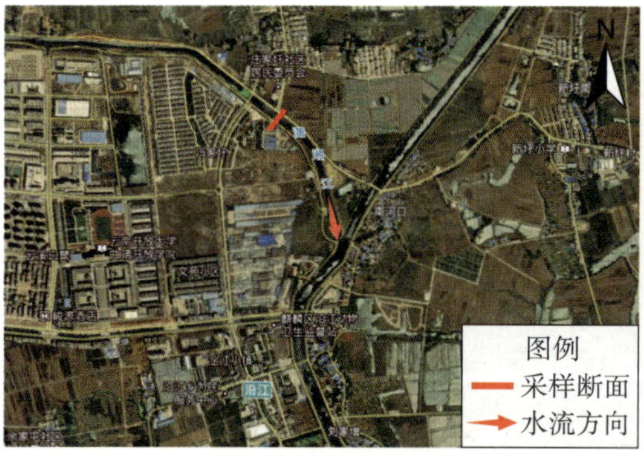

断面情况示意图

断面上游

断面下游

文明公路桥

控制属性： 省控

所属流域： 珠江流域

所在水体： 潇湘江

汇入水体： 南盘江

断面属性： 控制断面

断面类型： 河流

采样方式： 岸上采

河宽： 1.2 米

河深： 0.2 米

采样位置： E 103.7310°，N 25.4031°

采样断面位置描述： 位于麒麟区文明村

所代表水功能区： 潇湘江麒麟源头水保护区

断面情况示意图

断面上游

断面下游

西关

控制属性： 省控

所属流域： 珠江流域

所在水体： 龙潭河

汇入水体： 南盘江

断面属性： 控制断面

断面类型： 河流

采样方式： 桥上采

河宽： 15 米

河深： 1.0 米

采样位置： E 103.8683°，N 25.3059°

采样断面位置描述： 位于麒麟区越州镇西关村

所代表水功能区： 龙潭河麒麟农业、工业用水区

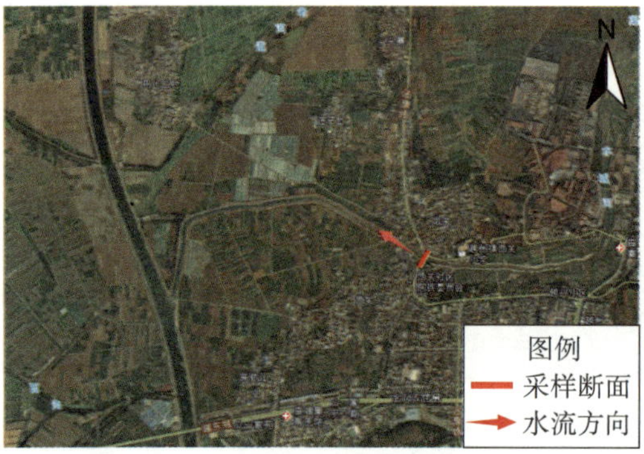

断面情况示意图

断面上游

断面下游

七排

控制属性： 省控

所属流域： 珠江流域

所在水体： 子午河

汇入水体： 喜旧溪河

断面属性： 县界（师宗县—罗平县）

断面类型： 河流

采样方式： 岸上采

河宽： 8 米

河深： 1 米

采样位置： E 104.1005°，N 24.8916°

采样断面位置描述： 位于师宗县七排村

所代表水功能区： —

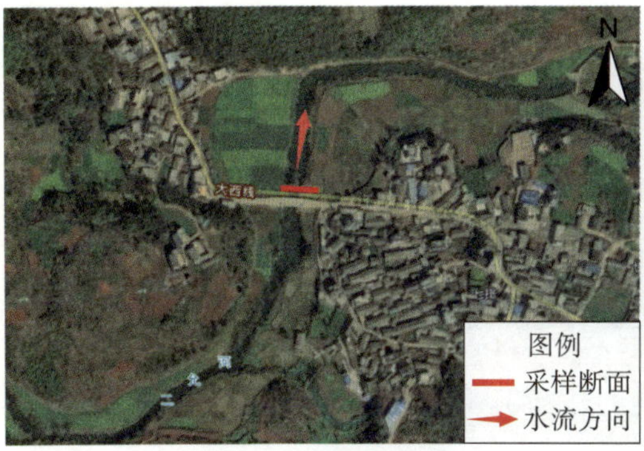

断面情况示意图

断面上游

断面下游

西泽河土格樟

控制属性： 省控

所属流域： 长江流域

所在水体： 西泽河

汇入水体： 牛栏江

断面属性： 县界（宣威市—沾益区）

断面类型： 河流

采样方式： 岸上采

河宽： 12 米

河深： 1.2 米

采样位置： E 103.6404°，N 26.0306°

采样断面位置描述： 位于宣威市土格樟村西面约 1 千米

所代表水功能区： 小江宣威保留区

断面情况示意图

断面上游

自动监测站

断面下游

亦那河（赤那河）

控制属性： 省控

所属流域： 珠江流域

所在水体： 亦那河（赤那河）

汇入水体： 北盘江

断面属性： 控制断面

断面类型： 河流

采样方式： 岸上采

河宽： 10 米

河深： 0.6 米

采样位置： E 104.3473°，N 26.1161°

采样断面位置描述： 位于宣威市东山镇亦那河村上游 2 000 米

所代表水功能区： 亦那河宣威保留区

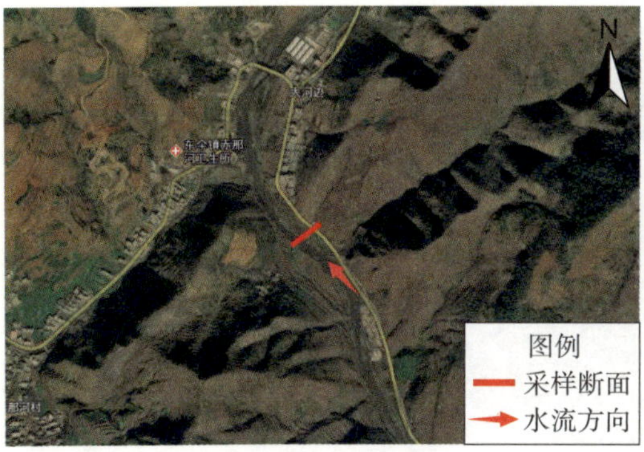

断面情况示意图

断面上游

断面下游

花山水库入口

控制属性： 省控

所属流域： 珠江流域

所在水体： 南盘江

汇入水体： 红水河

断面属性： 控制断面

断面类型： 河流

采样方式： 岸上采

河宽： 2.0 米

河深： 0.3 米

采样位置： E 103.9075°，N 25.8029°

采样断面位置描述： 位于沾益区花山水库上游 1 千米

所代表水功能区： —

断面情况示意图

断面上游

断面下游

天生坝

控制属性： 省控

所属流域： 珠江流域

所在水体： 南盘江

汇入水体： 红水河

断面属性： 控制断面

断面类型： 河流

采样方式： 岸上采

河宽： 12 米

河深： 3 米

采样位置： E 103.8125°，N 25.6244°

采样断面位置描述： 位于沾益区天生坝下村南面 500 米

所代表水功能区： —

断面情况示意图

断面上游

断面下游

西河水库坝中

控制属性： 省控

所属流域： 珠江流域

所在水体： 西河水库

汇入水体： 南盘江

断面属性： 控制断面

断面类型： 湖库

采样方式： 岸上采

河宽： 800 米

河深： 10～20 米

采样位置： E 103.7239°，N 25.5962°

采样断面位置描述： 位于沾益区晏家口北面约 2 千米

所代表水功能区： 西河水库沾益饮用、农业用水区

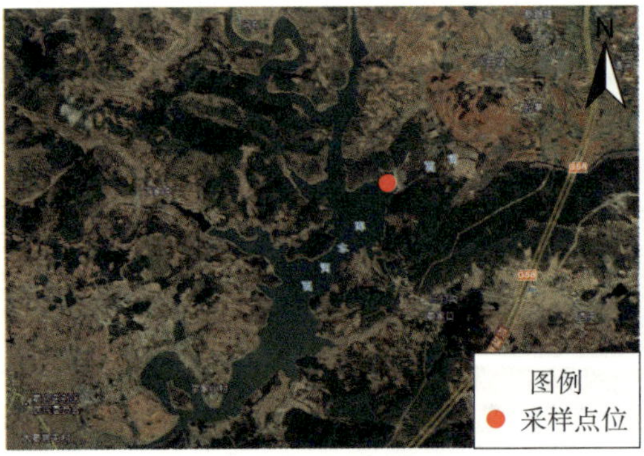

断面情况示意图

水面照片

反映采样位置的远景照片

沾益铁路桥

控制属性： 省控

所属流域： 珠江流域

所在水体： 西河

汇入水体： 南盘江

断面属性： 控制断面

断面类型： 河流

采样方式： 桥上采

河宽： 7 米

河深： 0.4 米

采样位置： E 103.8288°，N 25.5416°

采样断面位置描述： 位于沾益区海源路东 500 米

所代表水功能区： 西河沾益工业、农业用水区

断面情况示意图

断面上游

断面下游

阿岗水库坝中

控制属性： 省控

所属流域： 珠江流域

所在水体： 篆长河

汇入水体： 黄泥河

断面属性： 控制断面

断面类型： 河流

采样方式： 岸上采

河宽： —

河深： —

采样位置： E 104.0479°，N 25.0004°

采样断面位置描述： 位于罗平县下拖白村东面 1 千米

所代表水功能区： —

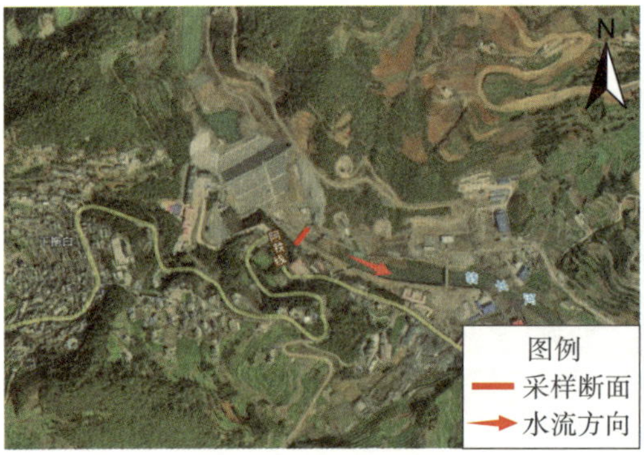

断面情况示意图

断面上游

断面下游

多依

控制属性：省控

所属流域：珠江流域

所在水体：多依河

汇入水体：南盘江

断面属性：控制断面

断面类型：河流

采样方式：桥上采

河宽：15 米

河深：1.4 米

采样位置：E 104.4978°，N 24.7656°

采样断面位置描述：位于罗平县黑泥垭口西面约 500 米

所代表水功能区：—

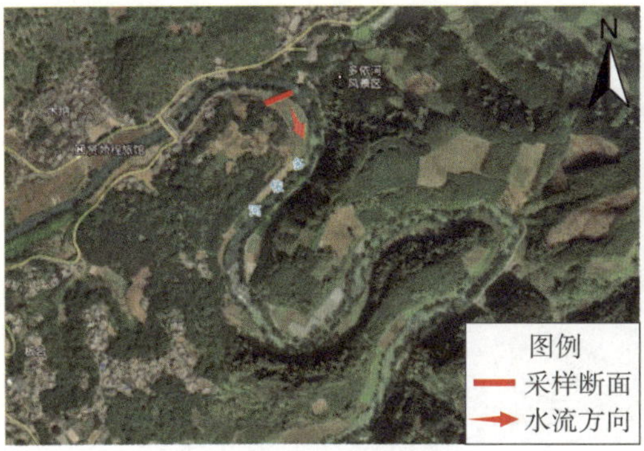

断面情况示意图

断面上游

断面下游

2.4 玉溪市（32）

抚仙湖心

控制属性： 国控

所属流域： 珠江流域

所在水体： 抚仙湖

汇入水体： 南盘江

断面属性： 控制断面

断面类型： 湖库

断面二维码

断面位置及经纬度： 位于澄江市抚仙湖，坐标：E 102.8931°，N 24.5265°。

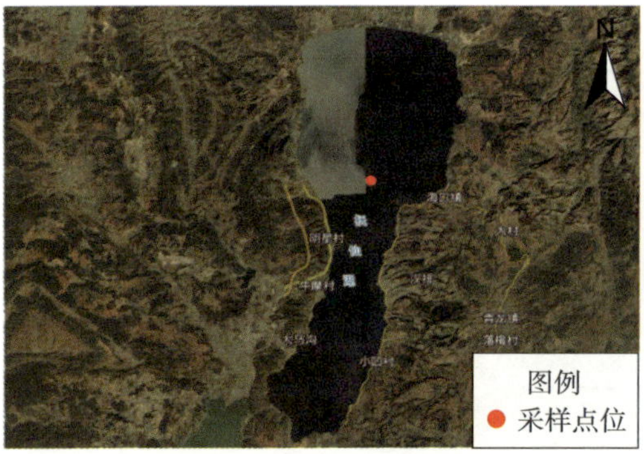

断面情况示意图

断面上游

自动监测站

断面下游

盘溪大桥

控制属性： 国控

所属流域： 珠江流域

所在水体： 南盘江

汇入水体： 红水河

断面属性： 市界（玉溪市—红河州）

断面类型： 河流

断面位置及经纬度： 位于华宁县，采样点在盘溪石化加油站附近，水站对面，坐标：E 103.1066°，N 24.2226°。

断面二维码

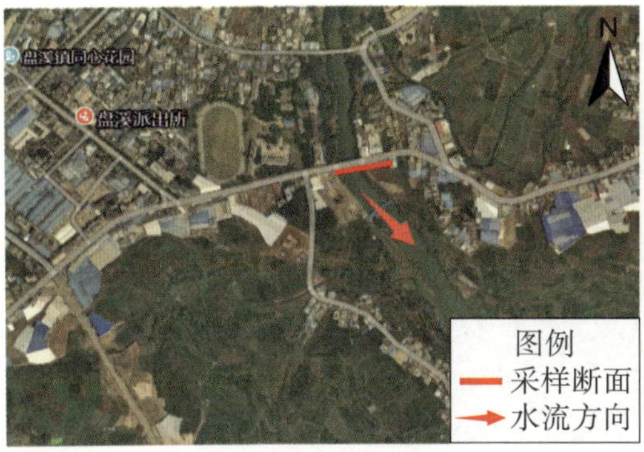

断面情况示意图

断面上游

自动监测站

断面下游

杞麓湖心

控制属性： 国控

所属流域： 珠江流域

所在水体： 杞麓湖

汇入水体： 曲江

断面属性： 控制断面

断面类型： 湖库

断面位置及经纬度： 位于通海县杞麓湖，坐标：E 102.7742°，N 24.1669°。

断面二维码

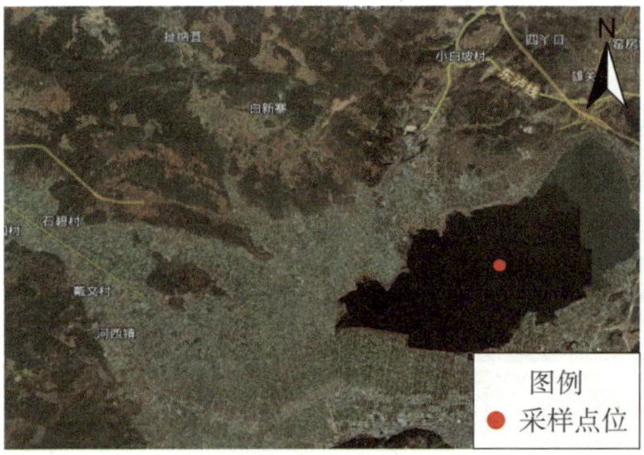

断面情况示意图

断面上游

自动监测站

断面下游

永昌桥

控制属性： 国控

所属流域： 珠江流域

所在水体： 曲江

汇入水体： 南盘江

断面属性： 控制断面

断面类型： 河流

断面位置及经纬度： 位于峨山县永昌村旁，坐标：E 102.4449°，N 24.1580°。

断面二维码

断面情况示意图

断面上游

自动监测站

断面下游

星云湖心

控制属性： 国控

所属流域： 珠江流域

所在水体： 星云湖

汇入水体： —

断面属性： 控制断面

断面类型： 湖库

断面位置及经纬度： 位于江川县星云湖，坐标：E 102.7827°，N 24.3439°。

断面二维码

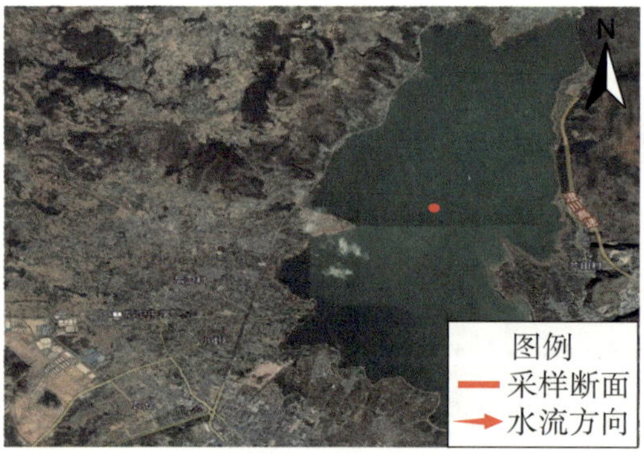

断面情况示意图

断面上游

自动监测站

断面下游

大谷厂水管所

控制属性： 国控

所属流域： 红河流域

所在水体： 扒河

汇入水体： 绿汁江

断面属性： 控制断面

断面类型： 河流

断面位置及经纬度： 位于易门县清凉寺东北300米处，坐标：E 102.2401°，N 24.7029°。

断面二维码

断面情况示意图

断面上游

断面下游

化念水库

控制属性： 国控

所属流域： 红河流域

所在水体： 小河底河

汇入水体： 红河

断面属性： 市界（玉溪市—红河州）

断面类型： 河流

断面二维码

断面位置及经纬度： 位于新平县，昆磨高速大开门收费站向北延河下游方向走约 2 千米，沿河流分叉向东走约 3 千米到达一座涵洞桥，坐标：E 102.2120°，N 24.0164°。

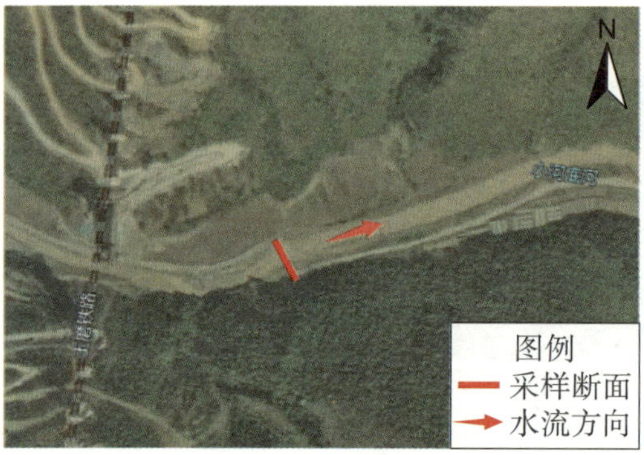

断面情况示意图

断面上游

断面下游

坝洪村

控制属性： 国控

所属流域： 红河流域

所在水体： 元江（红河）

汇入水体： 红河

断面属性： 控制断面

断面类型： 河流

断面位置及经纬度： 位于元江县生态环境监测站旁，坐标：E 102.0848°，N 23.5450°。

断面二维码

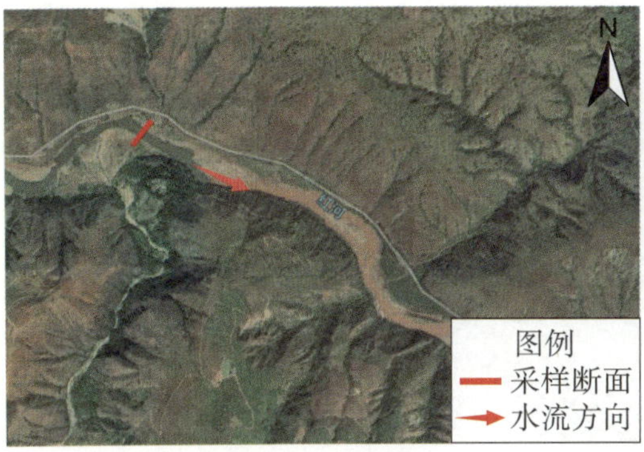

断面情况示意图

断面上游

自动监测站

断面下游

九甸大桥

控制属性：国控

所属流域：珠江流域

所在水体：曲江

汇入水体：南盘江

断面属性：市界（玉溪市—红河州）

断面类型：河流

断面位置及经纬度：位于华宁县盘溪镇九甸村水站旁，坐标：E 103.0997°，N 24.2006°。

断面二维码

断面情况示意图

断面上游

自动监测站

断面下游

绿汁江大桥

控制属性： 国控

所属流域： 红河流域

所在水体： 绿汁江

汇入水体： 红河

断面属性： 市界（楚雄彝族自治州—玉溪市）

断面类型： 河流

断面位置及经纬度： 位于易门县绿汁镇大绿汁村，坐标：E 101.9596°，N 24.6897°。

断面二维码

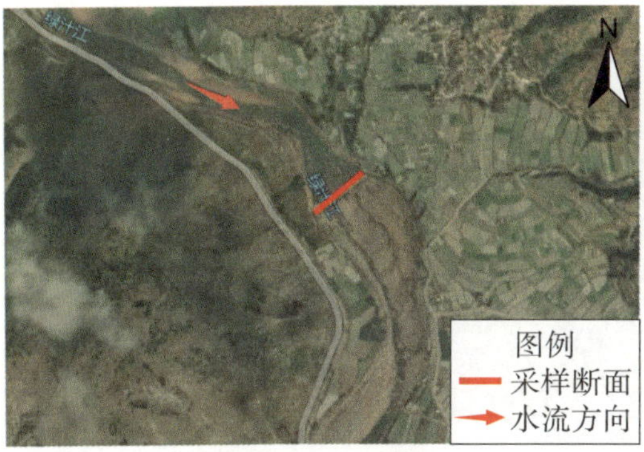

断面情况示意图

断面上游

自动监测站

断面下游

尖山

控制属性：省控

所属流域：珠江流域

所在水体：抚仙湖

汇入水体：南盘江

断面属性：控制断面

断面类型：湖库

采样方式：船上采

河宽：—

河深：—

采样位置：E 102.8696°，N 24.5736°

采样断面位置描述：位于澄江市尖山村委会东面 2 千米

所代表水功能区：—

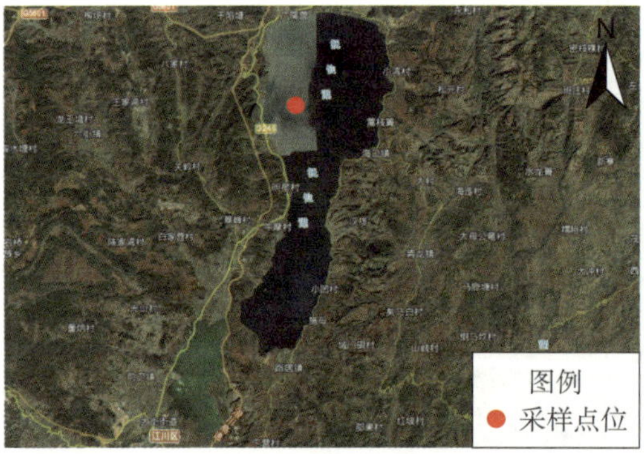

断面情况示意图

水面照片

反映采样位置的远景照片

哨嘴

控制属性：省控

所属流域：珠江流域

所在水体：抚仙湖

汇入水体：南盘江

断面属性：控制断面

断面类型：湖库

采样方式：船上采

河宽：—

河深：—

采样位置：E 102.9101°，N 24.6092°

采样断面位置描述：位于澄江市马房生态湿地公园南边 2 千米

所代表水功能区：—

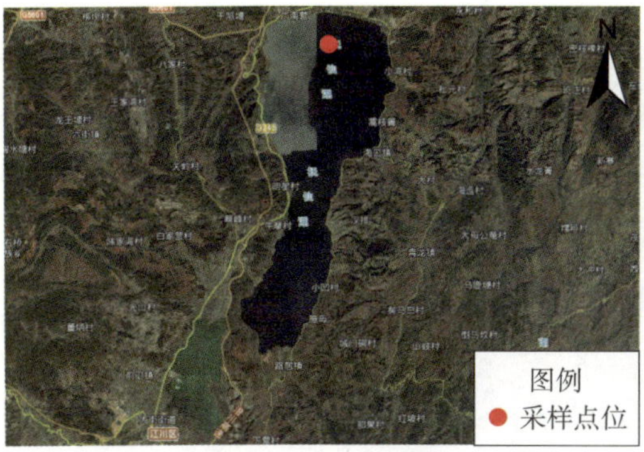

断面情况示意图

水面照片

反映采样位置的远景照片

汇口电站

控制属性： 省控

所属流域： 珠江流域

所在水体： 清水河

汇入水体： 南盘江

断面属性： 控制断面

断面类型： 河流

采样方式： 岸边采

河宽： 4 米

河深： 0.2 米

采样位置： E 103.0397°，N 24.5690°

采样断面位置描述： 位于澄江市海口镇海口河村东南方向 2 千米

所代表水功能区： 清水河澄江保留区

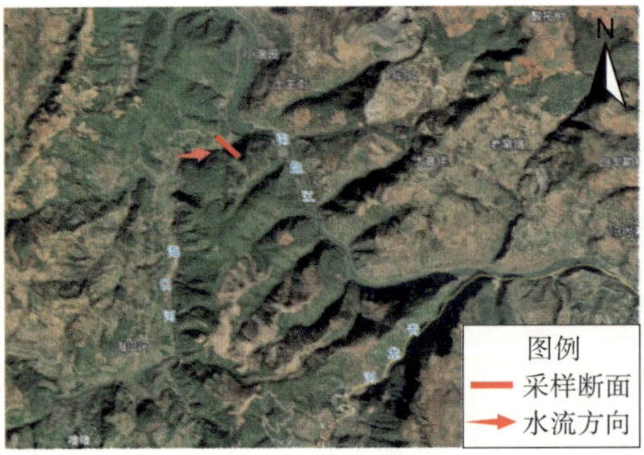

断面情况示意图

断面上游

断面下游

化念水库大坝

控制属性： 省控

所属流域： 红河流域

所在水体： 化念水库

汇入水体： 红河

断面属性： 控制断面

断面类型： 湖库

采样方式： 船上采

河宽： —

河深： —

采样位置： E 102.1780°，N 24.1495°

采样断面位置描述： 位于玉溪市峨山县甸头村

所代表水功能区： 化念水库峨山饮用、农业用水区 / 小河底河峨山源头水保护区

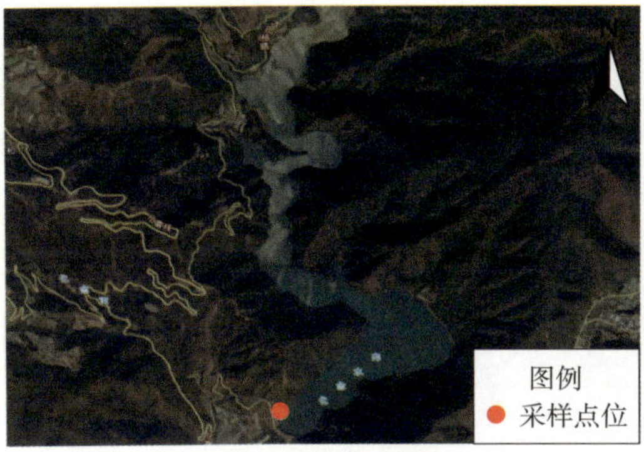

断面情况示意图

水面照片

反映采样位置的远景照片

江边（炉房）

控制属性： 省控

所属流域： 红河流域

所在水体： 绿汁江

汇入水体： 元江

断面属性： 县界（易门县、峨山县）

断面类型： 河流

采样方式： 岸边采

河宽： 5 米

河深： 0.8 米

采样位置： E 102.0177°，N 24.4888°

采样断面位置描述： 位于易门县炉房村

所代表水功能区： 绿汁江易门工业用水区 / 绿汁江易门工业、农业用水区 / 扒河易门工业、农业用水区 / 扒河易门—峨山保留区

断面情况示意图

断面上游

断面下游

清水河口

控制属性：省控

所属流域：珠江流域

所在水体：清水河

汇入水体：曲江

断面属性：控制断面

断面类型：河流

采样方式：岸边采

河宽：2.25 米

河深：0.25 米

采样位置：E 102.4203°，N 24.3795°

采样断面位置描述：位于红塔区洛河乡清水河大营东南方向 0.7 千米

所代表水功能区：—

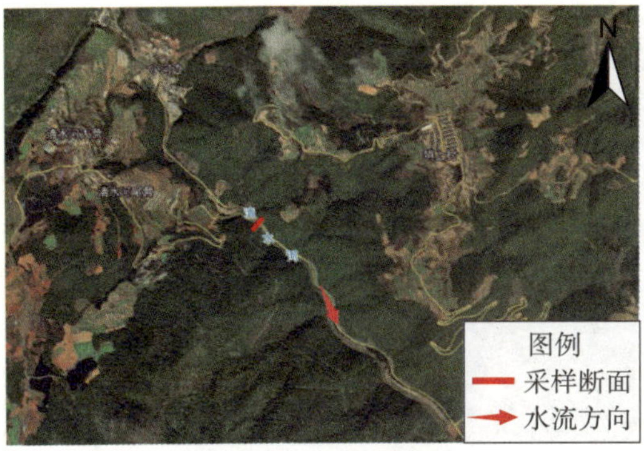

断面情况示意图

断面上游

断面下游

矣读可

控制属性： 省控

所属流域： 珠江流域

所在水体： 曲江

汇入水体： 南盘江

断面属性： 县界（红塔区—峨山县）

断面类型： 河流

采样方式： 桥上采

河宽： 10 米

河深： 0.8 米

采样位置： E 102.3692°，N 24.2322°

采样断面位置描述： 位于红塔区洛河乡矣读可村西南 1 千米

所代表水功能区： 曲江红塔景观、农业用水区 / 曲江红塔—峨山工业、农业用水区

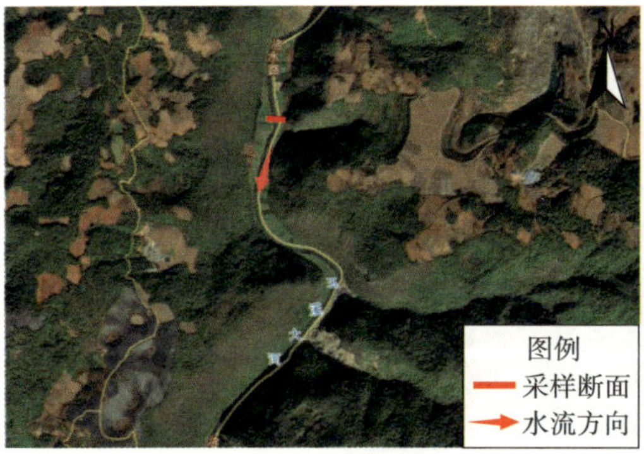

断面情况示意图

断面上游

断面下游

自来水口

控制属性： 省控

所属流域： 珠江流域

所在水体： 东风水库

汇入水体： 南盘江

断面属性： 控制断面

断面类型： 湖库

采样方式： 船上采

河宽： —

河深： —

采样位置： E 102.5798°，N 24.3710°

采样断面位置描述： 位于红塔区东风水库大坝

所代表水功能区： —

断面情况示意图

水面照片

反映采样位置的远景照片

库心

控制属性： 省控

所属流域： 珠江流域

所在水体： 东风水库

汇入水体： 南盘江

断面属性： 控制断面

断面类型： 湖库

采样方式： 船上采

河宽： —

河深： —

采样位置： E 102.5895°，N 24.3651°

采样断面位置描述： 位于红塔区大矣资村

所代表水功能区： 东风水库红塔饮用、工业用水区

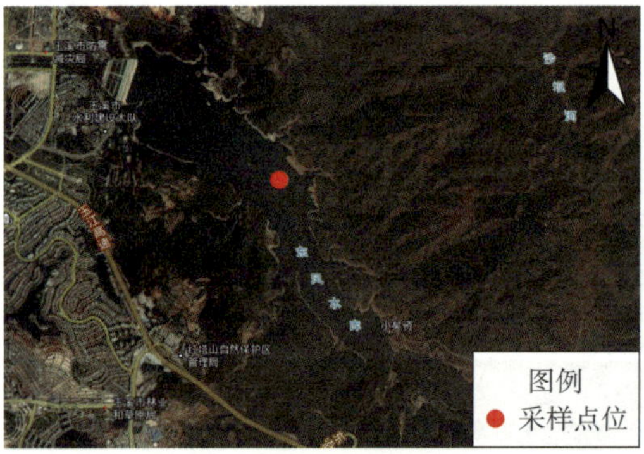

断面情况示意图

水面照片

反映采样位置的远景照片

飞井水库大坝

控制属性：省控

所属流域：珠江流域

所在水体：飞井水库

汇入水体：曲江

断面属性：控制断面

断面类型：湖库

采样方式：岸边采

河宽：—

河深：—

采样位置：E 102.5167°，N 24.4092°

采样断面位置描述：位于红塔区春和街道春和中学旁

所代表水功能区：飞井海水库红塔饮用、景观用水区

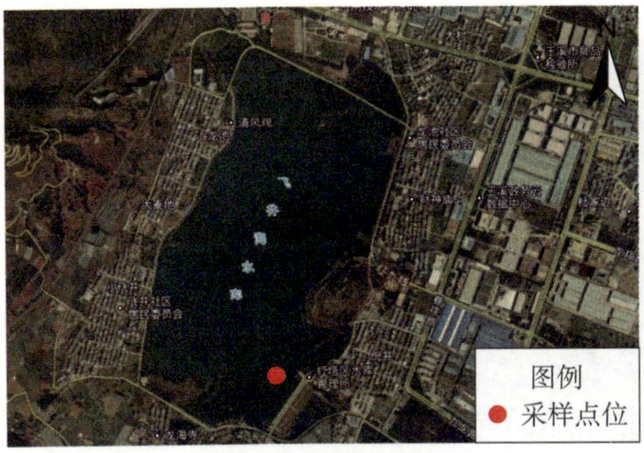

断面情况示意图

水面照片

反映采样位置的远景照片

大relation资

控制属性： 省控

所属流域： 珠江流域

所在水体： 董炳河

汇入水体： 东风水库

断面属性： 控制断面

断面类型： 河流

采样方式： 岸边采

河宽： 6 米

河深： 0.3 米

采样位置： E 102.6204°，N 24.3531°

采样断面位置描述： 位于红塔区大relation资村东北边 800 米

所代表水功能区： 董炳河江川—红塔源头水保护区

断面情况示意图

断面上游

断面下游

净化坝

控制属性：省控

所属流域：珠江流域

所在水体：九溪河

汇入水体：东风水库

断面属性：控制断面

断面类型：河流

采样方式：岸边采

河宽：15 米

河深：0.8 米

采样位置：E 102.6041°，N 24.3457°

采样断面位置描述：位于红塔区小矣资村东南边 900 米

所代表水功能区：九溪河江川—红塔源头水保护区

断面情况示意图

断面上游

断面下游

路居

控制属性： 省控

所属流域： 珠江流域

所在水体： 抚仙湖

汇入水体： 南盘江

断面属性： 控制断面

断面类型： 湖库

采样方式： 船上采

河宽： —

河深： —

采样位置： E 102.8591°，N 24.3786°

采样断面位置描述： 位于江川区路居镇甸海线西北 2 千米

所代表水功能区： —

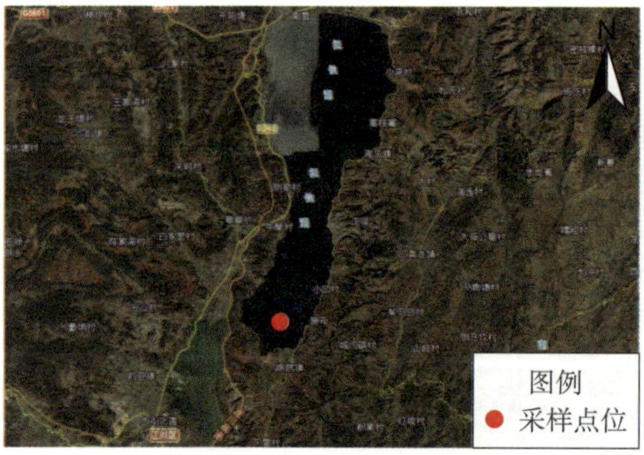

断面情况示意图

水面照片

反映采样位置的远景照片

李家湾

控制属性： 省控

所属流域： 珠江流域

所在水体： 星云湖

汇入水体： —

断面属性： 控制断面

断面类型： 湖库

采样方式： 船上采

河宽： —

河深： —

采样位置： E 102.7914°，N 24.3693°

采样断面位置描述： 位于江川区星云村东边 1.2 千米

所代表水功能区： —

断面情况示意图

水面照片

反映采样位置的远景照片

螺蛳铺

控制属性： 省控

所属流域： 珠江流域

所在水体： 星云湖

汇入水体： —

断面属性： 控制断面

断面类型： 湖库

采样方式： 船上采

河宽： —

河深： —

采样位置： E 102.7898°，N 24.3025°

采样断面位置描述： 位于江川区螺蛳铺大凹村西北 1.5 千米

所代表水功能区： —

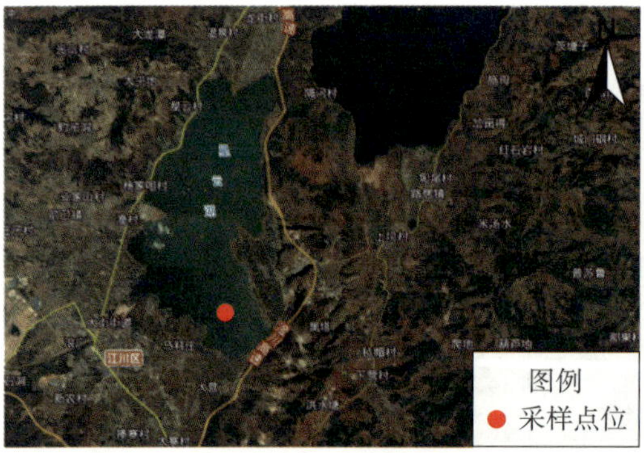

断面情况示意图

水面照片

反映采样位置的远景照片

湖管站

控制属性： 省控

所属流域： 珠江流域

所在水体： 杞麓湖

汇入水体： 曲江

断面属性： 控制断面

断面类型： 湖库

采样方式： 船上采

河宽： —

河深： —

采样位置： E 102.7504°，N 24.1506°

采样断面位置描述： 位于通海县环湖路湖管站北边 2 千米

所代表水功能区： —

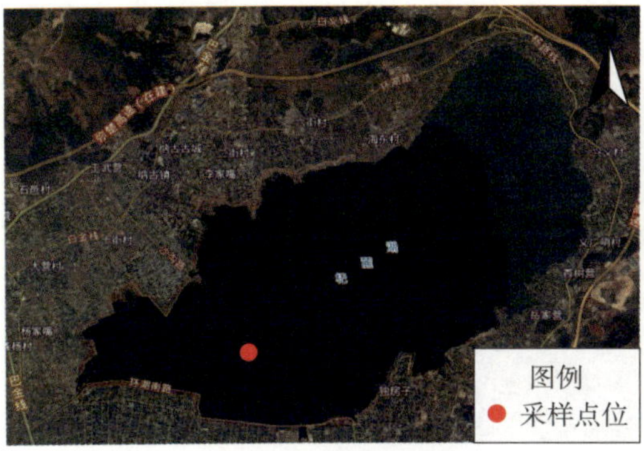

断面情况示意图

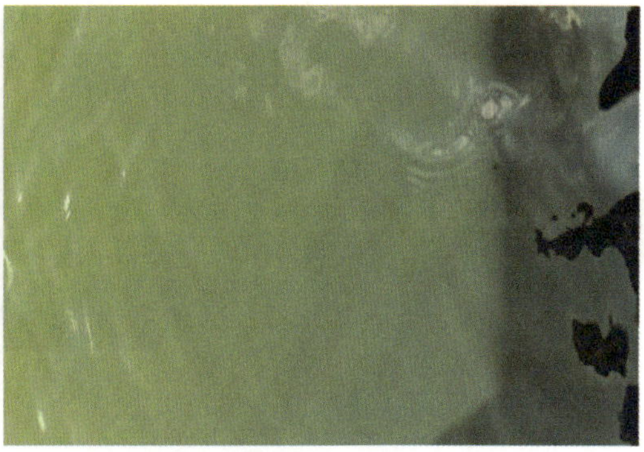
水面照片

反映采样位置的远景照片

马家湾

控制属性： 省控

所属流域： 珠江流域

所在水体： 杞麓湖

汇入水体： 曲江

断面属性： 控制断面

断面类型： 湖库

采样方式： 船上采

河宽： —

河深： —

采样位置： E 102.8006°，N 24.1879°

采样断面位置描述： 位于通海县兴义村西边 1.5 千米

所代表水功能区： —

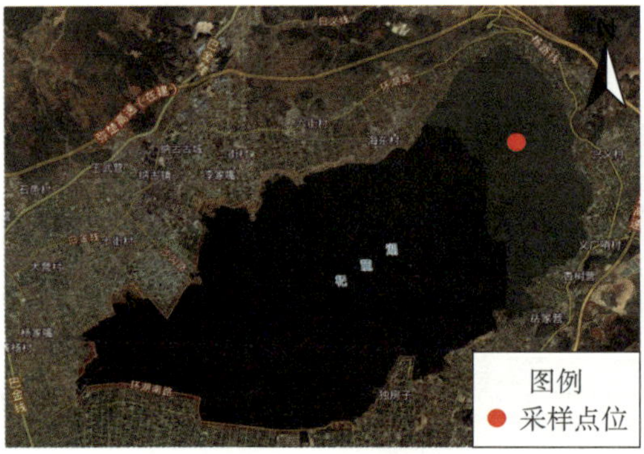

断面情况示意图

水面照片

反映采样位置的远景照片

居拉里大桥

控制属性： 省控

所属流域： 红河流域

所在水体： 平甸河

汇入水体： 小河底河

断面属性： 控制断面

断面类型： 河流

采样方式： 岸边采

河宽： 15 米

河深： 0.2 米

采样位置： E 102.1567°，N 24.0011°

采样断面位置描述： 位于新平县省道306 居拉里大桥下

所代表水功能区： 平甸河新平保留区 / 平甸河新平农业、工业用水区

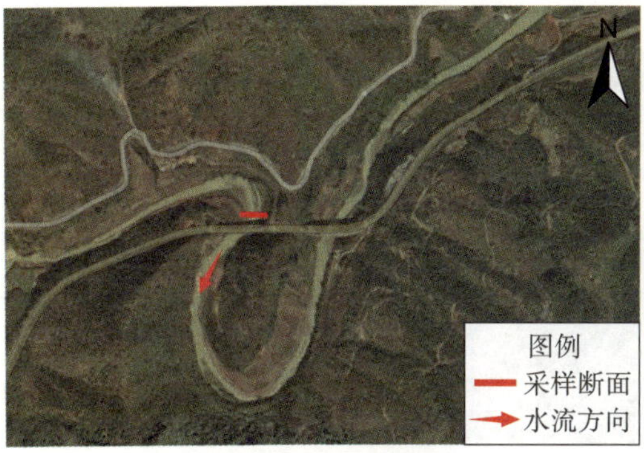

断面情况示意图

断面上游

断面下游

南蒨

控制属性： 省控

所属流域： 红河流域

所在水体： 戛洒江

汇入水体： 红河

断面属性： 县界（新平县—元江县）

断面类型： 河流

采样方式： 岸边采

河宽： 8 米

河深： 1 米

采样位置： E 101.8247°，N 23.7481°

采样断面位置描述： 位于新平县漠沙镇曼线村东侧方向 0.8 千米

所代表水功能区： —

断面情况示意图

断面上游

断面下游

他拉河水库

控制属性： 省控

所属流域： 红河流域

所在水体： 平甸河

汇入水体： 小河底河

断面属性： 控制断面

断面类型： 湖库

采样方式： 岸边采

河宽： —

河深： —

采样位置： E 101.9937°，N 23.9668°

采样断面位置描述： 位于新平县河头村东南 600 米

所代表水功能区： 平甸河新平源头水保护区

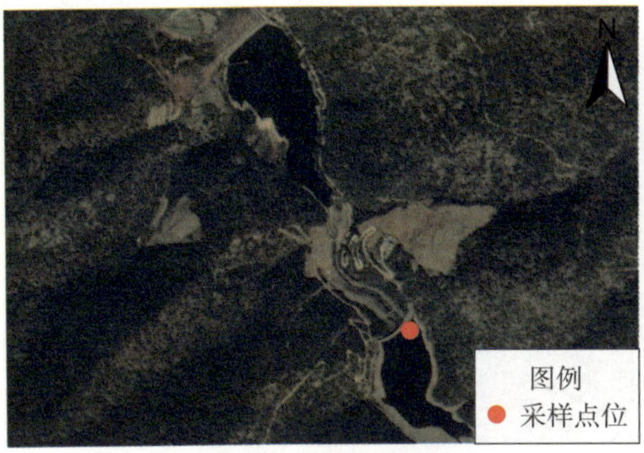

断面情况示意图

水面照片

反映采样位置的远景照片

岔河水库

控制属性：省控

所属流域：红河流域

所在水体：扒河

汇入水体：绿汁江

断面属性：控制断面

断面类型：湖库

采样方式：岸边采

河宽：—

河深：—

采样位置：E 102.1716°，N 24.8429°

采样断面位置描述：位于易门县小街乡137乡道

所代表水功能区：扒河禄丰—易门源头水保护区

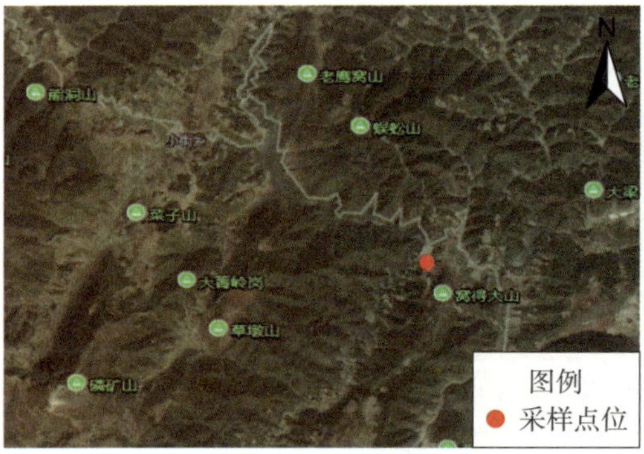

断面情况示意图

水面照片

反映采样位置的远景照片

清水河三板桥电站

控制属性： 省控

所属流域： 红河流域

所在水体： 清水河

汇入水体： 元江

断面属性： 控制断面

断面类型： 河流

采样方式： 岸边采

河宽： 6 米

河深： 0.5 米

采样位置： E 101.9033°，N 23.4890°

采样断面位置描述： 位于元江县因远镇三板桥电站

所代表水功能区： —

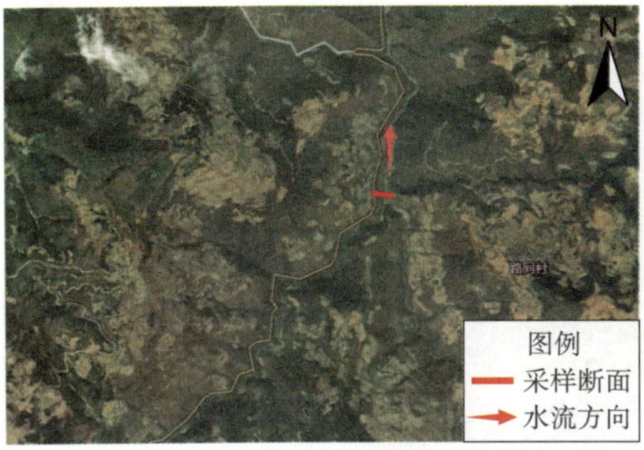

断面情况示意图

断面上游

断面下游

2.5 保山市（22）

猴桥

控制属性： 国控

所属流域： 伊洛瓦底江流域

所在水体： 槟榔江

汇入水体： 大盈江

断面属性： 控制断面

断面类型： 河流

断面二维码

断面位置及经纬度： 位于腾冲市，进入 317 省道，沿路到达猴桥口岸桥头，坐标：E 98.2056°，N 25.3934°。

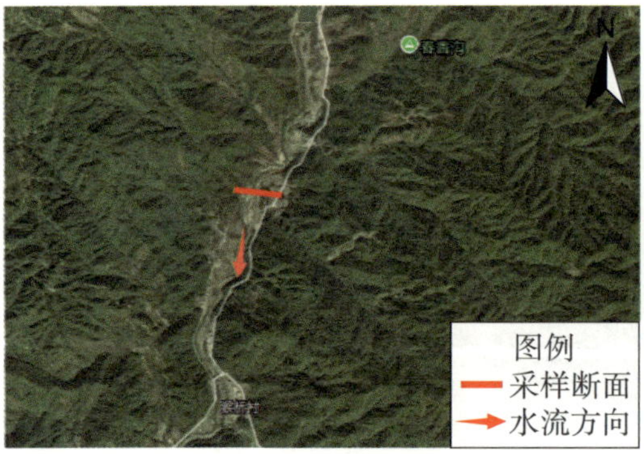

断面情况示意图

断面上游

断面下游

湘柏河中桥

控制属性：国控

所属流域：伊洛瓦底江流域

所在水体：大盈江

汇入水体：伊洛瓦底江

断面属性：控制断面

断面类型：河流

断面位置及经纬度：位于腾冲市沙坡脚村北 233 省道桥下，坐标：E 98.3889°，N 24.9302°。

断面二维码

断面情况示意图

断面上游

断面下游

永保桥

控制属性：国控

所属流域：澜沧江流域

所在水体：澜沧江

汇入水体：南海

断面属性：控制断面

断面类型：河流

断面位置及经纬度：位于隆阳区瓦窑镇，坐标：E 99.3411°，N 25.4318°。

断面二维码

断面情况示意图

断面上游

自动监测站

断面下游

龙江桥

控制属性： 国控

所属流域： 伊洛瓦底江流域

所在水体： 龙川江（瑞丽江）

汇入水体： 伊洛瓦底江

断面属性： 控制断面

断面类型： 河流

断面位置及经纬度： 位于腾冲市龙江大桥，坐标：E 98.6751°，N 24.8927°。

断面二维码

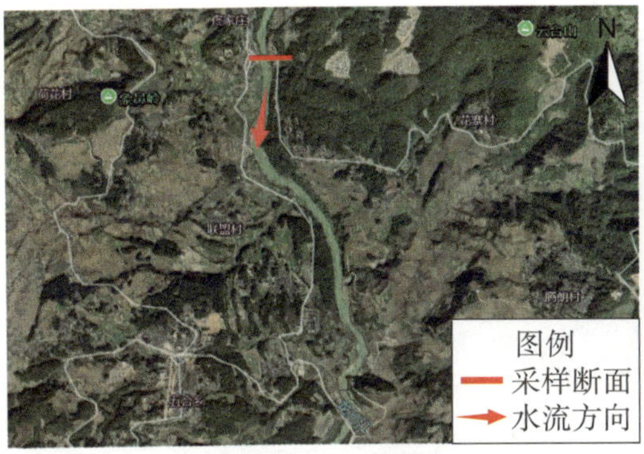

断面情况示意图

断面上游

自动监测站

断面下游

习谦

控制属性： 国控

所属流域： 澜沧江流域

所在水体： 罗闸河

汇入水体： 澜沧江

断面属性： 控制断面

断面类型： 河流

断面位置及经纬度： 位于昌宁县温泉镇小桥旅游度假区沿河向北 100 米处，坐标：E 99.7007°，N 24.6957°。

断面二维码

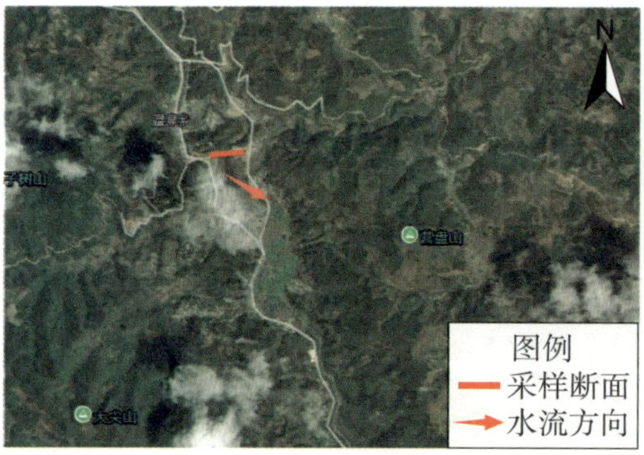

断面情况示意图

断面上游

断面下游

湾甸

控制属性： 国控

所属流域： 怒江流域

所在水体： 勐波罗河

汇入水体： 怒江

断面属性： 市界（保山市—临沧市）

断面类型： 河流

断面位置及经纬度： 位于昌宁县湾甸傣族乡南部 2 千米 228 省道旁，坐标：E 99.3499°，N 24.5168°。

断面二维码

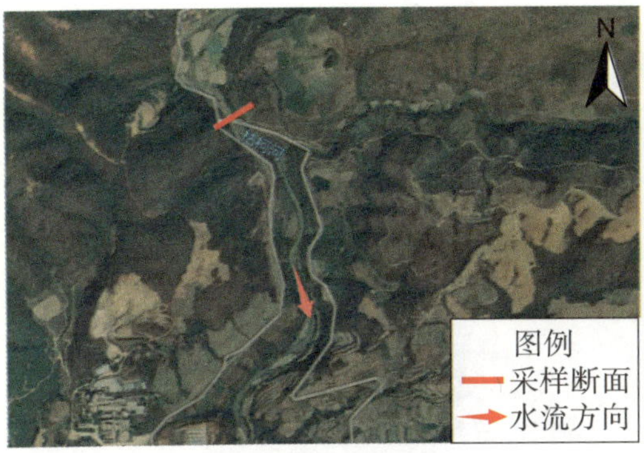

断面情况示意图

断面上游

自动监测站

断面下游

沙坝

控制属性： 国控

所属流域： 怒江流域

所在水体： 勐波罗河

汇入水体： 怒江

断面属性： 控制断面

断面类型： 河流

断面二维码

断面位置及经纬度： 位于隆阳区，走泸瑞线，采样点位置在卢瑞线与G56相交处，坐标：E 99.2199°，N 25.2105°。

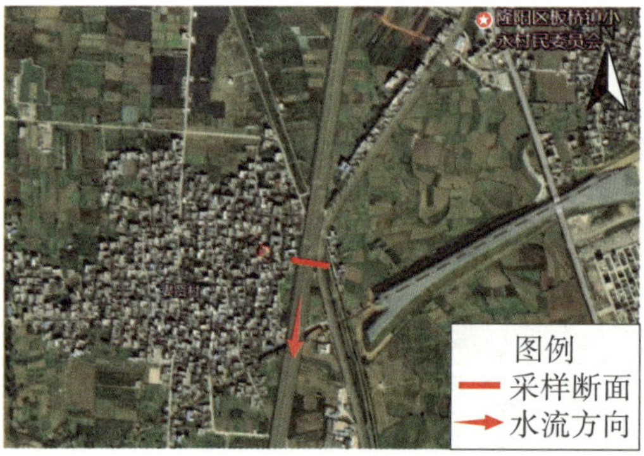

断面情况示意图

断面上游

断面下游

红旗桥

控制属性： 国控

所属流域： 怒江流域

所在水体： 怒江

汇入水体： 缅甸海

断面属性： 国界（中—缅）

断面类型： 河流

断面二维码

断面位置及经纬度： 位于施甸县红旗桥，坐标：E 98.9710°，N 24.7355°。

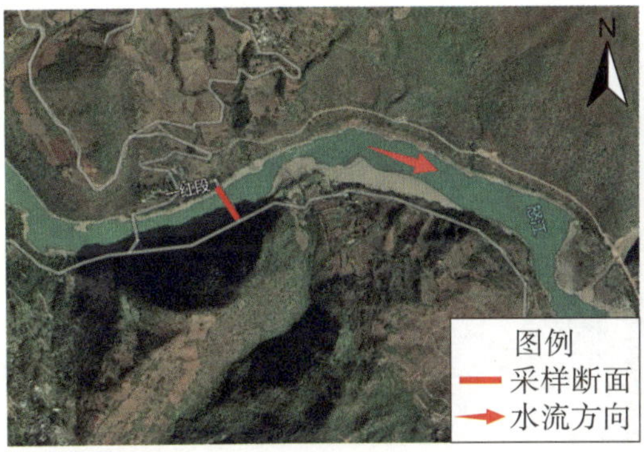

断面情况示意图

断面上游

自动监测站

断面下游

木城

控制属性：国控

所属流域：怒江流域

所在水体：怒江

汇入水体：缅甸海

断面属性：国界（中—缅）

断面类型：河流

断面位置及经纬度：位于龙陵县，坐标：E 99.0769°，N 24.2403°。

断面二维码

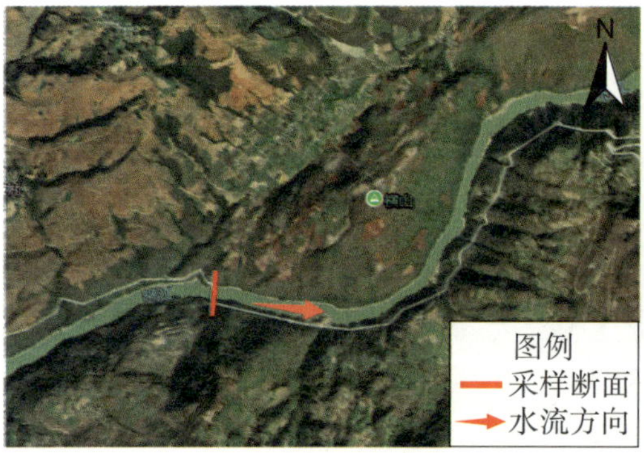

断面情况示意图

断面上游

断面下游

卡斯

控制属性： 省控

所属流域： 怒江流域

所在水体： 勐波罗河

汇入水体： 怒江

断面属性： 控制断面

断面类型： 河流

采样方式： 岸边采

河宽： 15 米

河深： 1.2 米

采样位置： E 99.3586°，N 24.7368°

采样断面位置描述： 位于昌宁县卡斯镇往湾甸方向 5 千米处

所代表水功能区： 勐波罗河昌宁农业、工业用水区

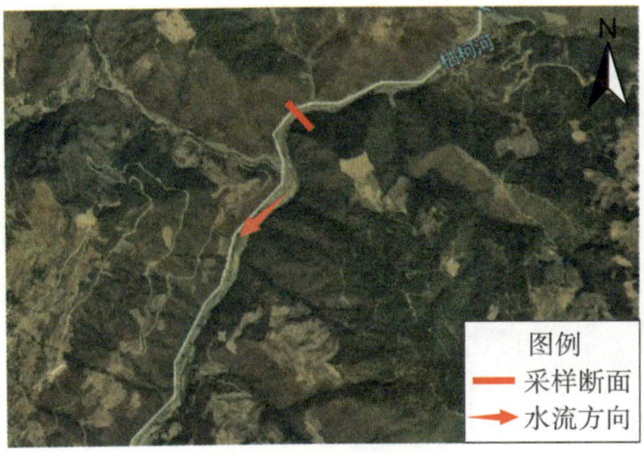

断面情况示意图

断面上游

断面下游

大勐统河汇怒江口前

控制属性： 省控

所属流域： 怒江流域

所在水体： 大勐统河

汇入水体： 勐波罗河

断面属性： 市界（保山市—临沧市）

断面类型： 河流

采样方式： 岸边采

河宽： 13 米

河深： 0.53 米

采样位置： E 99.6265°，N 24.4503°

采样断面位置描述： 位于昌宁县勐统镇盘营山东北方向 1.6 千米

所代表水功能区： 大勐统河昌宁—永德保留区

断面情况示意图

断面上游

断面下游

龙王塘

控制属性： 省控

所属流域： 怒江流域

所在水体： 龙王塘

汇入水体： 勐波罗河

断面属性： 控制断面

断面类型： 河流

采样方式： 岸边采

河宽： —

河深： —

采样位置： E 99.1969°，N 25.1836°

采样断面位置描述： 位于隆阳区板桥镇龙王塘农民公园内

所代表水功能区： —

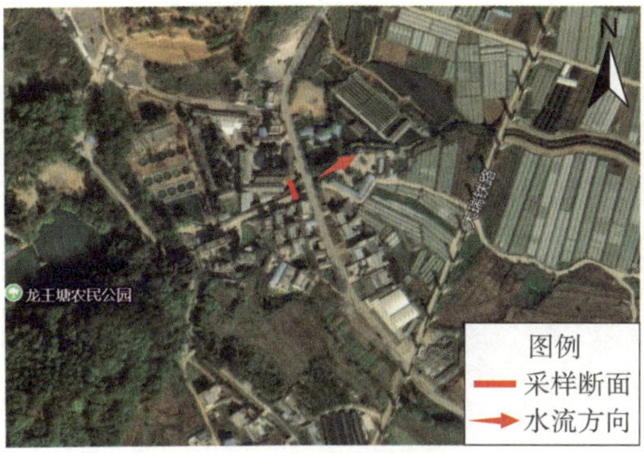

断面情况示意图

断面上游

断面下游

龙泉门

控制属性： 省控

所属流域： 怒江流域

所在水体： 龙泉门

汇入水体： 勐波罗河

断面属性： 控制断面

断面类型： 河流

采样方式： 岸边采

河宽： —

河深： —

采样位置： E 99.1539°，N 25.1297°

采样断面位置描述： 位于隆阳区易罗池公园西侧

所代表水功能区： —

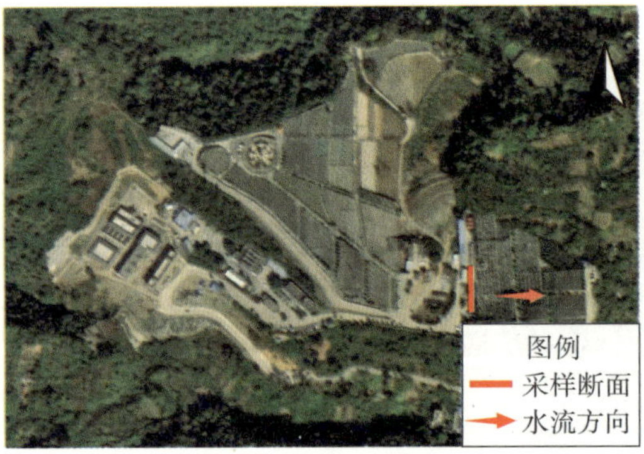

断面情况示意图

断面上游

断面下游

瓦窑河口

控制属性： 省控

所属流域： 澜沧江流域

所在水体： 瓦窑河

汇入水体： 澜沧江

断面属性： 入澜沧江口

断面类型： 河流

采样方式： 岸边采

河宽： 16 米

河深： 1.2 米

采样位置： E 99.2912°，N 25.4263°

采样断面位置描述： 位于隆阳区瓦窑镇瓦窑河入澜沧江前

所代表水功能区： 漕涧河云龙保留区 / 漕涧河保山农业、工业用水区 / 漕涧河云龙农业、工业用水区

断面情况示意图

断面上游

断面下游

叠水河桥

控制属性：省控

所属流域：怒江流域

所在水体：勐波罗河

汇入水体：怒江

断面属性：县界（隆阳区—昌宁县）

断面类型：河流

采样方式：桥上采

河宽：8 米

河深：1.5 米

采样位置：E 99.3704°，N 24.9686°

采样断面位置描述：位于隆阳区叠水河村桥头间

所代表水功能区：勐波罗河隆阳农业用水区

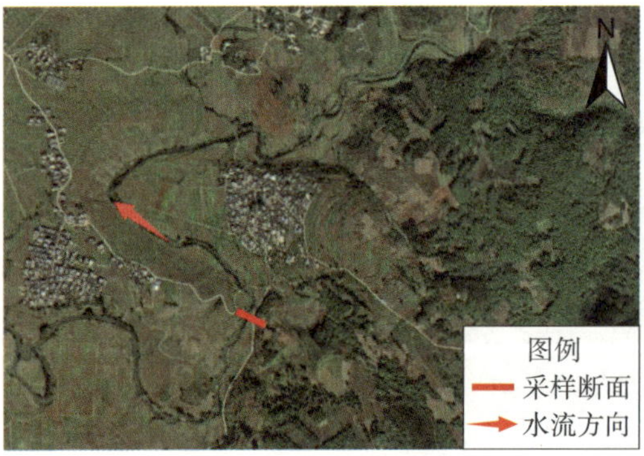

断面情况示意图

断面上游

断面下游

北庙水库

控制属性： 省控

所属流域： 怒江流域

所在水体： 北庙水库

汇入水体： 怒江

断面属性： 控制断面

断面类型： 湖库

采样方式： 船上采

河宽： —

河深： —

采样位置： E 99.2125°，N 25.2472°

采样断面位置描述： 位于隆阳区北庙村北庙水库

所代表水功能区： 北庙水库隆阳饮用、景观用水区

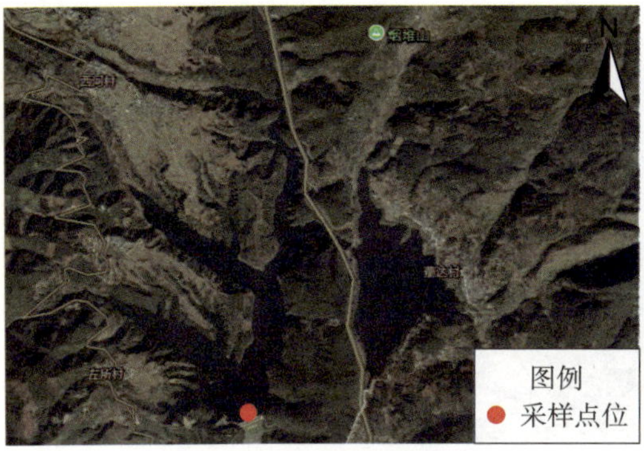

断面情况示意图

水面照片

反映采样位置的远景照片

由旺镇躲安桥

控制属性： 省控

所属流域： 怒江流域

所在水体： 施甸大河

汇入水体： 怒江

断面属性： 施甸县城—由旺镇出口

断面类型： 河流

采样方式： 桥上采

河宽： 10 米

河深： 1.6 米

采样位置： E 99.0900°，N 24.8017°

采样断面位置描述： 位于施甸县由旺镇躲安村

所代表水功能区： —

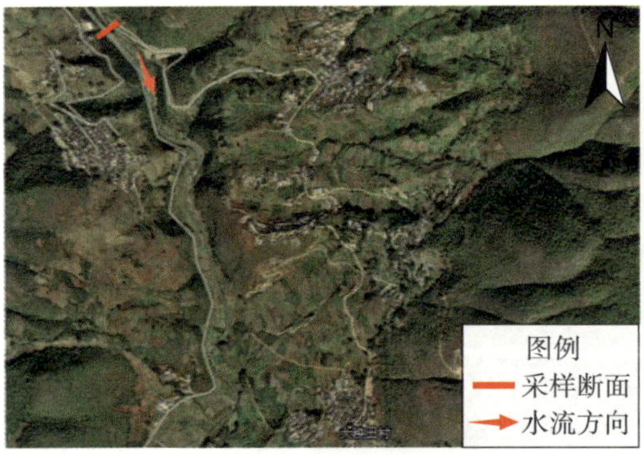

断面情况示意图

断面上游

断面下游

凉亭桥

控制属性： 省控

所属流域： 伊洛瓦底江流域

所在水体： 大盈江

汇入水体： 伊洛瓦底江

断面属性： 控制断面

断面类型： 河流

采样方式： 桥上采

河宽： 15 米

河深： 1.2 米

采样位置： E 98.5198°，N 25.0483°

采样断面位置描述： 位于腾冲市腾冲至曲石 238 省道马常村岔路口对面

所代表水功能区： —

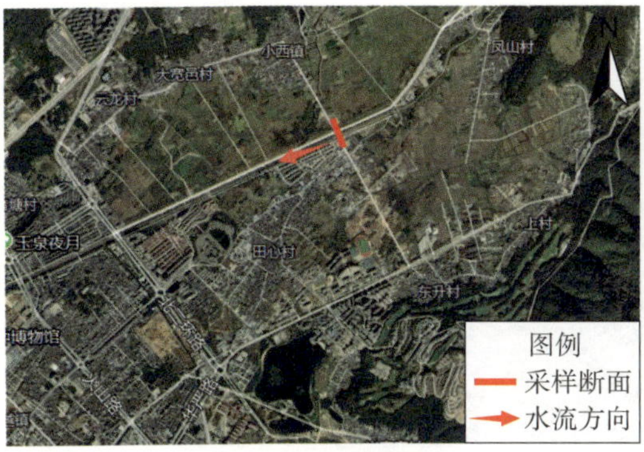

断面情况示意图

断面上游

断面下游

北海湖

控制属性： 省控

所属流域： 伊洛瓦底江流域

所在水体： 北海湖

汇入水体： 大盈江

断面属性： 控制断面

断面类型： 湖库

采样方式： 船上采

河宽： —

河深： 3.6 米

采样位置： E 98.5533°，N 25.1275°

采样断面位置描述： 位于腾冲市北海湿地景区内核心区

所代表水功能区： 北海湿地保护区

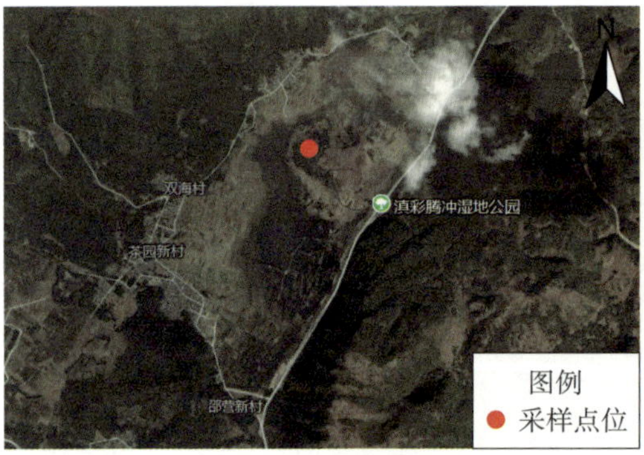

断面情况示意图

水面照片

反映采样位置的远景照片

江南

控制属性： 省控

所属流域： 伊洛瓦底江流域

所在水体： 瑞丽江

汇入水体： 伊洛瓦底江

断面属性： 控制断面

断面类型： 河流

采样方式： 桥上采

河宽： 31 米

河深： 0.9 米

采样位置： E 98.5538°，N 25.2592°

采样断面位置描述： 位于腾冲市曲石镇江南村东南方向约 1 公里

所代表水功能区： 瑞丽江腾冲农业、工业用水区

断面情况示意图

断面上游

断面下游

桥头

控制属性：省控

所属流域：伊洛瓦底江流域

所在水体：龙川江

汇入水体：瑞丽江

断面属性：控制断面

断面类型：河流

采样方式：桥上采

河宽：20 米

河深：2.2 米

采样位置：E 98.6419°，N 25.4872°

采样断面位置描述：位于腾冲市界头镇桥头村村界明桥上

所代表水功能区：龙川江腾冲源头水保护区

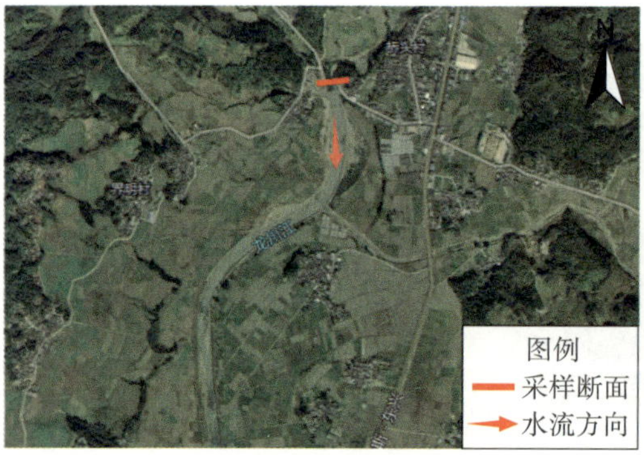

断面情况示意图

断面上游

断面下游

地盘关

控制属性：省控

所属流域：伊洛瓦底江流域

所在水体：瑞丽江

汇入水体：伊洛瓦底江

断面属性：控制断面

断面类型：河流

采样方式：桥上采

河宽：18 米

河深：0.7 米

采样位置：E 98.5708°，N 25.7281°

采样断面位置描述：位于腾冲市明光镇自治村正东方向 150 米

所代表水功能区：瑞丽江腾冲源头水保护区

断面情况示意图

断面上游

断面下游

2.6 楚雄彝族自治州（38）

木果甸村

控制属性： 国控

所属流域： 长江流域

所在水体： 菜园河（武定河）

汇入水体： 掌鸠河

断面属性： 市界（楚雄州—昆明市）

断面类型： 河流

断面位置及经纬度： 位于武定县狮山镇木果甸村（禄劝县思源实验学校旁），坐标：E 102.4408°，N 25.5459°。

断面二维码

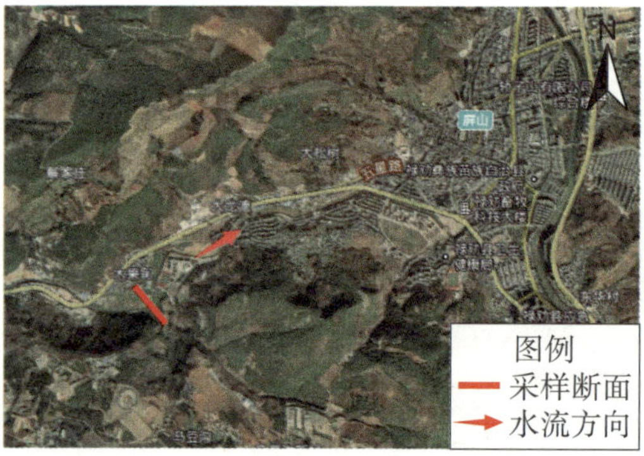

断面情况示意图

断面上游

自动监测站

断面下游

黄瓜园

控制属性： 国控

所属流域： 长江流域

所在水体： 龙川江

汇入水体： 金沙江

断面属性： 控制断面

断面类型： 河流

断面位置及经纬度： 位于元谋县江边乡黄瓜园水文站，坐标：E 101.8644°，N 25.8430°。

断面二维码

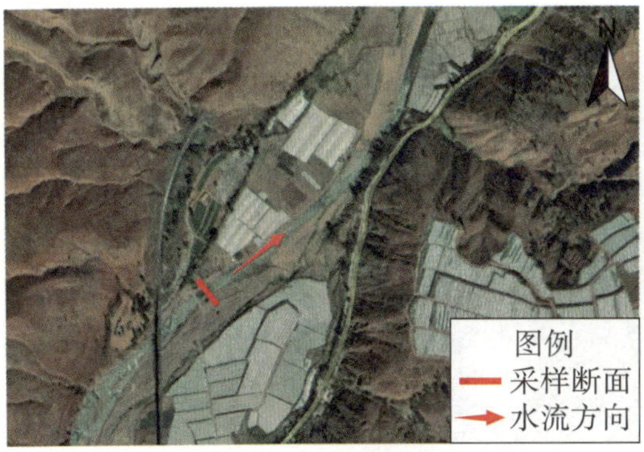

断面情况示意图

断面上游

断面下游

西观桥

控制属性：国控

所属流域：长江流域

所在水体：龙川江

汇入水体：金沙江

断面属性：控制断面

断面类型：河流

断面位置及经纬度：位于楚雄市西观桥，坐标：E 101.6365°，N 25.0938°。

断面二维码

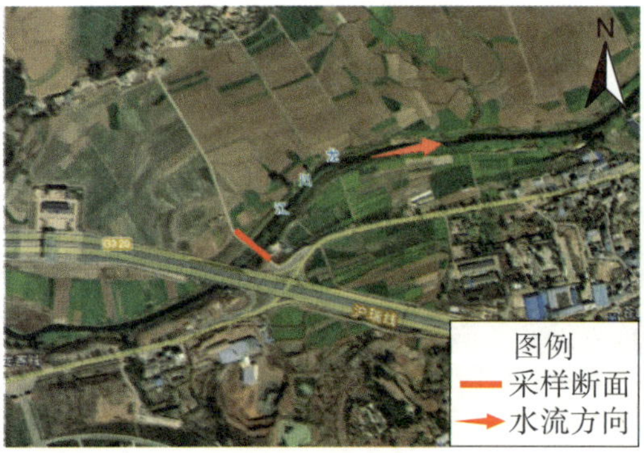

断面情况示意图

断面上游

自动监测站

断面下游

黑井

控制属性：国控

所属流域：长江流域

所在水体：龙川江

汇入水体：金沙江

断面属性：控制断面

断面类型：河流

断面二维码

断面位置及经纬度：位于禄丰县黑井镇大树村 Y003 乡道右侧，坐标：E 101.8078°，N 25.4448°。

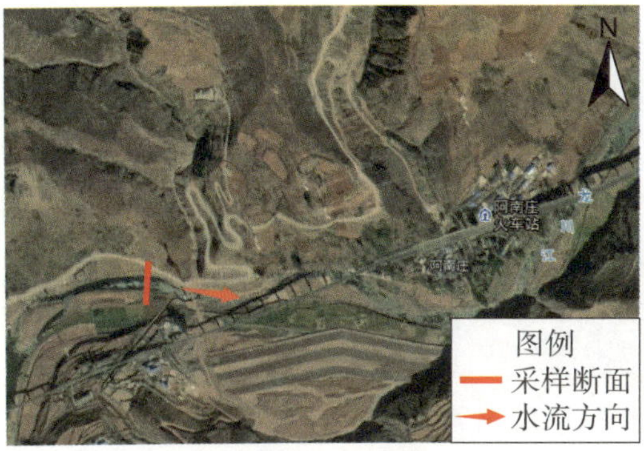

断面情况示意图

断面上游

自动监测站

断面下游

高桥水文站

控制属性： 国控

所属流域： 长江流域

所在水体： 勐果河（猛果河）

汇入水体： 金沙江

断面属性： 控制断面

断面类型： 河流

断面位置及经纬度： 位于武定县土木格村南侧 150 米，坐标：E 102.1700°，N 25.6394°。

断面二维码

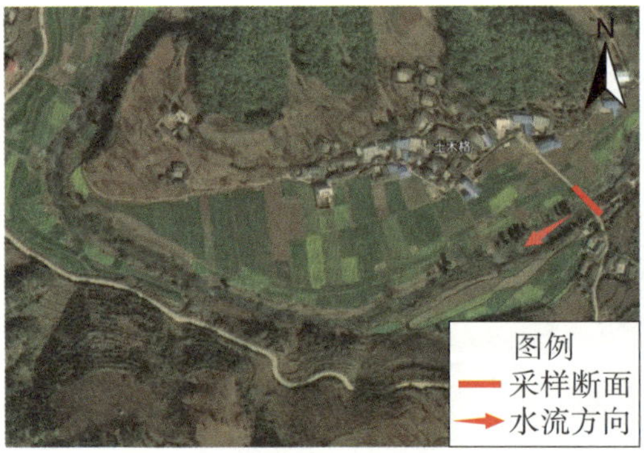

断面情况示意图

断面上游

自动监测站

断面下游

江底河大桥

控制属性： 国控

所属流域： 长江流域

所在水体： 蜻蛉河

汇入水体： 龙川江

断面属性： 控制断面

断面类型： 河流

断面位置及经纬度： 位于大姚县南永公路（G277 线）江底河大桥下，坐标：E 101.5428°，N 25.8672°。

断面二维码

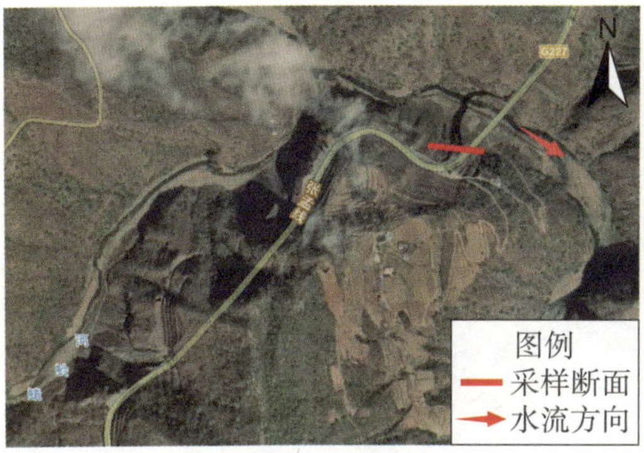

断面情况示意图

断面上游

自动监测站

断面下游

禄劝交界处

控制属性： 国控

所属流域： 长江流域

所在水体： 水城河

汇入水体： 掌鸠河

断面属性： 市界（楚雄州—昆明市）

断面类型： 河流

断面位置及经纬度： 位于武定县插甸镇水城河景区内，坐标：E 102.3599°，N 25.8241°。

断面二维码

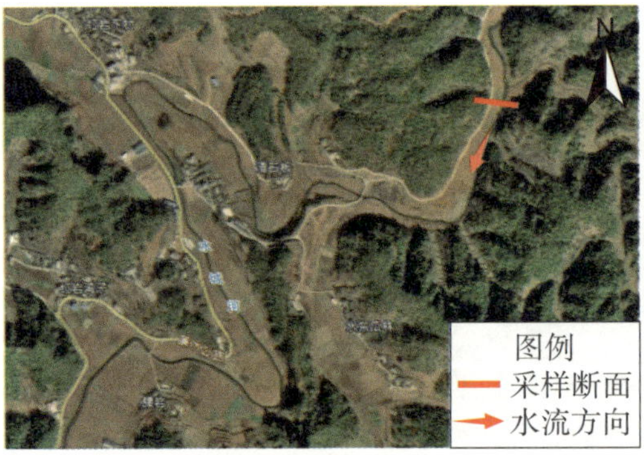

断面情况示意图

断面上游

自动监测站

断面下游

昔丙村

控制属性： 国控

所属流域： 长江流域

所在水体： 万马河

汇入水体： 金沙江

断面属性： 市界（楚雄州—丽江市）

断面类型： 河流

断面位置及经纬度： 位于永仁县永兴乡昔丙村旁，坐标：E 101.4056°，N 26.3294°。

断面二维码

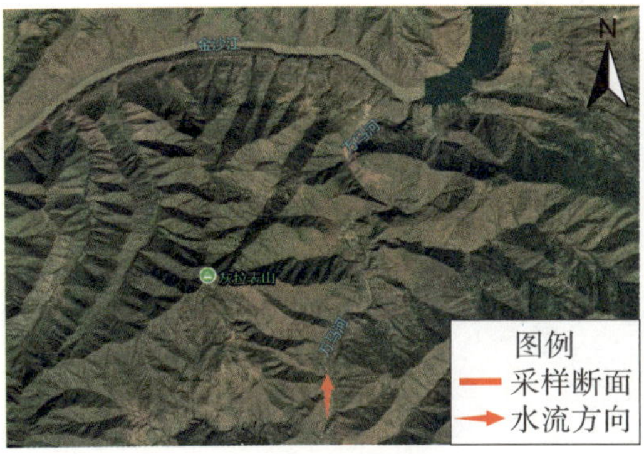

断面情况示意图

断面上游

断面下游

麦拉

控制属性： 国控

所属流域： 长江流域

所在水体： 永定河

汇入水体： 蜻蛉河

断面属性： 控制断面

断面类型： 河流

断面二维码

断面位置及经纬度： 位于永仁县麦拉工业园区旁，坐标：E 101.7106°，N 26.0156°。

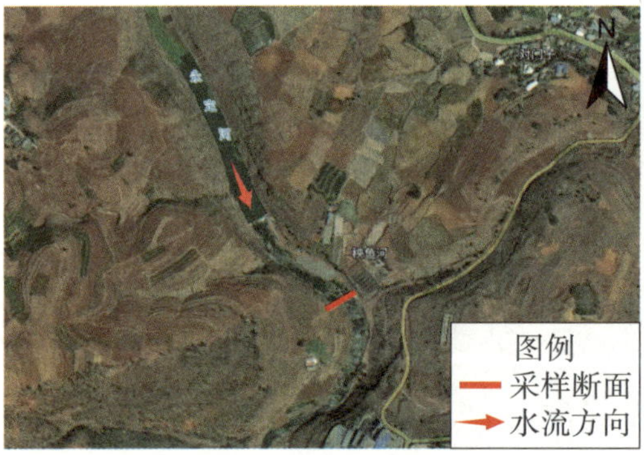

断面情况示意图

断面上游

自动监测站

断面下游

地索村坡脚

控制属性： 国控

所属流域： 长江流域

所在水体： 渔泡江

汇入水体： 金沙江

断面属性： 控制断面

断面类型： 河流

断面位置及经纬度： 位于姚安县左门乡地索村村头坡脚，坐标：E 100.9976°，N 25.6779°。

断面二维码

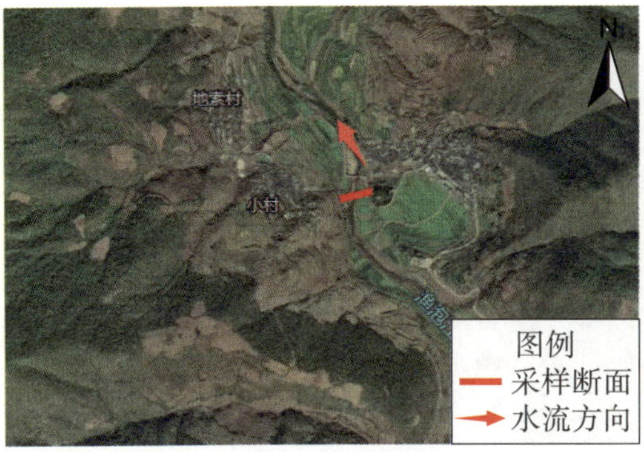

断面情况示意图

断面上游

自动监测站

断面下游

朵腊河底

控制属性： 国控

所属流域： 长江流域

所在水体： 渔泡江

汇入水体： 金沙江

断面属性： 市界（楚雄州、大理州）

断面类型： 河流

断面位置及经纬度： 位于大姚县三岔河乡朵腊河底，坐标：E 100.9786°，N 25.9369°。

断面二维码

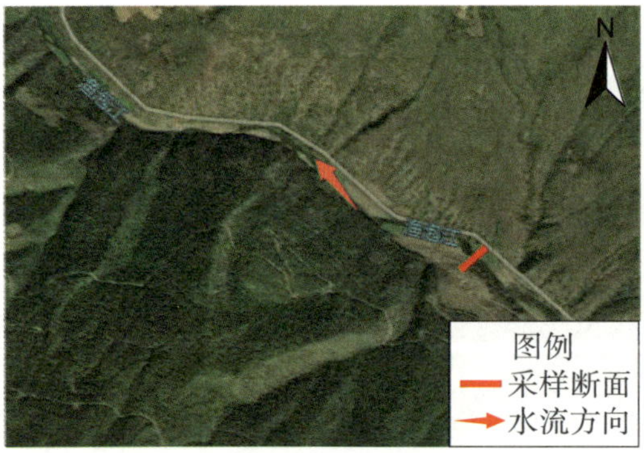

断面情况示意图

断面上游

自动监测站

断面下游

礼社江口

控制属性： 国控

所属流域： 红河流域

所在水体： 礼社江

汇入水体： 红河

断面属性： 市界（楚雄州—玉溪市）

断面类型： 河流

断面位置及经纬度： 位于双柏县三江口石羊江桥韦家饭店旁，坐标：E 101.4873°，N 24.2288°。

断面二维码

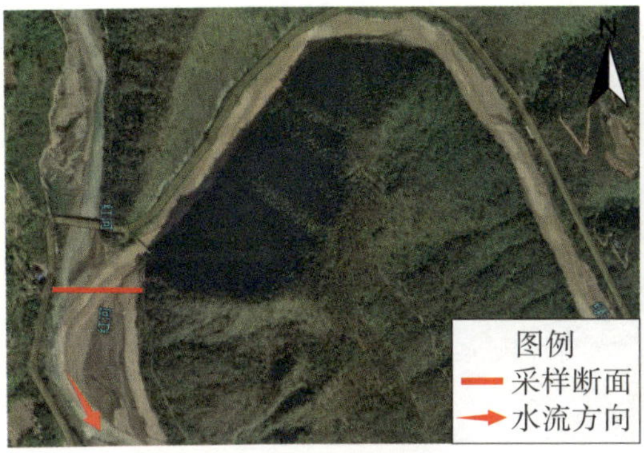

断面情况示意图

断面上游

断面下游

绿汁江口

控制属性： 国控

所属流域： 红河流域

所在水体： 绿汁江

汇入水体： 红河

断面属性： 市界（楚雄州—玉溪市）

断面类型： 河流

断面位置及经纬度： 位于双柏县三江口石羊江桥韦家饭店旁，坐标：E 101.4879°，N 24.2293°。

断面二维码

断面情况示意图

断面上游

断面下游

星宿江水文站

控制属性：国控

所属流域：红河流域

所在水体：星宿江

汇入水体：绿汁江

断面属性：控制断面

断面类型：河流

断面位置及经纬度：位于禄丰县永兴纸业有限公司旁边，坐标：E 102.0459°，N 25.1477°。

断面二维码

断面情况示意图

断面上游

自动监测站

断面下游

青山嘴水库

控制属性： 省控

所属流域： 长江流域

所在水体： 龙川江

汇入水体： 金沙江

断面属性： 控制断面

断面类型： 河流

采样方式： 船上采

河宽： —

河深： —

采样位置： E 101.4872°，N 25.1178°

采样断面位置描述： 位于楚雄市东瓜镇青山嘴水库

所代表水功能区： 青山嘴水库楚雄饮用、工业、农业用水区

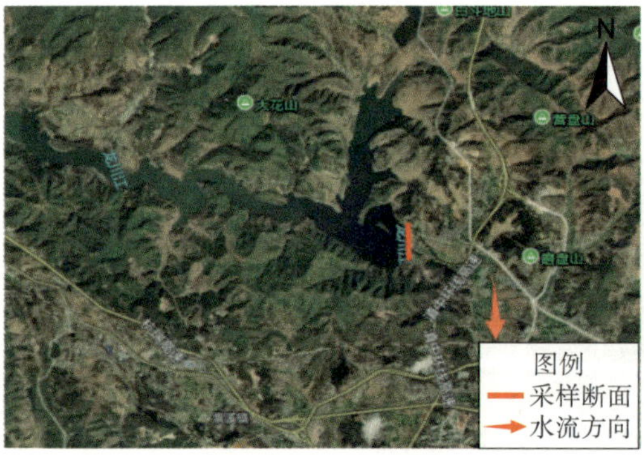

断面情况示意图

断面上游

断面下游

团山水库

控制属性： 省控

所属流域： 长江流域

所在水体： 团山水库

汇入水体： 龙川江

断面属性： 控制断面

断面类型： 湖库

采样方式： 岸边采

河宽： —

河深： —

采样位置： E 101.5551°，N 25.0840°

采样断面位置描述： 位于楚雄市团山水库

所代表水功能区： —

断面情况示意图

水面照片

反映采样位置的远景照片

西静河水库

控制属性： 省控

所属流域： 长江流域

所在水体： 西静河水库

汇入水体： 龙川江

断面属性： 控制断面

断面类型： 湖库

采样方式： 岸边采

河宽： —

河深： —

采样位置： E 101.3886°，N 25.0922°

采样断面位置描述： 位于楚雄市西静河水库

所代表水功能区： 西静河水库楚雄饮用、工业用水区

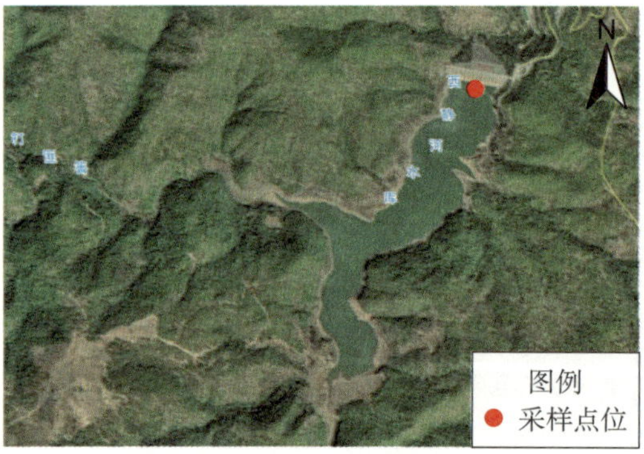

断面情况示意图

水面照片

反映采样位置的远景照片

九龙甸水库

控制属性： 省控

所属流域： 长江流域

所在水体： 九龙甸水库

汇入水体： 龙川江

断面属性： 控制断面

断面类型： 湖库

采样方式： 岸边采

河宽： —

河深： —

采样位置： E 101.4094°，N 25.2234°

采样断面位置描述： 位于楚雄市九龙甸水库

所代表水功能区： 九龙甸水库楚雄饮用、农业用水区

断面情况示意图

水面照片

反映采样位置的远景照片

吕合镇

控制属性： 省控

所属流域： 长江流域

所在水体： 紫甸河

汇入水体： 龙川江

断面属性： 控制断面

断面类型： 河流

采样方式： 桥上采

河宽： 10 米

河深： 0.5 米

采样位置： E 101.3706°，N 25.1489°

采样断面位置描述： 位于楚雄市吕合镇吕合小学旁

所代表水功能区： 紫甸河楚雄保留区

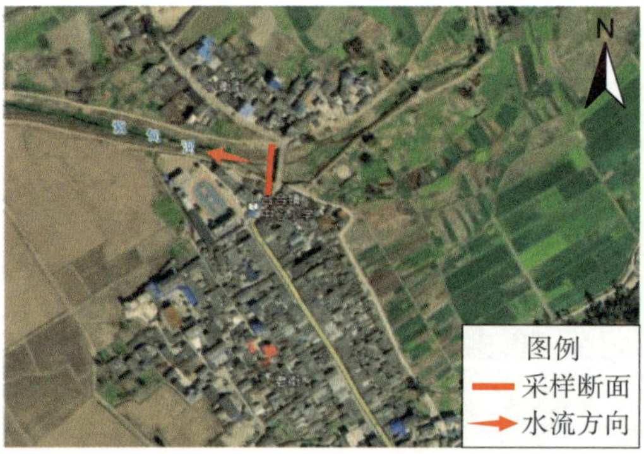

断面情况示意图

断面上游

断面下游

桂花

控制属性： 省控

所属流域： 长江流域

所在水体： 万马河

汇入水体： 金沙江

断面属性： 控制断面

断面类型： 河流

采样方式： 桥上采

河宽： 5 米

河深： 0.3 米

采样位置： E 101.2717°，N 26.0531°

采样断面位置描述： 位于大姚县桂花镇瓦拉公路大桥旁

所代表水功能区： 万马河大姚源头水保护区

断面情况示意图

断面上游

断面下游

小江口

控制属性： 省控

所属流域： 红河流域

所在水体： 星宿江

汇入水体： 元江

断面属性： 市界（楚雄彝族自治州—玉溪市）

断面类型： 河流

采样方式： 桥上采

河宽： 30 米

河深： 0.3 米

采样位置： E 101.9964°，N 24.8719°

采样断面位置描述： 位于禄丰县川街镇小江口

所代表水功能区： 绿汁江禄丰—易门保留区

断面情况示意图

断面上游

断面下游

关山场

控制属性： 省控

所属流域： 长江流域

所在水体： 沙站河

汇入水体： 螳螂川

断面属性： 市界（楚雄彝族自治州—昆明市）

断面类型： 河流

采样方式： 桥上采

河宽： 2 米

河深： 0.3 米

采样位置： E 102.3284°，N 25.0730°

采样断面位置描述： 位于禄丰县勤丰镇北甸村旁

所代表水功能区： —

断面情况示意图

断面上游

自动监测站

断面下游

东河水库

控制属性： 省控

所属流域： 红河流域

所在水体： 东河水库

汇入水体： 元江

断面属性： 控制断面

断面类型： 湖库

采样方式： 岸边采

河宽： —

河深： —

采样位置： E 102.1906°，N 25.2597°

采样断面位置描述： 位于禄丰县和平镇东河水库

所代表水功能区： 绿汁江禄丰源头水保护区 / 东河水库禄丰饮用、工业用水区

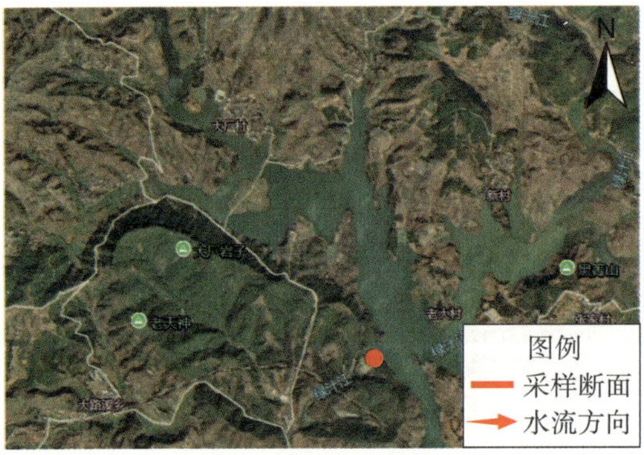

断面情况示意图

水面照片

反映采样位置的远景照片

树密么

控制属性： 省控

所属流域： 红河流域

所在水体： 沙甸河

汇入水体： 绿汁江

断面属性： 县界（禄丰县、双柏县）

断面类型： 河流

采样方式： 岸边采

河宽： 30 米

河深： 0.3 米

采样位置： E 101.9171°，N 24.8815°

采样断面位置描述： 位于禄丰县彩云镇树密么村

所代表水功能区： 沙甸河双柏—禄丰保留区

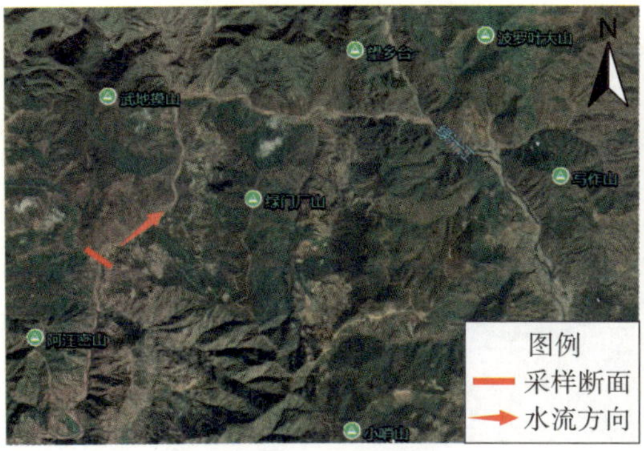

断面情况示意图

断面上游

断面下游

伍纳本村外

控制属性： 省控

所属流域： 长江流域

所在水体： 紫甸河

汇入水体： 龙川江

断面属性： 县界（牟定县—楚雄市）

断面类型： 河流

采样方式： 桥上采

河宽： 5 米

河深： 0.5 米

采样位置： E 101.3582°，N 25.2952°

采样断面位置描述： 位于牟定县凤屯镇逦石坝村旁

所代表水功能区： 紫甸河姚安—牟定源头水保护区

断面情况示意图

断面上游

自动监测站

断面下游

元双路联丰村路口旁

控制属性：省控

所属流域：长江流域

所在水体：古岩河

汇入水体：龙川江

断面属性：控制断面

断面类型：河流

采样方式：桥上采

河宽：2 米

河深：0.3 米

采样位置：E 101.5967°，N 25.5431°

采样断面位置描述：位于牟定县蟠猫乡元双公路联丰村岔路口旁

所代表水功能区：勐岗河牟定—元谋保留区

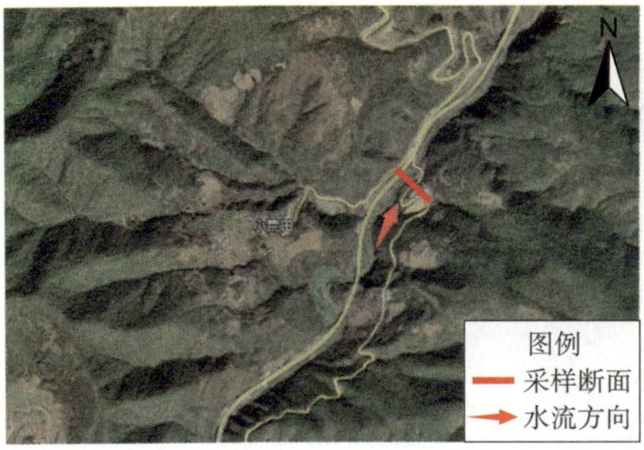

断面情况示意图

断面上游

断面下游

中屯水库

控制属性：省控

所属流域：长江流域

所在水体：勐岗河

汇入水体：龙川江

断面属性：控制断面

断面类型：湖库

采样方式：岸边采

河宽：—

河深：—

采样位置：E 101.4561°，N 25.4440°

采样断面位置描述：位于牟定县中屯水库

所代表水功能区：勐岗河牟定源头水保护区

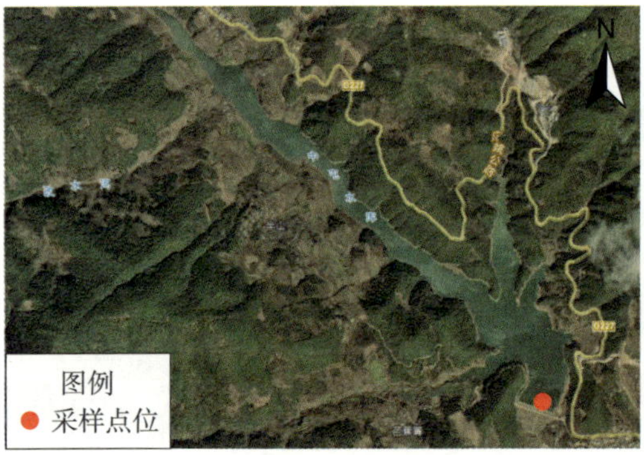

断面情况示意图

水面照片

反映采样位置的远景照片

毛板桥水库

控制属性： 省控

所属流域： 长江流域

所在水体： 龙川江

汇入水体： 金沙江

断面属性： 控制断面

断面类型： 河流

采样方式： 岸边采

河宽： —

河深： —

采样位置： E 101.1689°，N 25.2361°

采样断面位置描述： 位于南华县沙桥镇毛板桥水库坝埂

所代表水功能区： 毛板桥水库南华农业、渔业用水区

断面情况示意图

断面上游

断面下游

小天城

控制属性：省控

所属流域：长江流域

所在水体：龙川江

汇入水体：金沙江

断面属性：县界（南华县—楚雄市）

断面类型：河流

采样方式：桥上采

河宽：5 米

河深：0.3 米

采样位置：E 101.3444°，N 25.1456°

采样断面位置描述：位于南华县龙川镇牛凤龙大桥旁

所代表水功能区：龙川江南华—楚雄工业、农业用水区

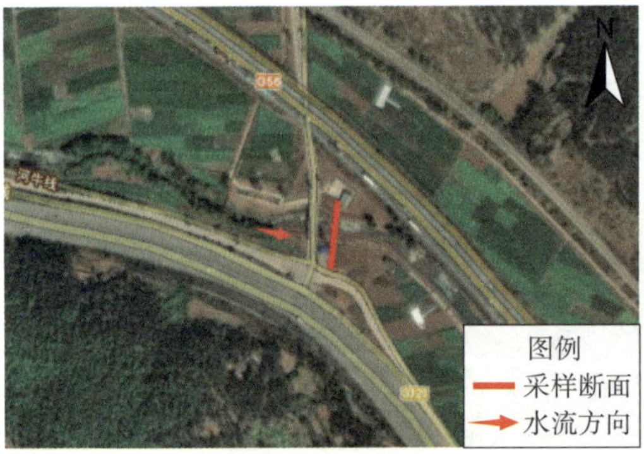

断面情况示意图

断面上游

自动监测站

断面下游

沙桥镇

控制属性： 省控

所属流域： 长江流域

所在水体： 龙川江

汇入水体： 金沙江

断面属性： 控制断面

断面类型： 河流

采样方式： 桥上采

河宽： 3 米

河深： 0.3 米

采样位置： E 101.1336°，N 25.2436°

采样断面位置描述： 位于南华县沙桥镇南景线龙川江泵站旁（毛板桥水库坝尾）

所代表水功能区： 龙川江南华源头水保护区

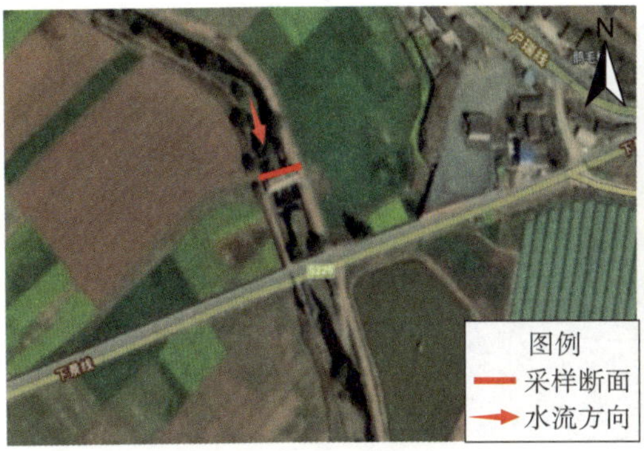

断面情况示意图

断面上游

断面下游

元江口

控制属性：省控

所属流域：红河流域

所在水体：元江

汇入水体：红河

断面属性：市界（楚雄彝族自治州—玉溪市）

断面类型：河流

采样方式：岸边采

河宽：30 米

河深：2 米

采样位置：E 101.4897°，N 24.2200°

采样断面位置描述：位于双柏县三江口

所代表水功能区：—

断面情况示意图

断面上游

断面下游

双柏小龙潭

控制属性： 省控

所属流域： 红河流域

所在水体： 马龙河

汇入水体： 礼社江

断面属性： 控制断面

断面类型： 河流

采样方式： 桥上采

河宽： 30 米

河深： 0.3 米

采样位置： E 101.5167°，N 24.5150°

采样断面位置描述： 位于双柏县彩鄂公路大沙坝旁小龙潭水文站

所代表水功能区： 马龙河楚雄—双柏保留区

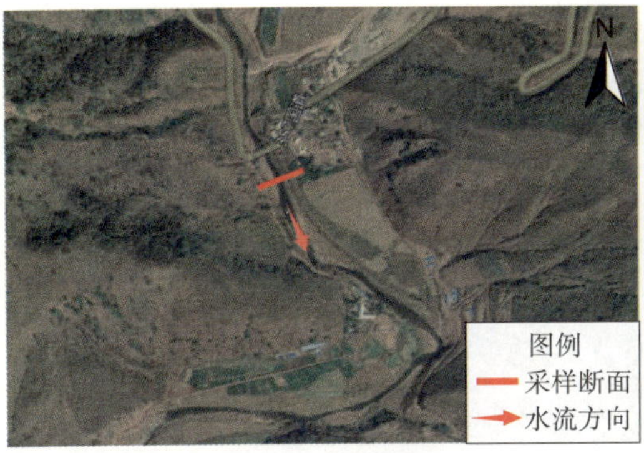

断面情况示意图

断面上游

断面下游

猫街

控制属性： 省控

所属流域： 长江流域

所在水体： 猛果河

汇入水体： 金沙江

断面属性： 控制断面

断面类型： 河流

采样方式： 桥上采

河宽： 3 米

河深： 0.3 米

采样位置： E 102.1703°，N 25.4644°

采样断面位置描述： 位于武定县猫街镇新村水库坝尾

所代表水功能区： 猛果河武定源头水保护区

断面情况示意图

断面上游

断面下游

王家桥

控制属性： 省控

所属流域： 长江流域

所在水体： 蜻蛉河

汇入水体： 龙川江

断面属性： 县界（姚安县—大姚县）

断面类型： 河流

采样方式： 桥上采

河宽： 10 米

河深： —

采样位置： E 101.2272°，N 25.6053°

采样断面位置描述： 位于姚安县光禄镇马邑屯村南永公路旁

所代表水功能区： 蜻蛉河姚安—大姚农业用水区

断面情况示意图

断面上游

自动监测站

断面下游

红梅水库

控制属性：省控

所属流域：长江流域

所在水体：渔泡江

汇入水体：金沙江

断面属性：控制断面

断面类型：湖库

采样方式：岸边采

河宽：—

河深：—

采样位置：E 101.1698°，N 25.3391°

采样断面位置描述：位于姚安县弥兴乡红梅水库（红梅打磨冲箐口）

所代表水功能区：渔泡江南华—姚安源头水保护区

断面情况示意图

水面照片

反映采样位置的远景照片

姚安太平

控制属性： 省控

所属流域： 长江流域

所在水体： 蜻蛉河

汇入水体： 龙川江

断面属性： 控制断面

断面类型： 河流

采样方式： 桥上采

河宽： 2 米

河深： 0.2 米

采样位置： E 101.2361°，N 25.3950°

采样断面位置描述： 位于姚安县太平镇太平木材检查站南永公路旁

所代表水功能区： 蜻蛉河姚安源头水保护区

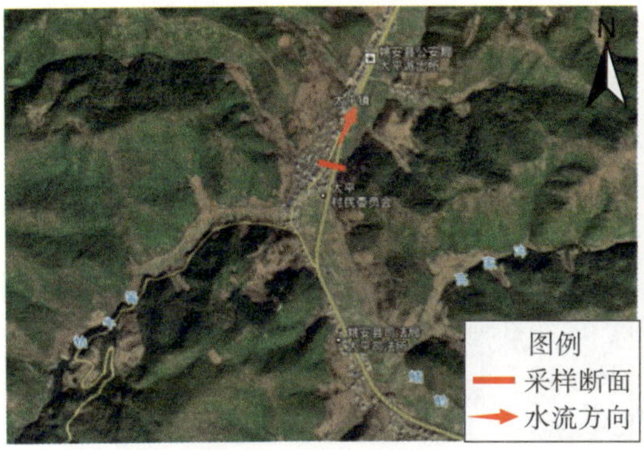

断面情况示意图

断面上游

断面下游

大河波西

控制属性：省控

所属流域：长江流域

所在水体：蜻蛉河

汇入水体：龙川江

断面属性：县界（永仁县—元谋县）

断面类型：河流

采样方式：桥上采

河宽：20 米

河深：0.5 米

采样位置：E 101.6365°，N 25.8796°

采样断面位置描述：位于永仁县莲池乡波西村小石门瀑布旁

所代表水功能区：蜻蛉河大姚—元谋保留区

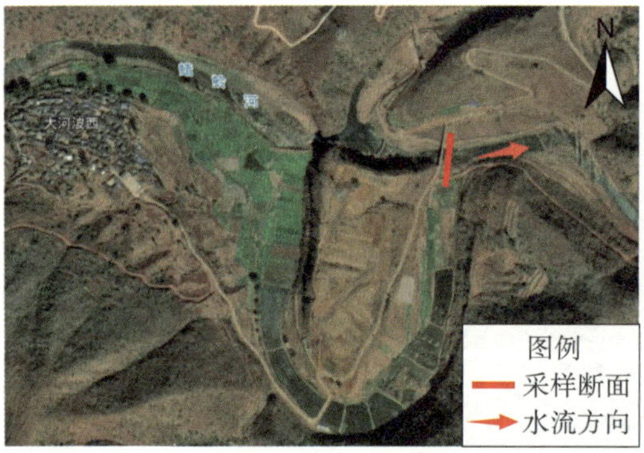

断面情况示意图

断面上游

自动监测站

断面下游

大湾子

控制属性： 省控

所属流域： 长江流域

所在水体： 金沙江

汇入水体： 东海

断面属性： 省界（川—滇）

断面类型： 河流

采样方式： 船上采

河宽： 70 米（电站库区）

河深： 50 米（电站库区）

采样位置： E 101.8592°，N 25.9544°

采样断面位置描述： 位于元谋县江边乡乌东德水电站库区

所代表水功能区： 金沙江滇川 3 号缓冲区

断面情况示意图

断面上游

断面下游

2.7 红河哈尼族彝族自治州（46）

锁龙桥

控制属性： 国控

所属流域： 珠江流域

所在水体： 甸溪河

汇入水体： 南盘江

断面属性： 控制断面

断面类型： 河流

断面位置及经纬度： 位于弥勒县锁龙桥，坐标：E 103.3750°，N 23.9682°。

断面二维码

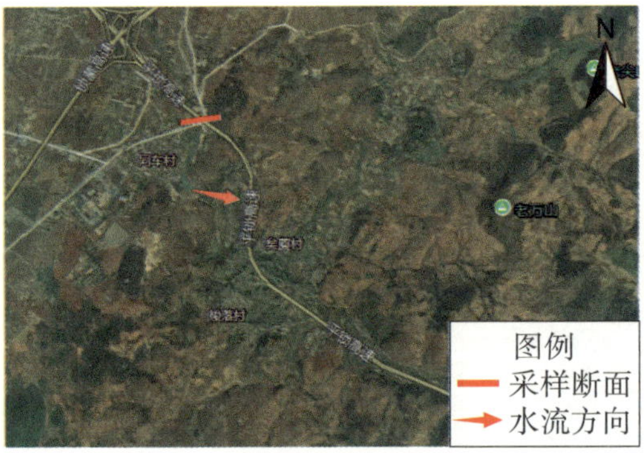

断面情况示意图

断面上游

断面下游

石桥

控制属性：国控

所属流域：珠江流域

所在水体：泸江

汇入水体：南盘江

断面属性：入河口

断面类型：河流

断面二维码

断面位置及经纬度：位于开远市雨洒收费站入口处沿国道326行驶3千米岔入口沿小路走20米处，坐标：E 103.2716°，N 23.7972°。

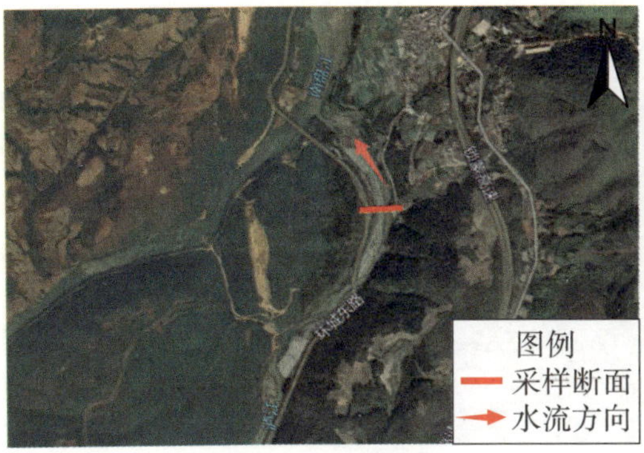

断面情况示意图

断面上游

断面下游

长虹桥

控制属性：国控

所属流域：珠江流域

所在水体：南盘江

汇入水体：红水河

断面属性：控制断面

断面类型：河流

断面位置及经纬度：位于开远市长虹桥，坐标：E 103.2667°，N 23.8158°。

断面二维码

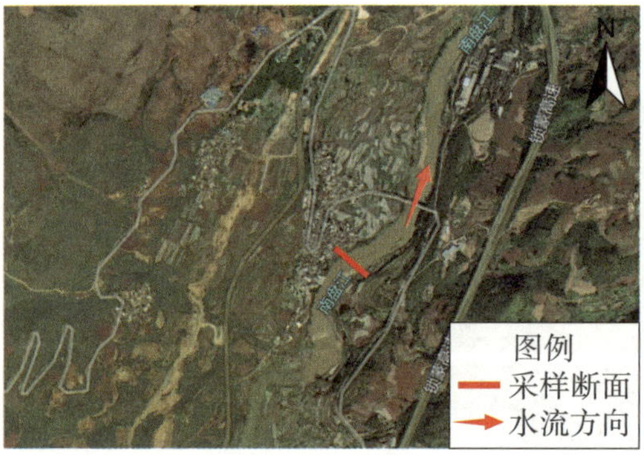

断面情况示意图

断面上游

自动监测站

断面下游

江边桥

控制属性： 国控

所属流域： 珠江流域

所在水体： 南盘江

汇入水体： 红水河

断面属性： 市界（红河州—文山州）

断面类型： 河流

断面位置及经纬度： 位于弥勒市江边桥，坐标：E 103.5846°，N 24.0470°。

断面二维码

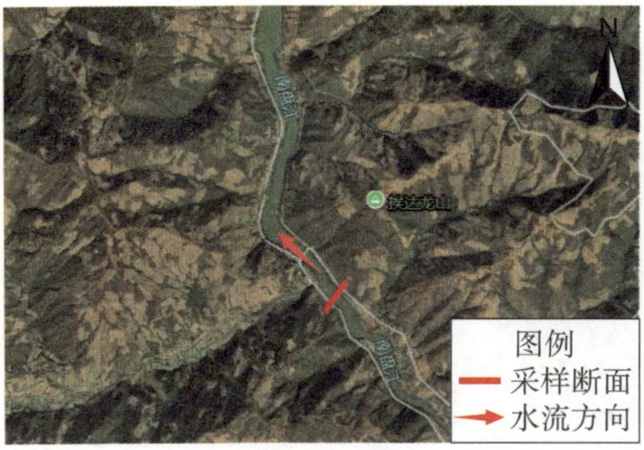

断面情况示意图

断面上游

自动监测站

断面下游

龙脖渡口

控制属性： 国控

所属流域： 红河流域

所在水体： 红河

汇入水体： 南海

断面属性： 国界（中—越）

断面类型： 河流

断面位置及经纬度： 位于河口县龙脖渡口，坐标：E 103.6434°，N 22.7960°。

断面二维码

断面情况示意图

断面上游

自动监测站

断面下游

河口县医院

控制属性： 国控

所属流域： 红河流域

所在水体： 红河

汇入水体： 南海

断面属性： 国界（中—越）

断面类型： 河流

断面位置及经纬度： 位于河口县河口县医院，坐标：E 103.9583°，N 22.5093°。

断面二维码

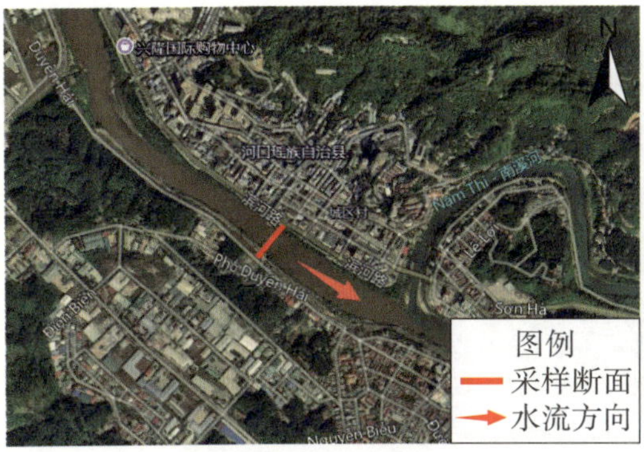

断面情况示意图

断面上游

自动监测站

断面下游

蔓耗桥

控制属性： 国控

所属流域： 红河流域

所在水体： 红河

汇入水体： 南海

断面属性： 控制断面

断面类型： 河流

断面位置及经纬度： 位于个旧市蔓耗镇中心河流左岸桥头处，坐标：E 103.3437°，N 23.0181°。

断面二维码

断面情况示意图

断面上游

自动监测站

断面下游

中越桥

控制属性： 国控

所属流域： 红河流域

所在水体： 南溪河

汇入水体： 红河

断面属性： 国界（中—越）

断面类型： 河流

断面位置及经纬度： 位于河口县中越桥，坐标：E 103.9661°，N 22.5051°。

断面二维码

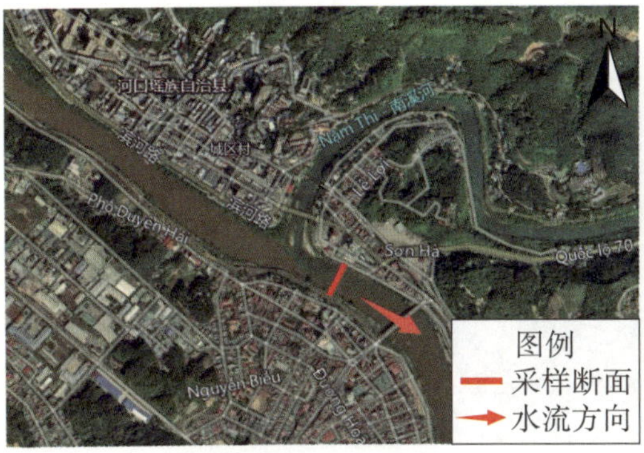

断面情况示意图

断面上游

自动监测站

断面下游

蚂蟥堡桥

控制属性： 国控

所属流域： 红河流域

所在水体： 南溪河

汇入水体： 红河

断面属性： 控制断面

断面类型： 河流

断面位置及经纬度： 位于河口县蚂蟥堡桥，坐标：E 103.9761°，N 22.5711°。

断面二维码

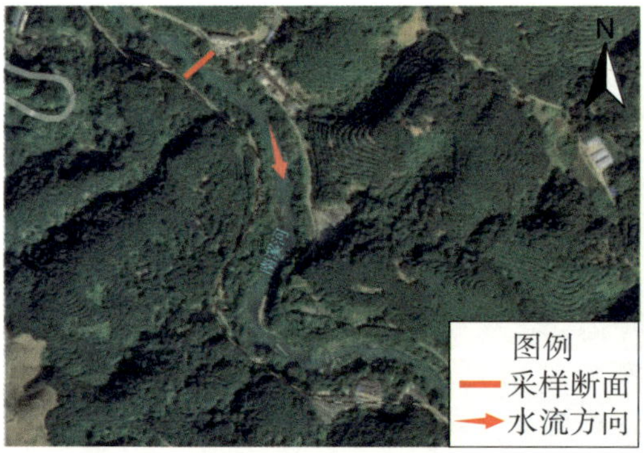

断面情况示意图

断面上游

自动监测站

断面下游

牛孔水文站

控制属性： 国控

所属流域： 红河流域

所在水体： 牛孔河

汇入水体： 泗南江

断面属性： 控制断面

断面类型： 河流

断面位置及经纬度： 位于绿春县牛孔乡牛孔水文站，坐标：E 102.1499°，N 23.0389°。

断面二维码

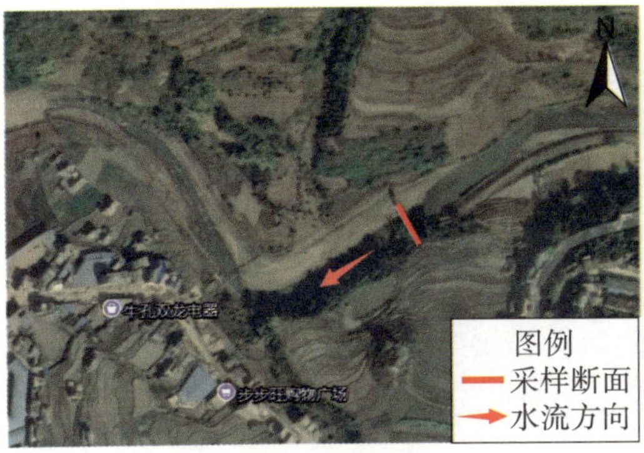

断面情况示意图

断面上游

断面下游

那发出境

控制属性： 国控

所属流域： 红河流域

所在水体： 藤条江

汇入水体： 李仙江（黑水河）

断面属性： 国界（中—越）

断面类型： 河流

断面位置及经纬度： 位于金平县那发，坐标：E 103.1592°，N 22.6039°。

断面二维码

断面情况示意图

断面上游

自动监测站

断面下游

藤条江大桥

控制属性： 国控

所属流域： 红河流域

所在水体： 藤条江

汇入水体： 李仙江（黑水河）

断面属性： 控制断面

断面类型： 河流

断面二维码

断面位置及经纬度： 位于元阳县藤条江大桥，坐标：E 102.5838°，N 23.0573°。

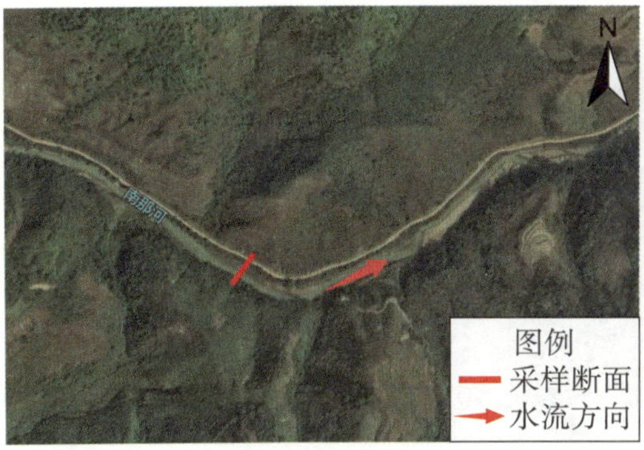

断面情况示意图

断面上游

断面下游

小河底河

控制属性： 国控

所属流域： 红河流域

所在水体： 小河底河

汇入水体： 红河

断面属性： 控制断面

断面类型： 河流

断面位置及经纬度： 位于石屏县小河底河，坐标：E 102.3195°，N 23.4186°。

断面二维码

断面情况示意图

断面上游

自动监测站

断面下游

异龙湖中

控制属性： 国控

所属流域： 珠江流域

所在水体： 异龙湖

汇入水体： 南盘江

断面属性： 控制断面

断面类型： 湖库

断面二维码

断面位置及经纬度： 位于石屏县异龙湖，坐标：E 102.5617°，N 23.6792°。

断面情况示意图

断面上游

自动监测站

断面下游

大屯海湖心亭

控制属性：省控

所属流域：珠江流域

所在水体：大屯海

汇入水体：沙甸河

断面属性：控制断面

断面类型：湖泊

采样方式：岸边采

河宽：—

河深：—

采样位置：E 103.2998°，N 23.4331°

采样断面位置描述：位于个旧市大屯镇红河湾东北方向 150 米

所代表水功能区：大屯海蒙自—个旧工业、渔业用水区

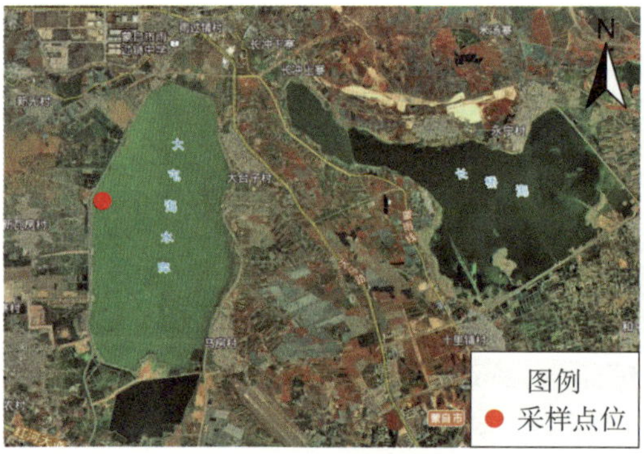

断面情况示意图

水面照片

反映采样位置的远景照片

浑水河入红河口前

控制属性：省控

所属流域：红河流域

所在水体：浑水河

汇入水体：红河

断面属性：入红河口

断面类型：河流

采样方式：桥上采

河宽：3.5 米

河深：0.45 米

采样位置：E 103.1944°，N 23.0985°

采样断面位置描述：位于个旧市蛮耗镇黄草坝村西北方向 800 米

所代表水功能区：—

断面情况示意图

断面上游

断面下游

倘甸双河入泸江口

控制属性： 省控

所属流域： 珠江流域

所在水体： 倘甸双河

汇入水体： 泸江

断面属性： 入泸江口

断面类型： 河流

采样方式： 桥上采

河宽： 17 米

河深： 0.7 米

采样位置： E 103.1543°，N 23.5683°

采样断面位置描述： 位于个旧市倘甸至温水塘方向岔路口东侧双河线约 200 米

所代表水功能区： 乍甸河个旧工业、农业用水区 / 沙甸河蒙自—个旧工业、农业用水区

断面情况示意图

断面上游

断面下游

白云水库

控制属性： 省控

所属流域： 珠江流域

所在水体： 白云水库

汇入水体： 倘甸双河

断面属性： 控制断面

断面类型： 湖库

采样方式： 岸边采

河宽： —

河深： —

采样位置： E 103.0322°，N 23.3969°

采样断面位置描述： 位于个旧市贾沙乡白云村东北方向 1.7 千米

所代表水功能区： 白云水库个旧饮用水水源区

断面情况示意图

水面照片

反映采样位置的远景照片

个旧湖中

控制属性：省控

所属流域：珠江流域

所在水体：个旧湖

汇入水体：倘甸双河

断面属性：控制断面

断面类型：湖库

采样方式：船上采

河宽：—

河深：—

采样位置：E 103.1586°，N 23.3703°

采样断面位置描述：位于个旧市锡城镇

所代表水功能区：金湖个旧景观、工业用水区

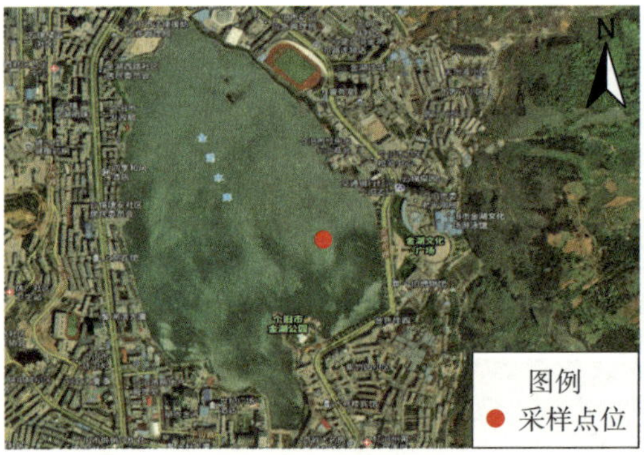

断面情况示意图

水面照片

反映采样位置的远景照片

牛坝荒水库

控制属性： 省控

所属流域： 珠江流域

所在水体： 牛坝荒水库

汇入水体： —

断面属性： 控制断面

断面类型： 湖库

采样方式： 岸边采

河宽： —

河深： —

采样位置： E 103.1397°，N 23.3100°

采样断面位置描述： 位于个旧市

所代表水功能区： —

断面情况示意图

水面照片

反映采样位置的远景照片

红河县与元阳县交界处

控制属性： 省控

所属流域： 红河流域

所在水体： 红河

汇入水体： 南海

断面属性： 县界（红河县—元阳县）

断面类型： 河流

采样方式： 岸边采

河宽： 30 米

河深： —

采样位置： E 102.6158°，N 23.3108°

采样断面位置描述： 位于红河县迤萨镇曼车村东 2 千米

所代表水功能区： —

断面情况示意图

断面上游

断面下游

红河桥

控制属性： 省控

所属流域： 红河流域

所在水体： 红河

汇入水体： 南海

断面类型： 河流

断面属性： 市界（玉溪市—红河州）

采样方式： 岸边采

河宽： 70 米

河深： —

采样位置： E 102.3154°，N 23.4171°

采样断面位置描述： 位于红河县迤萨镇 553 国道岔 216 省道上游 100 米

所代表水功能区： —

断面情况示意图

断面上游

断面下游

燕子洞

控制属性： 省控

所属流域： 珠江流域

所在水体： 泸江

汇入水体： 南盘江

断面属性： 控制断面

断面类型： 河流

采样方式： 岸边采

河宽： 10 米

河深： 2 米

采样位置： E 103.0525°，N 23.6373°

采样断面位置描述： 位于建水县燕子洞风景区内

所代表水功能区： 泸江建水保留区

断面情况示意图

断面上游

断面下游

团山桥

控制属性： 省控

所属流域： 珠江流域

所在水体： 泸江

汇入水体： 南盘江

断面属性： 县界（石屏县—建水县）

断面类型： 河流

采样方式： 桥上采

河宽： 16 米

河深： 0.4 米

采样位置： E 102.7351°，N 23.6519°

采样断面位置描述： 位于建水县西庄镇谢家湾东北侧约 500 米

所代表水功能区： 泸江石屏—建水农业、工业用水区

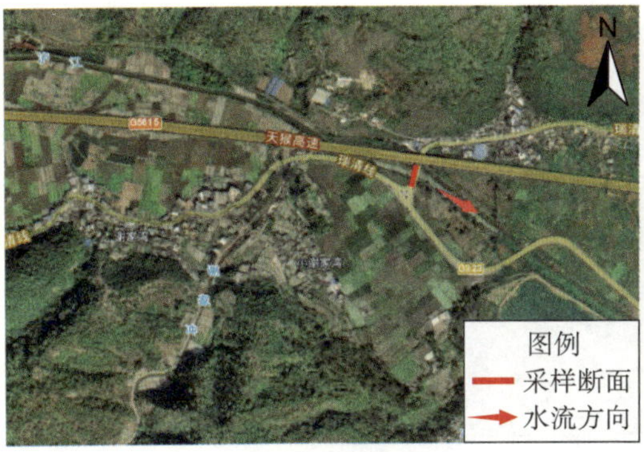

断面情况示意图

断面上游

断面下游

建水跃进水库

控制属性： 省控

所属流域： 珠江流域

所在水体： 旷野河

汇入水体： 泸江

断面属性： 控制断面

断面类型： 湖库

采样方式： 岸边采、船上采

河宽： —

河深： —

采样位置： E 102.6933°，N 23.7333°

采样断面位置描述： 位于建水县跃进水库坝体边（云普村至高楼寨村的高楼寨公路边）

所代表水功能区： 跃进水库建水饮用、渔业用水区

断面情况示意图

水面照片

反映采样位置的远景照片

勐拉桥

控制属性： 省控

所属流域： 红河流域

所在水体： 三家河

汇入水体： 藤条江

断面属性： 入藤条江口

断面类型： 河流

采样方式： 桥上采

河宽： 39.5 米

河深： 1.35 米

采样位置： E 103.0952°，N 22.6600°

采样断面位置描述： 位于金平县勐拉镇西南方向 1.4 千米

所代表水功能区： —

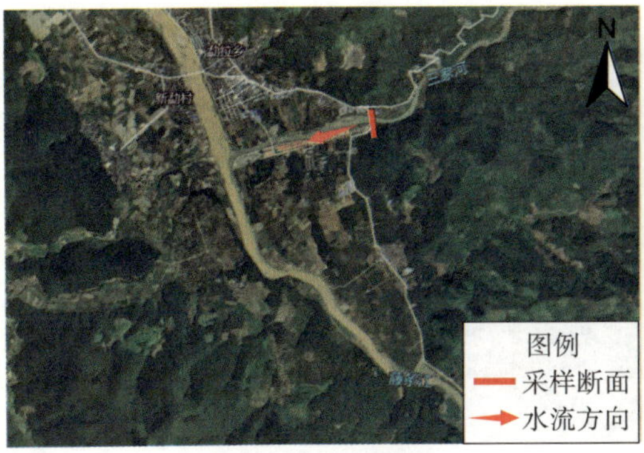

断面情况示意图

断面上游

断面下游

金平桥

控制属性： 省控

所属流域： 红河流域

所在水体： 金平河

汇入水体： 藤条江

断面属性： 控制断面

断面类型： 河流

采样方式： 桥上采

河宽： 11.5 米

河深： 1.20 米

采样位置： E 103.1417°，N 22.6492°

采样断面位置描述： 位于金平县金水河镇边境中学南边 350 米

所代表水功能区： —

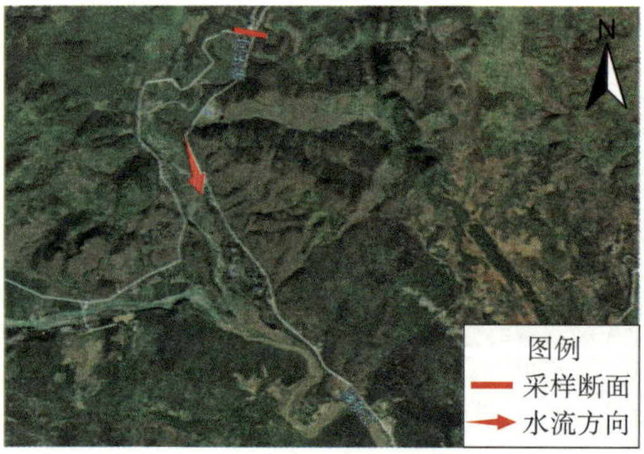

断面情况示意图

断面上游

断面下游

南洞

控制属性： 省控

所属流域： 珠江流域

所在水体： 南洞河

汇入水体： 泸江

断面属性： 控制断面

断面类型： 河流

采样方式： 岸边采

河宽： 7 米

河深： 1.65 米

采样位置： E 103.2878°，N 23.6531°

采样断面位置描述： 位于开远市以南 8 千米

所代表水功能区： 南洞河开远饮用、工业用水区

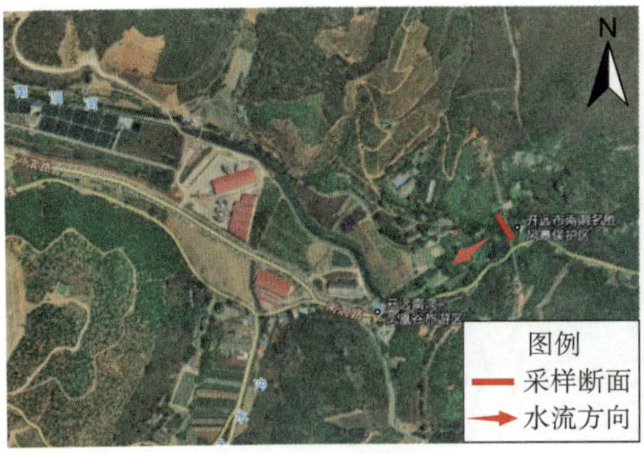

断面情况示意图

断面上游

断面下游

木花果

控制属性：省控

所属流域：珠江流域

所在水体：泸江

汇入水体：南盘江

断面属性：控制断面

断面类型：河流

采样方式：桥上采

河宽：8 米

河深：0.35 米

采样位置：E 103.2602°，N 23.7044°

采样断面位置描述：开远市县城北方向

所代表水功能区：泸江建水—开远工业、农业用水区 / 泸江开远工业、农业用水区

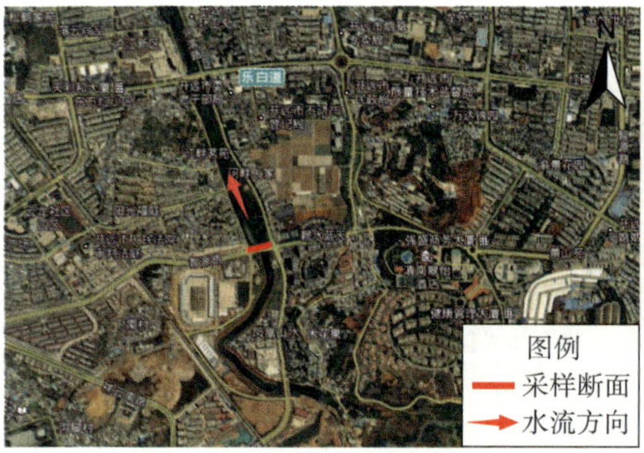

断面情况示意图

断面上游

断面下游

小龙潭水文站

控制属性： 省控

所属流域： 珠江流域

所在水体： 南盘江

汇入水体： 红水河

断面属性： 控制断面

断面类型： 河流

采样方式： 岸边采

河宽： 35

河深： 1.35 米

采样位置： E 103.1854°，N 23.8173°

采样断面位置描述： 位于开远市小龙潭镇西北部 15 千米

所代表水功能区： —

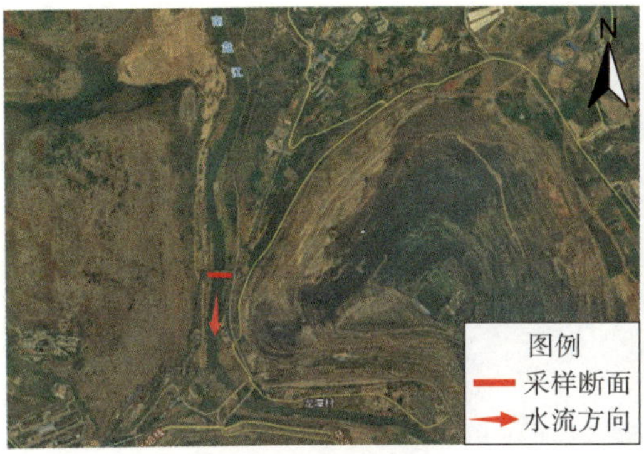

断面情况示意图

断面上游

断面下游

三角海

控制属性：省控

所属流域：珠江流域

所在水体：大庄河

汇入水体：沙甸河

断面属性：控制断面

断面类型：湖库

采样方式：岸边采

河宽：—

河深：—

采样位置：E 103.2913°，N 23.5968°

采样断面位置描述：位于开远市羊街乡东南方向 6.3 千米

所代表水功能区：三角海开远农业、渔业用水区

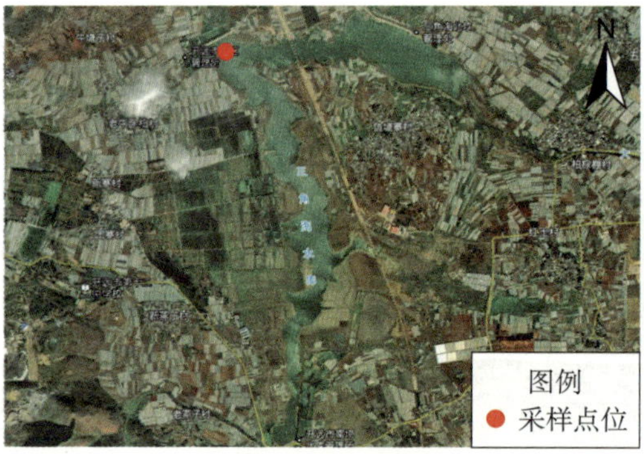

断面情况示意图

水面照片

反映采样位置的远景照片

小江下寨

控制属性： 省控

所属流域： 珠江流域

所在水体： 小江

汇入水体： 南盘江

断面属性： 控制断面

断面类型： 河流

采样方式： 桥上采

河宽： 12 米

河深： 0.4 米

采样位置： E 103.6949°，N 24.3346°

采样断面位置描述： 位于泸西县永宁乡永宁村委会小江下寨内

所代表水功能区： 小江泸西保留区

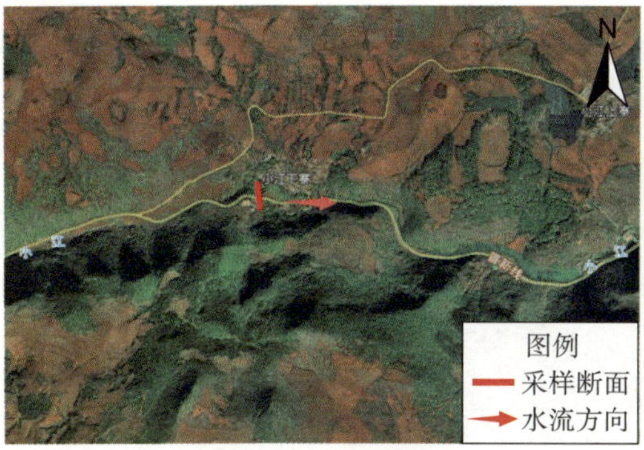

断面情况示意图

断面上游

断面下游

阿子田

控制属性：省控

所属流域：珠江流域

所在水体：甸溪河

汇入水体：南盘江

断面属性：市界（曲靖市—红河州）

断面类型：河流

采样方式：岸边采、桥上采

河宽：8 米

河深：3.5 米

采样位置：E 103.7450°，N 24.7578°

采样断面位置描述：位于泸西县板桥水库上游阿子田村

所代表水功能区：甸溪河师宗—泸西源头水保护区

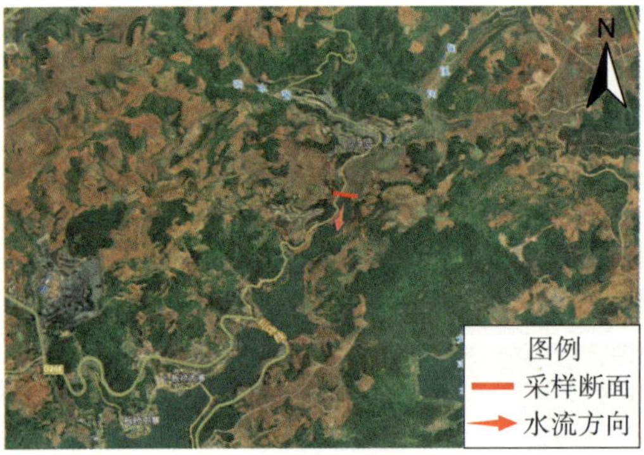

断面情况示意图

断面上游

断面下游

板桥河水库

控制属性：省控

所属流域：珠江流域

所在水体：甸溪河

汇入水体：南盘江

断面属性：控制断面

断面类型：湖库

采样方式：岸边采

河宽：—

河深：7 米

采样位置：E 103.7037°，N 24.7028°

采样断面位置描述：位于泸西县板桥河水库坝体边

所代表水功能区：板桥河水库泸西饮用、农业用水区

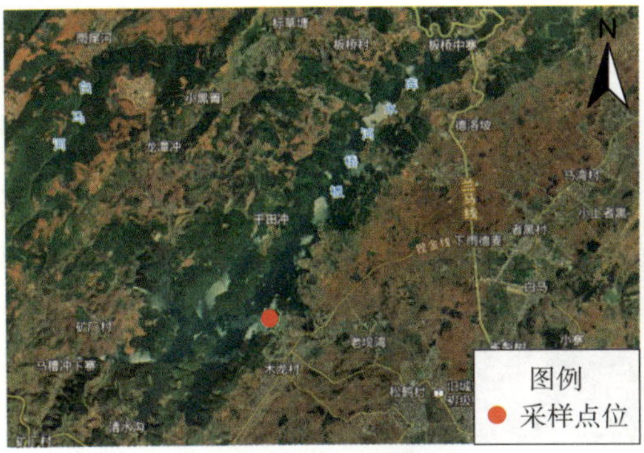

断面情况示意图

水面照片

反映采样位置的远景照片

独善水文站

控制属性： 省控

所属流域： 珠江流域

所在水体： 白马河

汇入水体： 甸溪河

断面属性： 控制断面

断面类型： 河流

采样方式： 岸边采

河宽： 12 米

河深： 0.3 米

采样位置： E 103.5408°，N 24.5508°

采样断面位置描述： 位于泸西旧城镇久恒上寨往断山方向土路走约 4 千米，河边即为采样点

所代表水功能区： 白马河师宗—弥勒源头水保护区

断面情况示意图

断面上游

断面下游

益谷坝

控制属性：省控

所属流域：珠江流域

所在水体：小江

汇入水体：南盘江

断面属性：控制断面

断面类型：河流

采样方式：桥上采

河宽：8 米

河深：0.2 米

采样位置：E 103.8125°，N 24.6136°

采样断面位置描述：位于泸西县中枢镇益谷村东南方向 1.2 千米

所代表水功能区：小江师宗—泸西源头水保护区

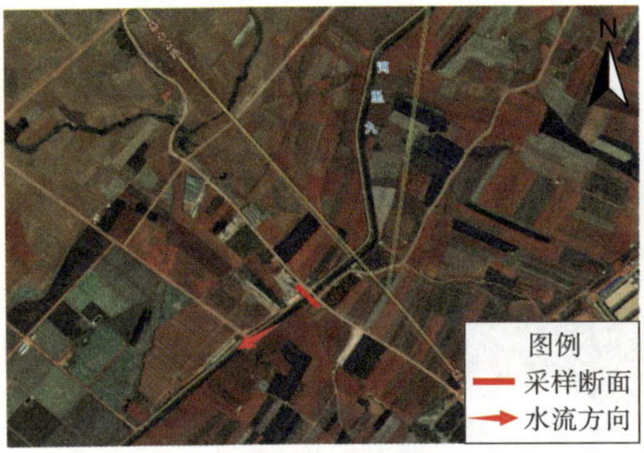

断面情况示意图

断面上游

断面下游

洛瓦电站

控制属性： 省控

所属流域： 红河流域

所在水体： 小黑江

汇入水体： 李仙江

断面属性： 控制断面

断面类型： 河流

采样方式： 岸边采

河宽： 14 米

河深： 0.5 米

采样位置： E 102.3740°，N 22.8109°

采样断面位置描述： 位于绿春县大黑山乡洛瓦电站门前 20 米

所代表水功能区： 茶卡河黄连山保护区 / 小黑江绿春保留区

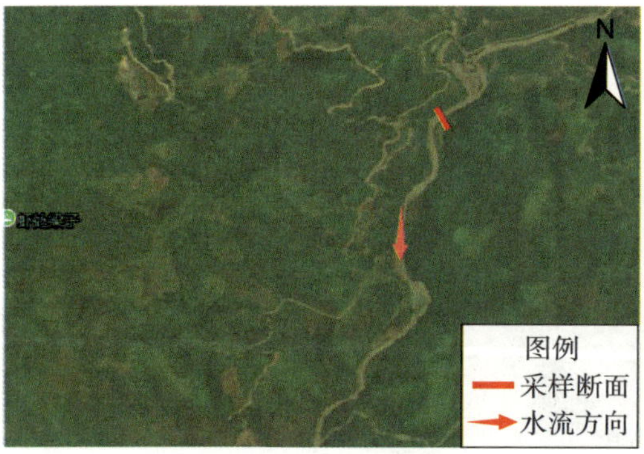

断面情况示意图

断面上游

断面下游

长桥海中

控制属性： 省控

所属流域： 珠江流域

所在水体： 长桥海

汇入水体： 倘甸双河

断面属性： 控制断面

断面类型： 湖库

采样方式： 岸边采

河宽： —

河深： —

采样位置： E 103.3338°，N 23.4529°

采样断面位置描述： 位于蒙自市文澜镇长冲上寨西南方向 350 米

所代表水功能区： 沙甸河蒙自工业、农业用水区 / 长桥海蒙自工业、渔业用水区

断面情况示意图

水面照片

反映采样位置的远景照片

五里冲水库

控制属性： 省控

所属流域： 红河流域

所在水体： 五里冲水库

汇入水体： —

断面属性： 控制断面

断面类型： 湖库

采样方式： 船上采

河宽： —

河深： —

采样位置： E 103.4855°，N 23.2292°

采样断面位置描述： 位于蒙自市南20千米处，五里冲水库管理处联系船只进库区

所代表水功能区： —

断面情况示意图

水面照片

反映采样位置的远景照片

戈姑水文站

控制属性： 省控

所属流域： 红河流域

所在水体： 南溪河

汇入水体： 红河

断面属性： 控制断面

断面类型： 河流

采样方式： 桥上采

河宽： 8 米

河深： 0.55 米

采样位置： E 103.6392°，N 23.2475°

采样断面位置描述： 位于蒙自市期路白乡戈姑村西南方向 750 米

所代表水功能区： 南溪河蒙自源头水保护区

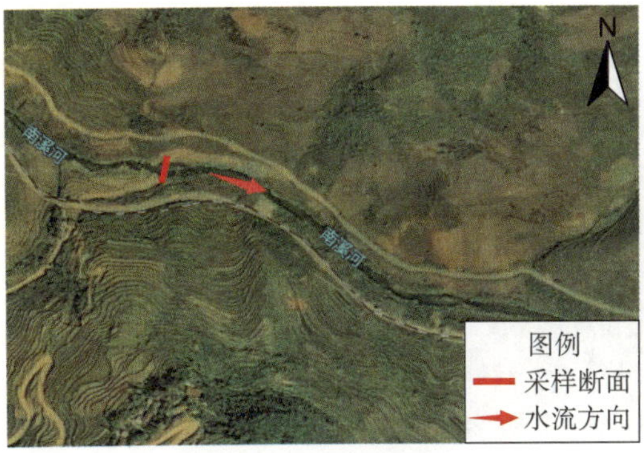

断面情况示意图

断面上游

断面下游

扯龙桥

控制属性： 省控

所属流域： 珠江流域

所在水体： 甸溪河

汇入水体： 南盘江

断面属性： 控制断面

断面类型： 河流

采样方式： 岸边采

河宽： 16 米

河深： 0.5 米

采样位置： E 103.4229°，N 24.3316°

采样断面位置描述： 位于弥勒县东风镇甸溪河与秀河线交叉处

所代表水功能区： 甸溪河泸西—弥勒保留区 / 白马河弥勒保留区 / 甸溪河泸西农业用水区 / 雨补水库弥勒农业、工业用水区

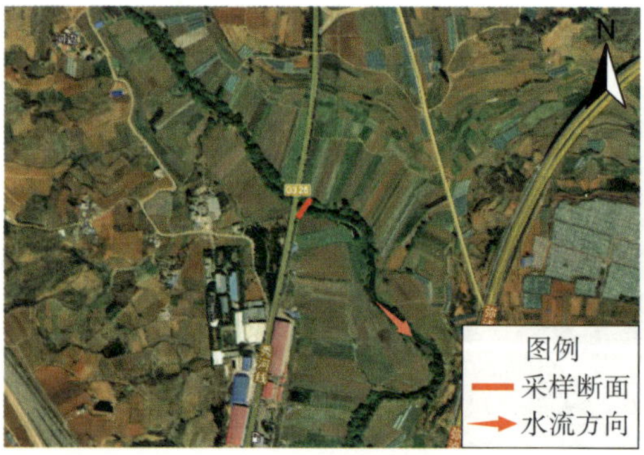

断面情况示意图

断面上游

断面下游

太平水库

控制属性： 省控

所属流域： 珠江流域

所在水体： 禹门河

汇入水体： 甸溪河

断面属性： 控制断面

断面类型： 湖库

采样方式： 岸边采

河宽： —

河深： —

采样位置： E 103.5351°，N 24.4508°

采样断面位置描述： 位于弥勒县弥阳镇新村东南方向 0.5 千米

所代表水功能区： 太平水库弥勒农业、渔业用水区

断面情况示意图

水面照片

反映采样位置的远景照片

新现河与蚂蚁河交汇处

控制属性： 省控

所属流域： 红河流域

所在水体： 新现河

汇入水体： 红河

断面属性： 控制断面

断面类型： 河流

采样方式： 岸边采

河宽： 2 米

河深： 0.12 米

采样位置： E 103.5939°，N 22.9332°

采样断面位置描述： 位于屏边县中岭岗村西北方向 10 千米

所代表水功能区： —

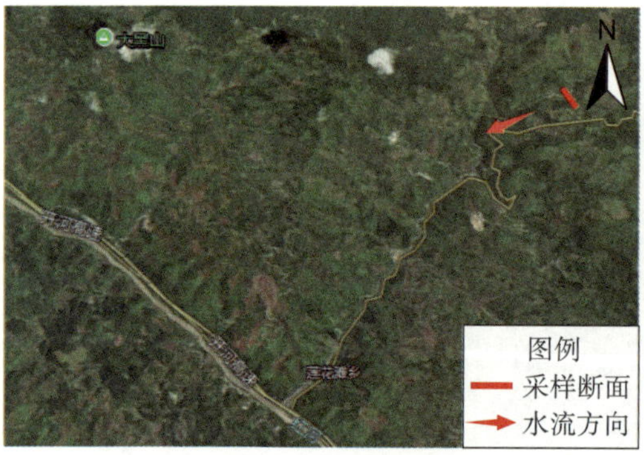

断面情况示意图

断面上游

断面下游

三岔河汇入处

控制属性： 省控

所属流域： 红河流域

所在水体： 三岔河

汇入水体： 南溪河

断面属性： 控制断面

断面类型： 河流

采样方式： 岸边采

河宽： 8 米

河深： —

采样位置： E 103.8638°，N 22.9126°

采样断面位置描述： 位于屏边县岔河村

所代表水功能区： —

断面情况示意图

断面上游

断面下游

异龙湖东

控制属性： 省控

所属流域： 珠江流域

所在水体： 异龙湖

汇入水体： 南盘江

断面属性： 控制断面

断面类型： 湖库

采样方式： 船上采

河宽： —

河深： 3.0 米

采样位置： E 102.6053°，N 23.6608°

采样断面位置描述： 位于石屏县坝心镇西北侧约 2 千米处

所代表水功能区： —

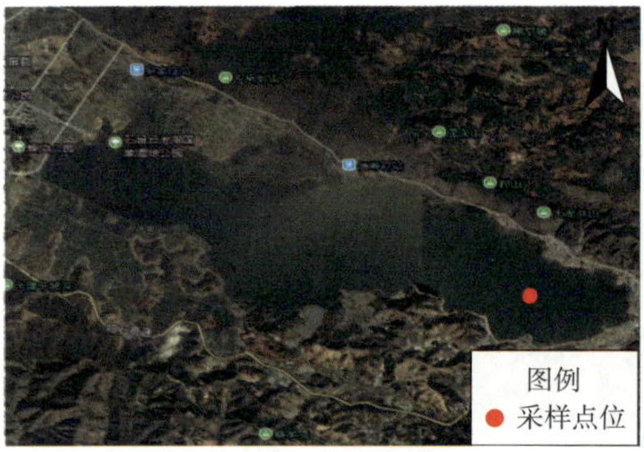

断面情况示意图

水面照片

反映采样位置的远景照片

异龙湖西

控制属性： 省控

所属流域： 珠江流域

所在水体： 异龙湖

汇入水体： 南盘江

断面属性： 控制断面

断面类型： 湖库

采样方式： 船上采

河宽： —

河深： 1.2 米

采样位置： E 102.5333°，N 23.6792°

采样断面位置描述： 位于石屏县罗色湾北侧约 500 米异龙湖湖面上

所代表水功能区： —

断面情况示意图

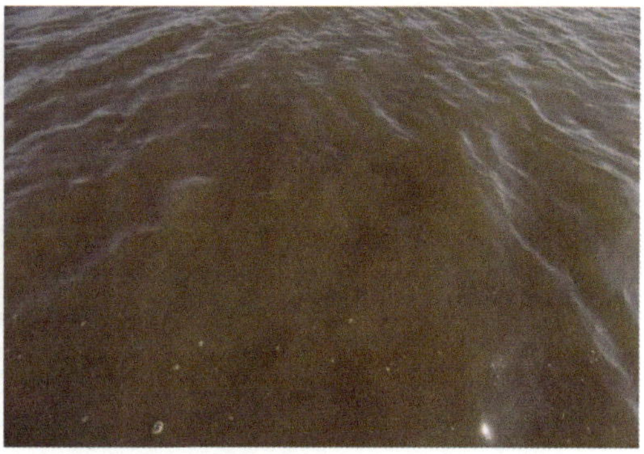

水面照片

反映采样位置的远景照片

2.8 文山壮族苗族自治州（27）

那全

控制属性：国控

所属流域：红河流域

所在水体：百南河

汇入水体：南利河

断面属性：省界（滇—桂）

断面类型：河流

断面位置及经纬度：位于广西壮族自治区百色市那坡县田弄线行驶 15 千米大约 100 米桥边，坐标：E 105.6155°，N 23.3175°。

断面二维码

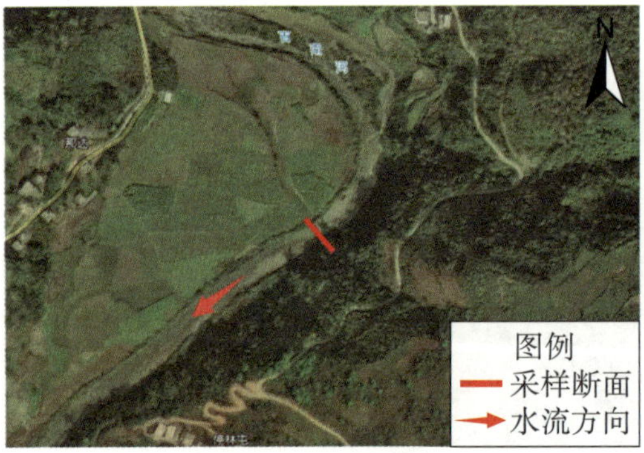

断面情况示意图

断面上游

断面下游

罗村口

控制属性： 国控

所属流域： 珠江流域

所在水体： 剥隘河

汇入水体： 右江

断面属性： 省界（滇—桂）

断面类型： 河流

断面位置及经纬度： 位于广西壮族自治区百色市右江区 G323（瑞临线）大罗北 240 米，坐标：E 106.1466°，N 23.9239°。

断面二维码

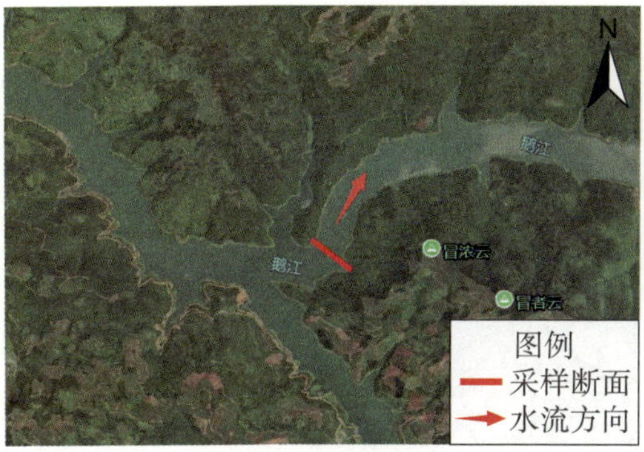

断面情况示意图

断面上游

断面下游

底先

控制属性： 国控

所属流域： 珠江流域

所在水体： 达良河

汇入水体： 驮娘江

断面属性： 省界（滇—桂）

断面类型： 河流

断面位置及经纬度： 位于广南县底先村村口，坐标：E 105.0111°，N 24.4227°。

断面二维码

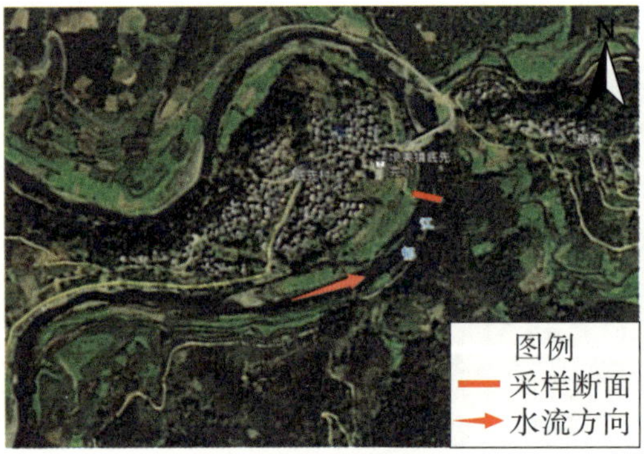

断面情况示意图

断面上游

断面下游

谷拉河大桥

控制属性： 国控

所属流域： 珠江流域

所在水体： 谷拉河

汇入水体： 剥隘河

断面属性： 省界（滇—桂）

断面类型： 河流

断面位置及经纬度： 位于富宁县剥隘镇标村，坐标：E 106.1522°，N 23.9080°。

断面二维码

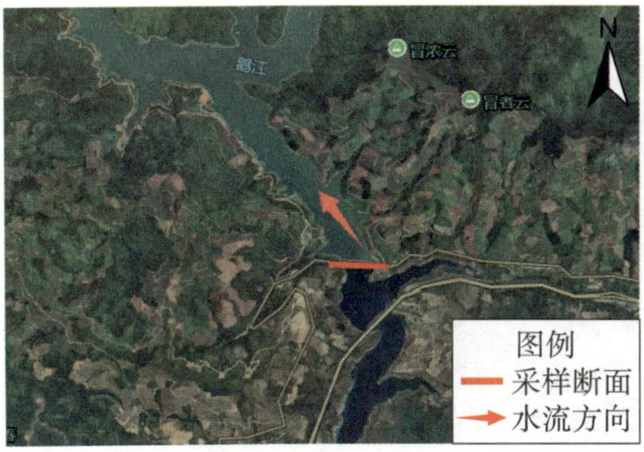

断面情况示意图

断面上游

自动监测站

断面下游

普者黑中部

控制属性： 国控

所属流域： 珠江流域

所在水体： 普者黑

汇入水体： 清水江

断面属性： 控制断面

断面类型： 湖库

断面二维码

断面位置及经纬度： 位于丘北县普者黑，坐标：E 104.1194°，N 24.1358°。

断面情况示意图

断面上游

断面下游

清水江小学

控制属性： 国控

所属流域： 珠江流域

所在水体： 清水江

汇入水体： 南盘江

断面属性： 控制断面

断面类型： 河流

断面位置及经纬度： 位于丘北县清水江小学上游 200 米处，桥上采样，坐标：E 104.5244°，N 24.2505°。

断面二维码

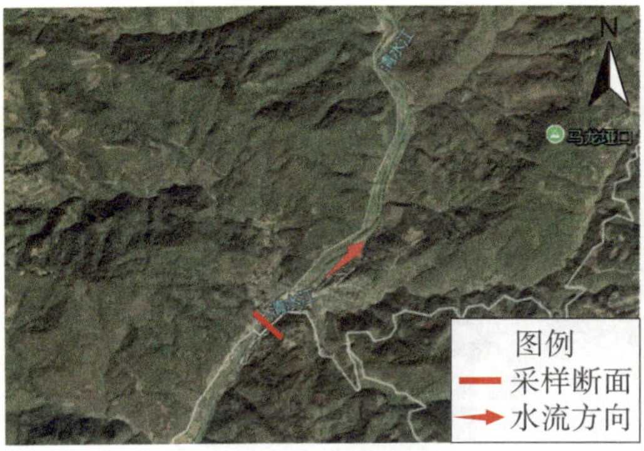

断面情况示意图

断面上游

断面下游

洞巴电站水库出口

控制属性：国控

所属流域：珠江流域

所在水体：西洋江

汇入水体：驮娘江

断面属性：省界（滇—桂）

断面类型：河流

断面位置及经纬度：位于广西壮族自治区百色市田林县，坐标：E 105.6578°，N 24.1122°。

断面二维码

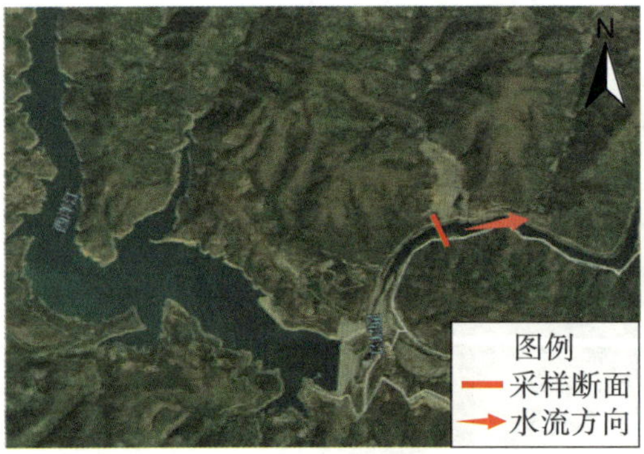

断面情况示意图

断面上游

断面下游

八布桥

控制属性： 国控

所属流域： 红河流域

所在水体： 八布河

汇入水体： 盘龙河（泸江）

断面属性： 国界（中—越）

断面类型： 河流

断面二维码

断面位置及经纬度： 位于麻栗坡县八布桥，坐标：E 104.8942°，N 23.2294°。

断面情况示意图

断面上游

断面下游

南利大桥

控制属性： 国控

所属流域： 红河流域

所在水体： 南利河

汇入水体： 盘龙河（泸江）

断面属性： 国界（中—越）

断面类型： 河流

断面位置及经纬度： 位于麻栗坡县南利大桥，坐标：E 105.2574°，N 23.4374°。

断面二维码

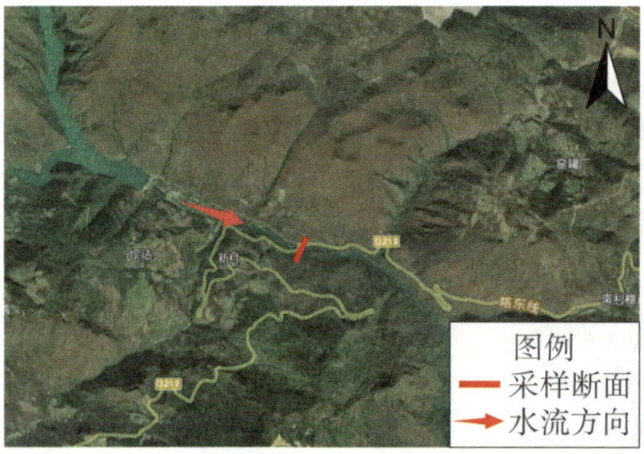

断面情况示意图

断面上游

自动监测站

断面下游

天保农场

控制属性： 国控

所属流域： 红河流域

所在水体： 盘龙河

汇入水体： 红河

断面属性： 国界（中—越）

断面类型： 河流

断面位置及经纬度： 位于麻栗坡县天保农场，坐标：E 104.8411°，N 22.9453°。

断面二维码

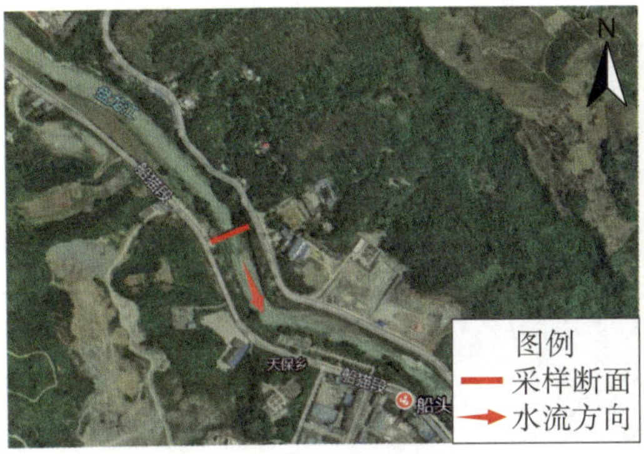

断面情况示意图

断面上游

自动监测站

断面下游

灰土寨

控制属性： 国控

所属流域： 红河流域

所在水体： 盘龙河

汇入水体： 红河

断面属性： 控制断面

断面类型： 河流

断面位置及经纬度： 位于文山市灰土寨，坐标：E 104.1951°，N 23.4025°。

断面二维码

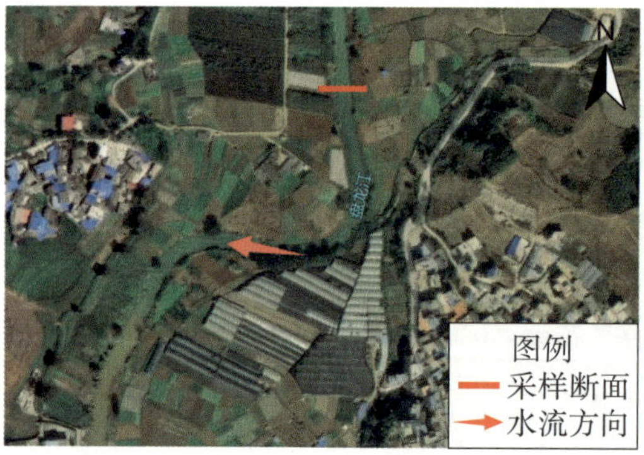

断面情况示意图

断面上游

断面下游

三一电站

控制属性： 国控

所属流域： 红河流域

所在水体： 响水河

汇入水体： 斋河

断面属性： 国界（中—越）

断面类型： 河流

断面位置及经纬度： 位于马关县三一电站，坐标：E 104.3578°，N 22.9357°。

断面二维码

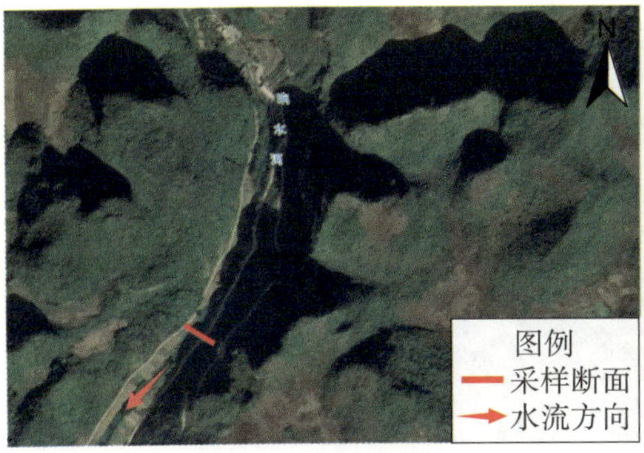

断面情况示意图

断面上游

断面下游

板蚌乡政府

控制属性： 省控

所属流域： 珠江流域

所在水体： 西洋江

汇入水体： 驮娘江

断面属性： 省界（滇—桂）

断面类型： 河流

采样方式： 桥上采

河宽： 37.4 米

河深： 0.8 米

采样位置： E 105.4732°，N 23.9180°

采样断面位置描述： 位于广南县板蚌乡政府预应力空心板桥处

所代表水功能区： —

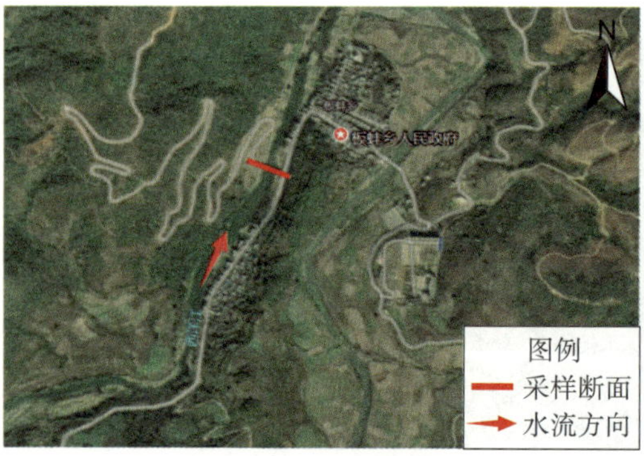

断面情况示意图

断面上游

断面下游

下福田

控制属性： 省控

所属流域： 红河流域

所在水体： 畴阳河

汇入水体： 盘龙河

断面属性： 控制断面

断面类型： 河流

采样方式： 桥上采

河宽： 15.2 米

河深： 0.5 米

采样位置： E 104.7342°，N 23.0222°

采样断面位置描述： 位于麻栗坡县下福田村环湖公路过河桥

所代表水功能区： 畴阳河麻栗坡保留区

断面情况示意图

断面上游

断面下游

大岩矸石拱桥

控制属性： 省控

所属流域： 红河流域

所在水体： 畴阳河

汇入水体： 盘龙河

断面属性： 控制断面

断面类型： 河流

采样方式： 桥上采

河宽： 12.0 米

河深： 1.3 米

采样位置： E 104.7270°，N 23.0634°

采样断面位置描述： 位于麻栗坡县畴阳河大岩矸石拱桥处

所代表水功能区： 畴阳河西畴—麻栗坡农业、工业用水区

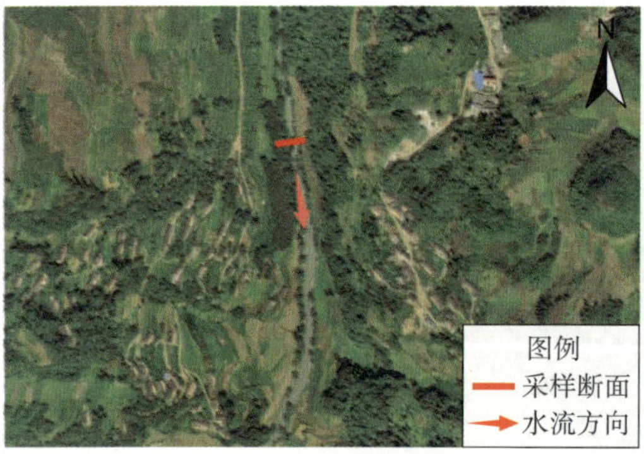

断面情况示意图

断面上游

断面下游

172 号界碑上游

控制属性： 省控

所属流域： 红河流域

所在水体： 小白河

汇入水体： 斋河

断面属性： 国界（中—越）

断面类型： 河流

采样方式： 桥上采

河宽： 10.7 米

河深： 0.5 米

采样位置： E 104.3567°，N 22.7200°

采样断面位置描述： 位于马关县金厂镇 172 号界碑上游 1.7 千米的过河桥处

所代表水功能区： —

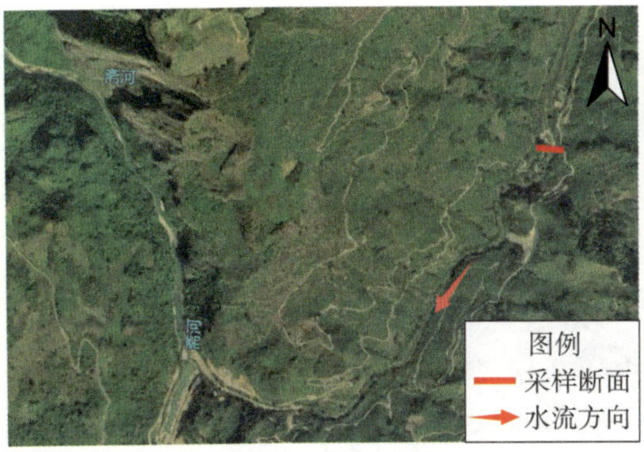

断面情况示意图

断面上游

断面下游

南北村

控制属性： 省控

所属流域： 红河流域

所在水体： 南北河

汇入水体： 斋河

断面属性： 国界（中—越）

断面类型： 河流

采样方式： 桥上采

河宽： 12 米

河深： 0.5 米

采样位置： E 104.5894°，N 22.8539°

采样断面位置描述： 位于马关县都龙镇 222 号界碑上游 100 米过河桥处

所代表水功能区： —

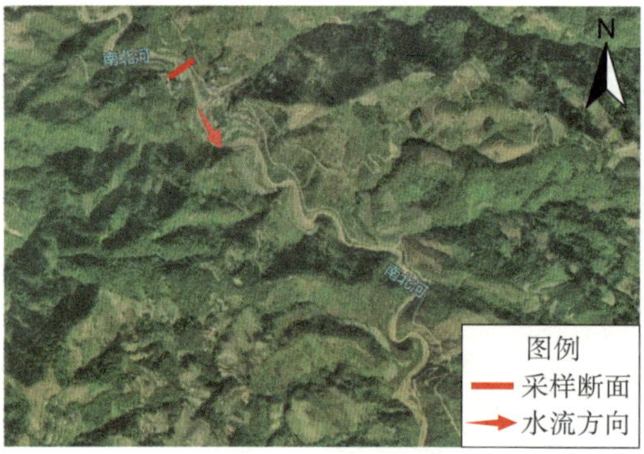

断面情况示意图

断面上游

断面下游

拉气老渡口

控制属性：省控

所属流域：红河流域

所在水体：斋河

汇入水体：盘龙河

断面属性：国界（中—越）

断面类型：河流

采样方式：岸边采

河宽：42.5 米

河深：1.5 米

采样位置：E 104.2875°，N 24.7381°

采样断面位置描述：位于马关县小坝子镇西南偏南 7.5 千米的小坝子黑河渡口

所代表水功能区：斋河马关保留区

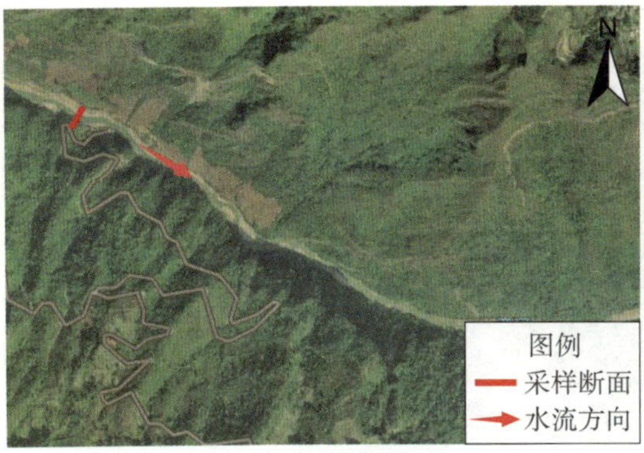

断面情况示意图

断面上游

断面下游

迷福河桥

控制属性： 省控

所属流域： 红河流域

所在水体： 迷福河

汇入水体： 斋河

断面属性： 市界（文山州—红河州）

断面类型： 河流

采样方式： 桥上采

河宽： 20.0 米

河深： 0.5 米

采样位置： E 104.2785°，N 24.8400°

采样断面位置描述： 位于马关县小坝镇西北方 4.5 千米的迷福河桥

所代表水功能区： 迷福河马关保留区

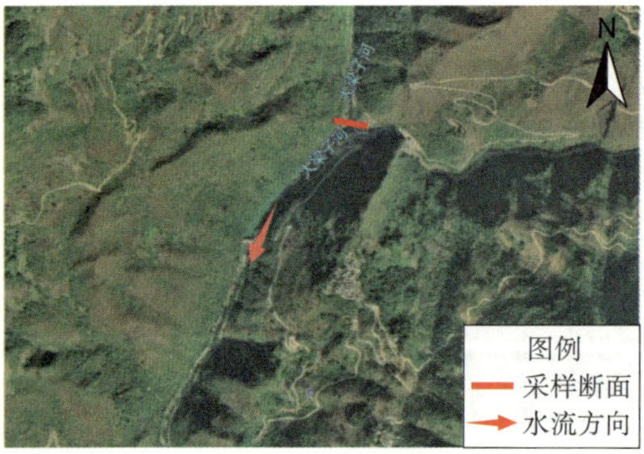

断面情况示意图

断面上游

断面下游

丘北县红旗水库

控制属性： 省控

所属流域： 珠江流域

所在水体： 丘北县红旗水库

汇入水体： 清水江

断面属性： 控制断面

断面类型： 湖库

采样方式： 桥上采

河宽： —

河深： —

采样位置： E 103.9983°，N 24.1433°

采样断面位置描述： 位于丘北县红旗水库取水口

所代表水功能区： 红旗水库丘北饮用、农业用水区

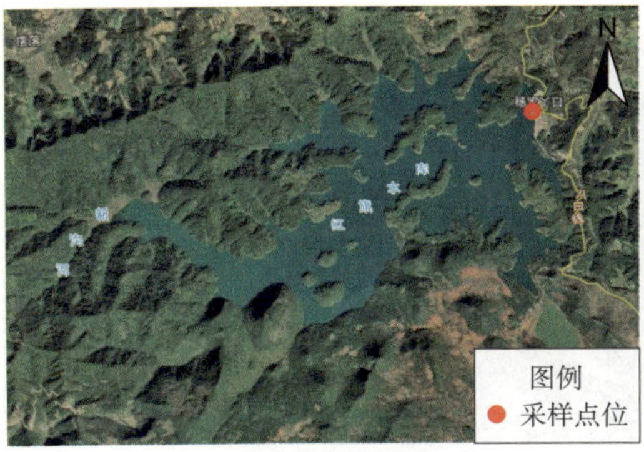

断面情况示意图

水面照片

反映采样位置的远景照片

为民桥

控制属性：省控

所属流域：珠江流域

所在水体：清水河

汇入水体：清水江

断面属性：县界（丘北县—广南县）

断面类型：河流

采样方式：桥上采

河宽：21.0 米

河深：0.35 米

采样位置：E 104.3574°，N 24.0525°

采样断面位置描述：位于丘北县纳塞村西北面 H80 县道为民桥

所代表水功能区：清水河丘北保留区

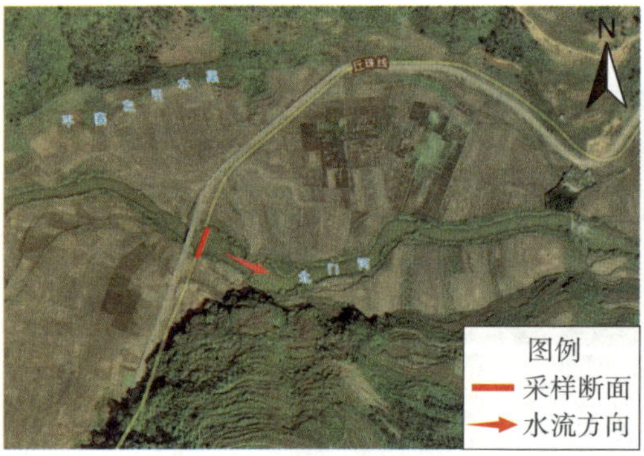

断面情况示意图

断面上游

断面下游

邑木得桥

控制属性： 省控

所属流域： 红河流域

所在水体： 盘龙河

汇入水体： 红河

断面属性： 控制断面

断面类型： 河流

采样方式： 桥上采

河宽： 10.5 米

河深： 0.5 米

采样位置： E 104.0586°，N 23.5286°

采样断面位置描述： 位于文山市马塘镇邑木得村入村口新桥处

所代表水功能区： —

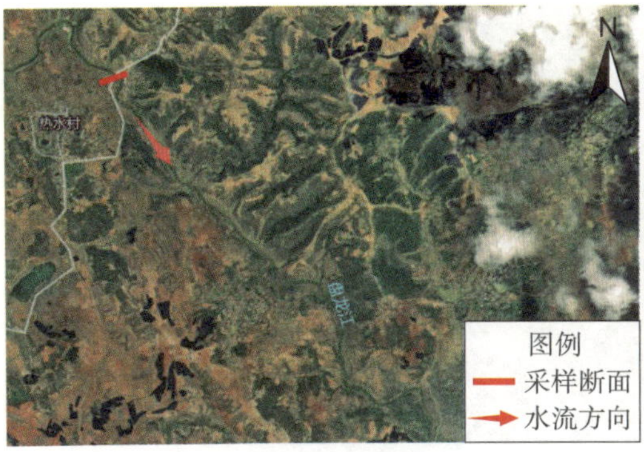

断面情况示意图

断面上游

断面下游

东方红电站

控制属性：省控

所属流域：红河流域

所在水体：盘龙河

汇入水体：红河

断面属性：控制断面

断面类型：河流

采样方式：岸边采

河宽：25.0 米

河深：10.0 米

采样位置：E 104.3590°，N 24.2675°

采样断面位置描述：位于文山市东方红一级电站尾水排口

所代表水功能区：—

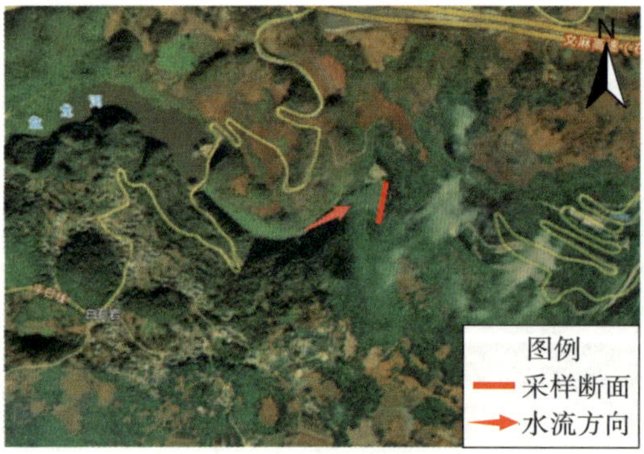

断面情况示意图

断面上游

断面下游

暮底河水库

控制属性： 省控

所属流域： 红河流域

所在水体： 暮底河水库

汇入水体： 盘龙河

断面属性： 控制断面

断面类型： 湖库

采样方式： 船上采

河宽： —

河深： —

采样位置： E 104.1534°，N 23.4057°

采样断面位置描述： 位于文山市暮底河水库取水口西面 80 米处

所代表水功能区： 暮底河水库文山饮用、农业用水区

断面情况示意图

水面照片

反映采样位置的远景照片

老鸡街

控制属性： 省控

所属流域： 红河流域

所在水体： 鸡街河

汇入水体： 南利河

断面属性： 县界（西畴县—广南县）

断面类型： 河流

采样方式： 桥上采

河宽： 18.3 米

河深： 0.5 米

采样位置： E 104.8103°，N 23.5233°

采样断面位置描述： 位于西畴县鸡街乡高家寨村委会星星村连心桥处

所代表水功能区： —

断面情况示意图

断面上游

断面下游

杀鸡场

控制属性： 省控

所属流域： 红河流域

所在水体： 畴阳河

汇入水体： 盘龙河

断面属性： 控制断面

断面类型： 河流

采样方式： 桥上采

河宽： 8.4 米

河深： 0.6 米

采样位置： E 104.6031°，N 23.2813°

采样断面位置描述： 位于西畴县杀鸡场村下游 1 千米便民桥处

所代表水功能区： 畴阳河西畴源头水保护区

断面情况示意图

断面上游

断面下游

回龙水库

控制属性： 省控

所属流域： 珠江流域

所在水体： 回龙水库

汇入水体： 清水江

断面属性： 控制断面

断面类型： 湖库

采样方式： 船上采

河宽： —

河深： —

采样位置： E 104.3114°，N 23.6001°

采样断面位置描述： 位于砚山县回龙水库取水口西南面 50 米

所代表水功能区： —

断面情况示意图

水面照片

反映采样位置的远景照片

2.9 普洱市（32）

泗南江

控制属性： 国控

所属流域： 红河流域

所在水体： 阿墨江

汇入水体： 李仙江（黑水河）

断面属性： 控制断面

断面类型： 河流

断面位置及经纬度： 位于墨江县泗南江镇南 6 千米，坐标：E 101.7768°，N 23.0705°。

断面二维码

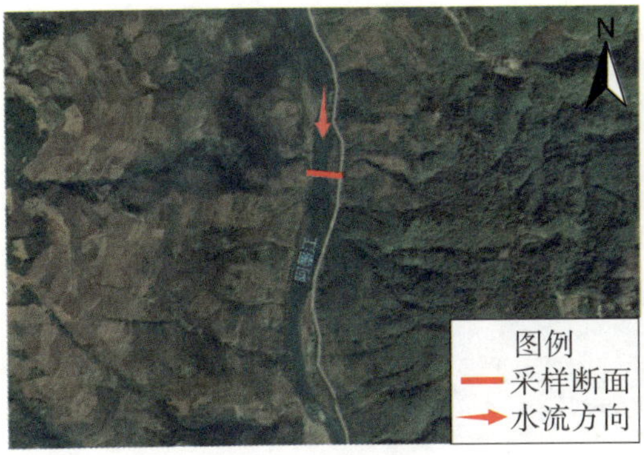

断面情况示意图

断面上游

断面下游

曼中田

控制属性： 国控

所属流域： 澜沧江流域

所在水体： 补远江

汇入水体： 澜沧江

断面属性： 控制断面

断面类型： 河流

断面位置及经纬度： 位于思茅区曼中田村村口处，坐标：E 101.3601°，N 22.6895°。

断面二维码

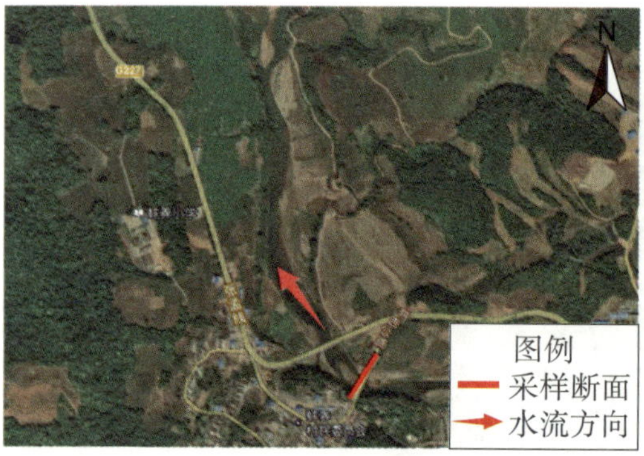

断面情况示意图

断面上游

断面下游

黑河糖厂桥

控制属性：国控

所属流域：澜沧江流域

所在水体：黑河

汇入水体：澜沧江

断面属性：控制断面

断面类型：河流

断面二维码

断面位置及经纬度：位于澜沧县澜沧黑河花鹏食宿店旁，坐标：E 100.1261°，N 22.6437°。

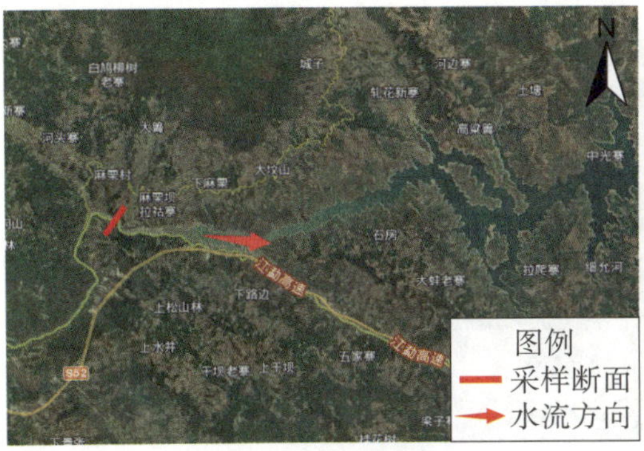

断面情况示意图

断面上游

断面下游

思茅港

控制属性：国控

所属流域：澜沧江流域

所在水体：澜沧江

汇入水体：南海

断面属性：控制断面

断面类型：河流

断面位置及经纬度：位于思茅区思茅港镇到思茅港港口，步行十几分钟即可到达断面，坐标：E 100.5794°，N 22.4999°。

断面二维码

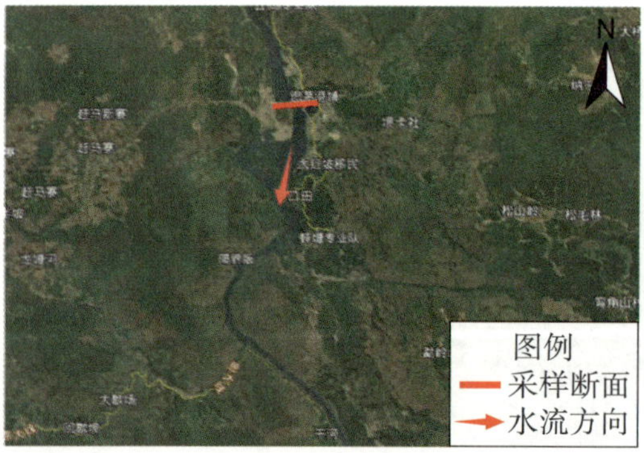

断面情况示意图

断面上游

自动监测站

断面下游

土卡河水文站

控制属性： 国控

所属流域： 红河流域

所在水体： 李仙江

汇入水体： 红河

断面属性： 控制断面

断面类型： 河流

断面位置及经纬度： 位于江城县土卡河村土卡河水文站，坐标：E 102.2925°，N 22.5925°。

断面二维码

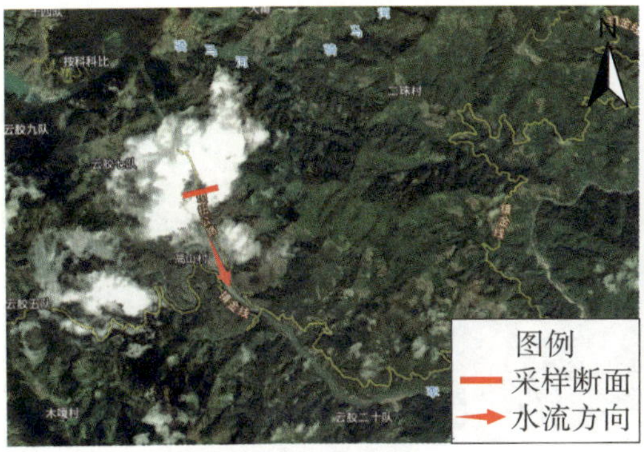

断面情况示意图

断面上游

自动监测站

断面下游

新会（文会）

控制属性： 国控

所属流域： 红河流域

所在水体： 李仙江

汇入水体： 红河

断面属性： 控制断面

断面类型： 河流

断面二维码

断面位置及经纬度： 位于景东县新会村北向 1 千米，坐标：E 101.0495°，N 24.1208°。

断面情况示意图

断面上游

断面下游

南康河水文站

控制属性： 国控

所属流域： 怒江流域

所在水体： 南康河

汇入水体： 南卡江

断面属性： 控制断面

断面类型： 河流

断面二维码

断面位置及经纬度： 位于西盟县南康河水文站，坐标：E 99.5106°，N 22.6989°。

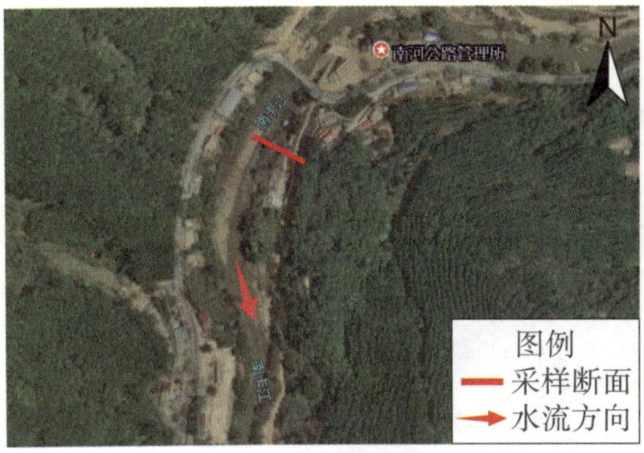

断面情况示意图

断面上游

断面下游

芒东桥

控制属性： 国控

所属流域： 澜沧江流域

所在水体： 南拉河

汇入水体： 南垒河

断面属性： 控制断面

断面类型： 河流

断面二维码

断面位置及经纬度： 位于澜沧县孟拉村，三岔路口右侧道路往前 20 米处，坐标：E 99.8923°，N 22.5094°。

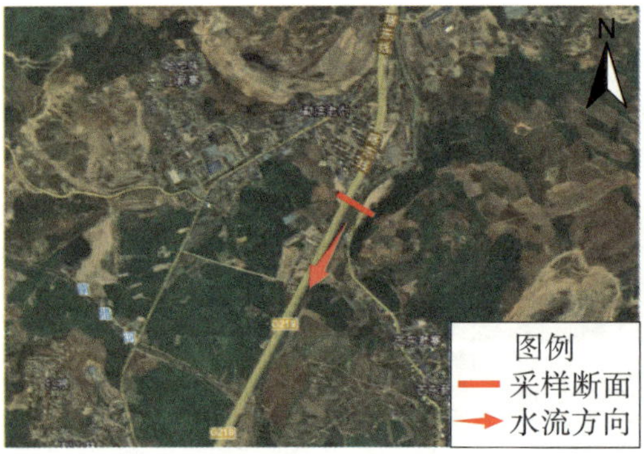

断面情况示意图

断面上游

自动监测站

断面下游

红星桥

控制属性： 国控

所属流域： 澜沧江流域

所在水体： 南垒河

汇入水体： 澜沧江

断面属性： 国界（中—缅）

断面类型： 河流

断面位置及经纬度： 位于孟连县红星桥，坐标：E 99.5712°，N 22.2520°。

断面二维码

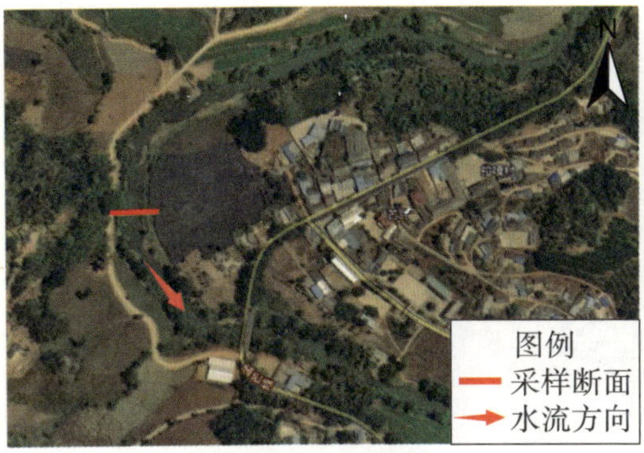

断面情况示意图

断面上游

断面下游

孟拉桥

控制属性：国控

所属流域：怒江流域

所在水体：南马河

汇入水体：南卡江

断面属性：国界（中—缅）

断面类型：河流

断面位置及经纬度：位于孟连县勐啊村，坐标：E 99.2065°，N 22.1825°。

断面二维码

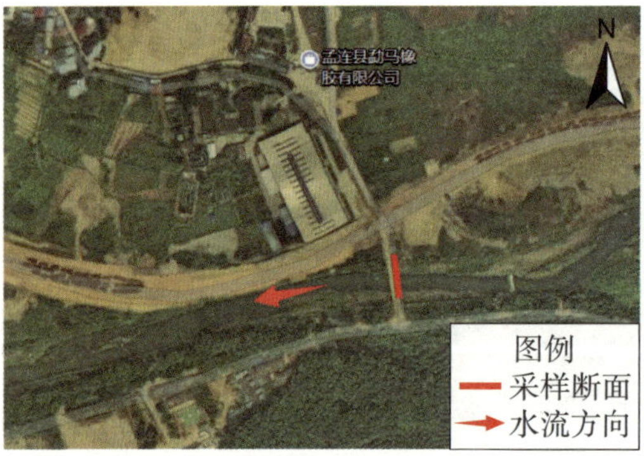

断面情况示意图

断面上游

自动监测站

断面下游

漫海

控制属性： 国控

所属流域： 澜沧江流域

所在水体： 普洱大河

汇入水体： 威远江

断面属性： 控制断面

断面类型： 河流

断面位置及经纬度： 位于宁洱县到达回龙寨，穿过寨子沿小路行驶约 500 米，左侧铁索桥处，坐标：E 100.9317°，N 22.9543°。

断面二维码

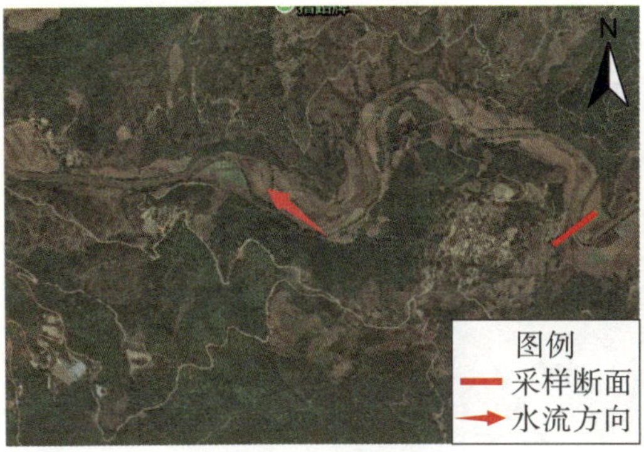

断面情况示意图

断面上游

断面下游

莲花乡

控制属性： 国控

所属流域： 澜沧江流域

所在水体： 思茅河

汇入水体： 普洱大河

断面属性： 控制断面

断面类型： 河流

断面位置及经纬度： 位于思茅区莲花村东南向 400 米水站旁，坐标：E 100.9449°，N 22.8728°。

断面二维码

断面情况示意图

断面上游

自动监测站

断面下游

信房水库

控制属性： 国控

所属流域： 澜沧江流域

所在水体： 思茅河

汇入水体： 普洱大河

断面属性： 控制断面

断面类型： 河流

断面位置及经纬度： 位于思茅区信房水库工程管理局，乘船即可到达采样点，坐标：E 100.9568°，N 22.7228°。

断面二维码

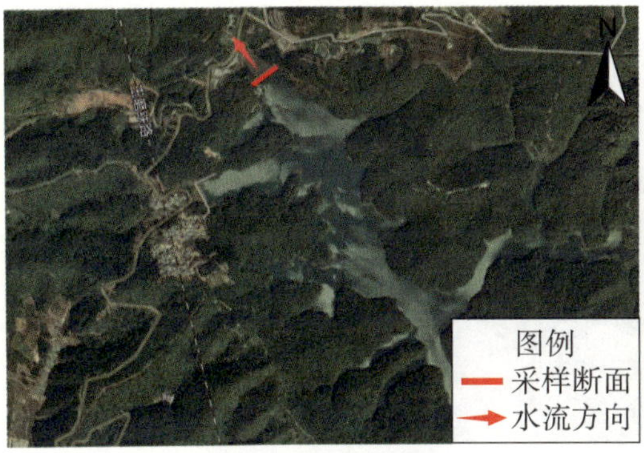

断面情况示意图

断面上游

断面下游

储木场

控制属性： 国控

所属流域： 澜沧江流域

所在水体： 威远江

汇入水体： 澜沧江

断面属性： 控制断面

断面类型： 河流

断面位置及经纬度： 位于景谷县芒稳西向 2 千米，坐标：E 100.5347°，N 23.3438°。

断面二维码

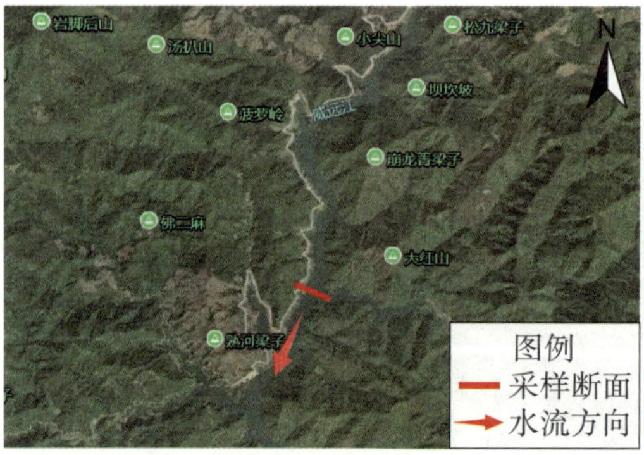

断面情况示意图

断面上游

自动监测站

断面下游

1号桥

控制属性： 国控

所属流域： 澜沧江流域

所在水体： 小黑江

汇入水体： 威远江

断面属性： 控制断面

断面类型： 河流

断面位置及经纬度： 位于宁洱县小黑江森林公园森林公安旁，坐标：E 100.9209°，N 23.2065°。

断面二维码

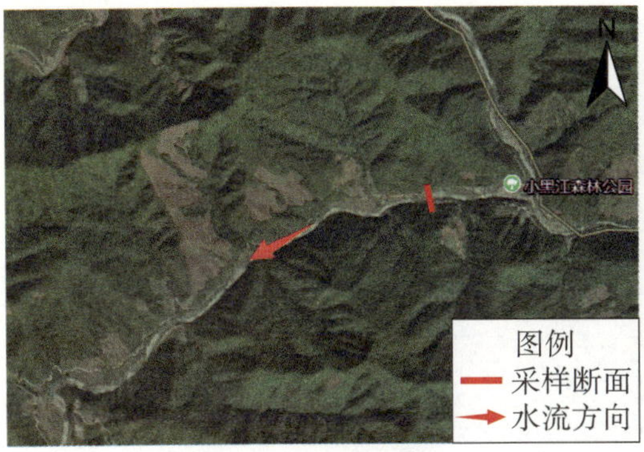

断面情况示意图

断面上游

断面下游

大中河水库

控制属性： 国控

所属流域： 澜沧江流域

所在水体： 大中河水库

汇入水体： 澜沧江

断面属性： 市界（西双版纳州、普洱市）

断面类型： 湖库

断面二维码

断面位置及经纬度： 位于思茅区六顺乡，往大中河村方向走，即可到达采样位置，坐标：E 100.7525°，N 22.5677°。

断面情况示意图

断面上游

断面下游

水城

控制属性： 省控

所属流域： 红河流域

所在水体： 勐野江

汇入水体： 李仙江

断面属性： 控制断面

断面类型： 河流

采样方式： 岸边采

河宽： 约 80 米

河深： 平均 1 米

采样位置： E 101.6467°，N 22.6878°

采样断面位置描述： 位于江城县宝藏镇水城村家脚

所代表水功能区： 勐野江江城—宁洱保留区

断面情况示意图

断面上游

断面下游

景东水文站

控制属性： 省控

所属流域： 红河流域

所在水体： 李仙江

汇入河流： 红河

断面属性： 控制断面

断面类型： 河流

采样方式： 岸边采

河宽： 60 米

河深： 3 米

采样位置： E 100.8377°，N 24.4571°

采样断面位置描述： 位于景东县锦屏镇景川路村景东水文站

所代表水功能区： —

断面情况示意图

断面上游

断面下游

波云河口

控制属性： 省控

所属流域： 澜沧江流域

所在水体： 小黑江

汇入水体： 威远江

断面属性： 控制断面

断面类型： 河流

采样方式： 船上采

河宽： 约 40 米

河深： 0.5 米

采样位置： E 100.9101°，N 23.2321°

采样断面位置描述： 位于景谷县河口

所代表水功能区： —

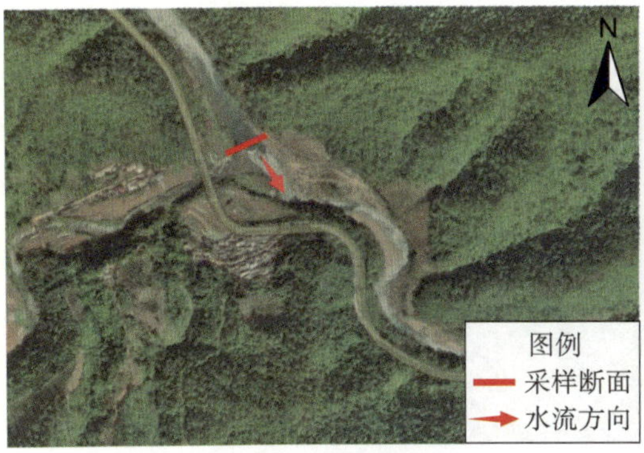

断面情况示意图

断面上游

断面下游

小黑江汇口

控制属性： 省控

所属流域： 澜沧江流域

所在水体： 威远江

汇入水体： 澜沧江

断面属性： 控制断面

断面类型： 河流

采样方式： 船上采

河宽： 约 450 米

河深： 约 78 米

采样位置： E 100.6469°，N 23.0372°

采样断面位置描述： 位于思茅区云仙乡西北方向 19 千米

所代表水功能区： 威远江景谷保护区

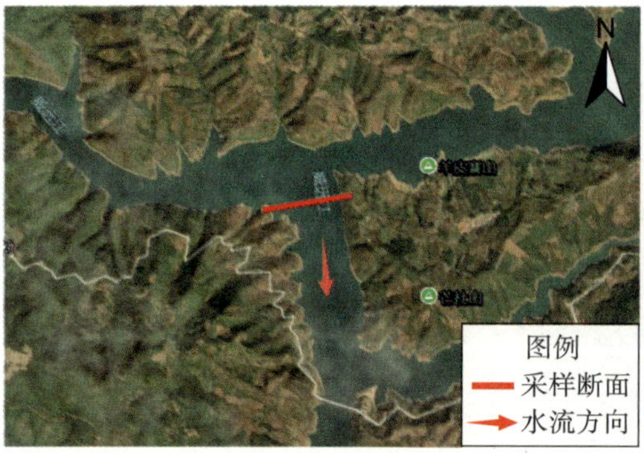

断面情况示意图

断面上游

断面下游

碧云大桥

控制属性： 省控

所属流域： 澜沧江流域

所在水体： 威远江

汇入水体： 澜沧江

断面属性： 控制断面

断面类型： 河流

采样方式： 船上采

河宽： 约 450 米

河深： 78 米

采样位置： E 100.6513°，N 23.0157°

采样断面位置描述： 位于思茅区云仙乡西北方向 22 千米

所代表水功能区： 威远江景谷—思茅保留区

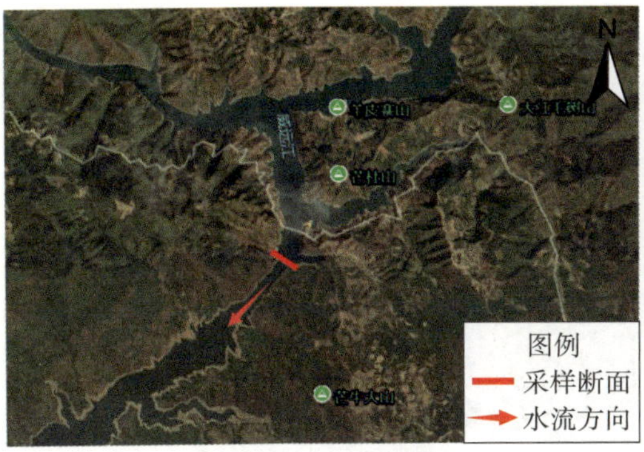

断面情况示意图

断面上游

断面下游

赛罕桥

控制属性：省控

所属流域：澜沧江流域

所在水体：黑河

汇入水体：澜沧江

断面类型：河流

断面属性：控制断面

采样方式：桥上采

河宽：约 20 米

河深：枯水期约 80 厘米；丰水期约 4 米

采样位置：E 99.7913°，N 22.8399°

采样断面位置描述：位于澜沧县竹塘乡 214 国道富邦赛罕村岔口约 2 千米（竹塘方向）

所代表水功能区：—

断面情况示意图

断面上游

断面下游

三江口电站下方约 500 米

控制属性： 省控

所属流域： 红河流域

所在水体： 阿墨江

汇入河流： 李仙江

断面属性： 控制断面

断面类型： 河流

采样方式： 岸边采

河宽： 75 米

河深： 1～3 米（三江口电站出水口下游）

采样位置： E 101.7517°，N 23.1158°

采样断面位置描述： 位于墨江县泗南江镇阿墨江与泗南江交汇处下方约 30 米处

所代表水功能区： —

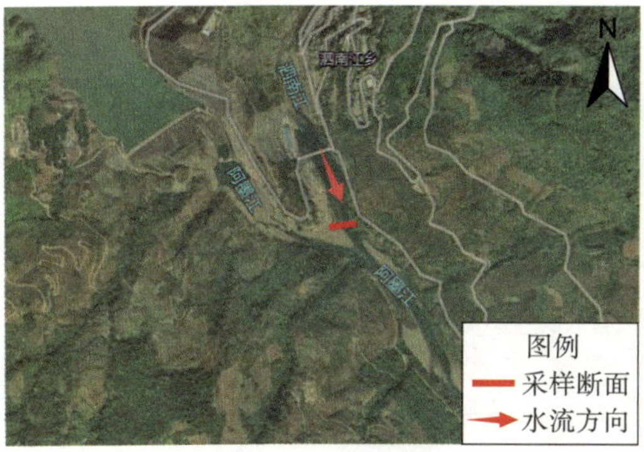

断面情况示意图

断面上游

断面下游

忠爱桥

控制属性： 省控

所属流域： 红河流域

所在水体： 阿墨江

汇入河流： 李仙江

断面属性： 控制断面

断面类型： 河流

采样方式： 岸边采

河宽： 75 米

河深： 3～5 米（普西桥电站上游淹没区）

采样位置： E 101.4983°，N 23.3656°

采样断面位置描述： 位于墨江县通关镇忠爱桥老桥上游 4.5 千米处

所代表水功能区： —

断面情况示意图

断面上游

断面下游

把边

控制属性： 省控

所属流域： 红河流域

所在水体： 李仙江

汇入水体： 红河

断面属性： 控制断面

断面类型： 河流

采样方式： 岸边采

河宽： 35 米

河深： 1.7 米

采样位置： E 101.2572°，N 23.2567°

采样断面位置描述： 位于宁洱县把边村东北方向 1.5 千米（把边水站）

所代表水功能区： —

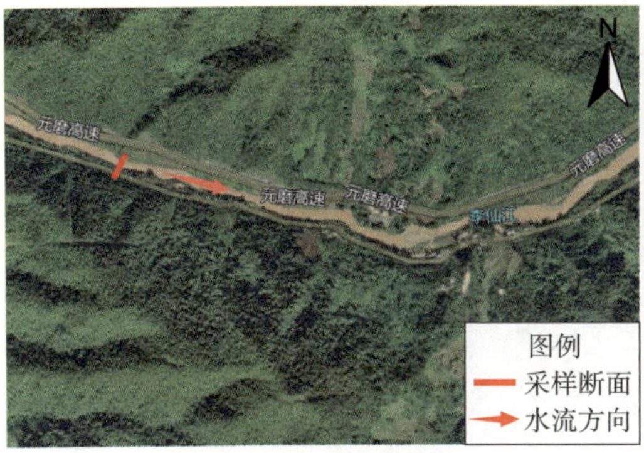

断面情况示意图

断面上游

断面下游

洗马河水库

控制属性： 省控

所属流域： 澜沧江流域

所在水体： 洗马河水库

汇入水体： 思茅河

断面属性： 控制断面

断面类型： 湖库

采样方式： 船上采

河宽： —

河深： —

采样位置： E 100.9850°，N 22.7872°

采样断面位置描述： 位于思茅区普洱大道与洗马河路交叉口东南 50 米

所代表水功能区： —

断面情况示意图

水面照片

反映采样位置的远景照片

纳贺水库

控制属性： 省控

所属流域： 澜沧江流域

所在水体： 纳贺水库

汇入水体： 思茅河

断面属性： 控制断面

断面类型： 湖库

采样方式： 船上采

河宽： —

河深： —

采样位置： E 100.9619°，N 22.8475°

采样断面位置描述： 位于思茅区纳贺水库

所代表水功能区： 纳贺水库思茅饮用水源区

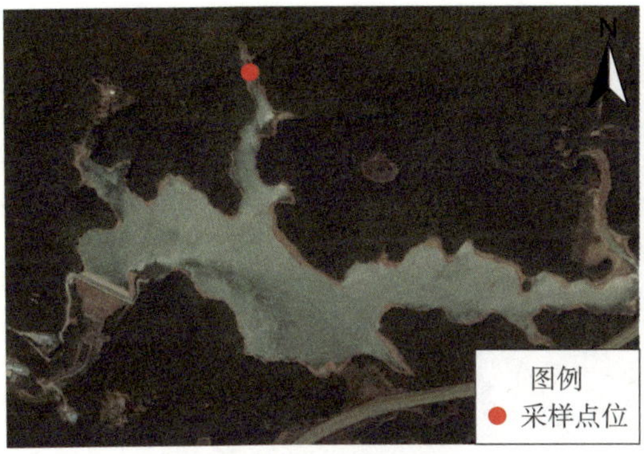

断面情况示意图

水面照片

反映采样位置的远景照片

木乃河水库

控制属性： 省控

所属流域： 澜沧江流域

所在水体： 木乃河水库

汇入水体： 补远江

断面属性： 控制断面

断面类型： 湖库

采样方式： 岸上采

河宽： —

河深： —

采样位置： E 100.8881°，N 22.8028°

采样断面位置描述： 位于思茅区木乃河工业园区西北方向 2.7 千米

所代表水功能区： —

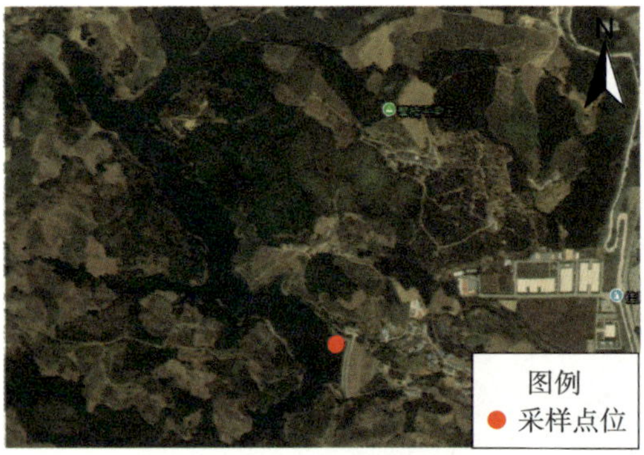

断面情况示意图

水面照片

反映采样位置的远景照片

箐门口水库

控制属性： 省控

所属流域： 澜沧江流域

所在水体： 箐门口水库

汇入水体： 曼老江

断面属性： 控制断面

断面类型： 湖库

采样方式： 船上采

河宽： —

河深： —

采样位置： E 101.0498°，N 22.8289°

采样断面位置描述： 位于思茅区箐门口水库

所代表水功能区： 箐门口水库思茅饮用、工业用水区

断面情况示意图

水面照片

反映采样位置的远景照片

三河水电站（取水坝）

控制属性：省控

所属流域：怒江流域

所在水体：库杏河

汇入水体：南康河

断面属性：控制断面

断面类型：河流

采样方式：桥上采

河宽：约 20 米

河深：枯水期约 80 厘米；丰水期约 3 米

采样位置：E 99.5872°，N 22.6900°

采样断面位置描述：位于西盟县勐梭镇里拉村库杏河三河水电站取水坝

所代表水功能区：—

断面情况示意图

断面上游

断面下游

河西小学

控制属性： 省控

所属流域： 红河流域

所在水体： 李仙江

汇入水体： 红河

断面属性： 县界（镇沅县—宁洱县）

断面类型： 河流

采样方式： 岸边采

河宽： 约 20 米

河深： 约 0.6 米

采样位置： E 101.1753°，N 23.6092°

采样断面位置描述： 位于镇沅县古城镇河西村河西小学

所代表水功能区： —

断面情况示意图

断面上游

断面下游

勐统河大桥

控制属性：省控

所属流域：澜沧江流域

所在水体：威远江

汇入水体：澜沧江

断面属性：县界（镇沅县—景谷县）

断面类型：河流

采样方式：岸边采

河宽：约 15 米

河深：平均约 1 米

采样位置：E 100.8097°，N 24.0347°

采样断面位置描述：位于镇沅县勐大镇勐统村东边大桥

所代表水功能区：威远江镇沅—景谷保留区

断面情况示意图

断面上游

断面下游

2.10 西双版纳傣族自治州（13）

勐仑大桥

控制属性： 国控

所属流域： 澜沧江流域

所在水体： 补远江

汇入水体： 澜沧江

断面属性： 控制断面

断面类型： 河流

断面位置及经纬度： 位于勐腊县勐仑镇，沿 213 国道往勐仑植物园方向步行十几分钟即可到达断面，坐标：E 101.2786°，N 21.9220°。

断面二维码

断面情况示意图

断面上游

自动监测站

断面下游

州水文站

控制属性： 国控

所属流域： 澜沧江流域

所在水体： 澜沧江

汇入水体： 南海

断面属性： 控制断面

断面类型： 河流

断面位置及经纬度： 位于景洪市澜沧江大桥上游500米，坐标：E 100.7929°，N 22.0269°。

断面二维码

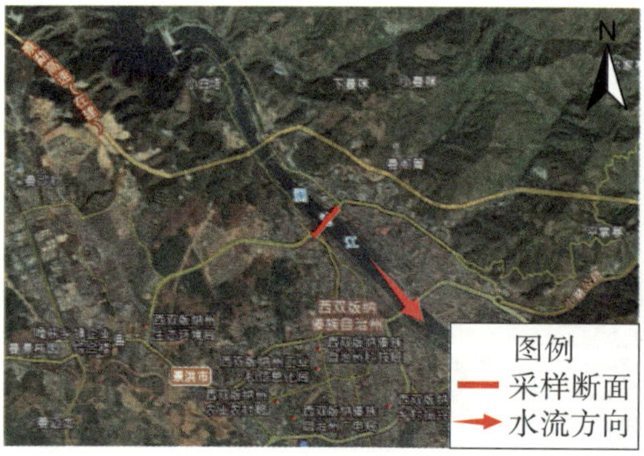

断面情况示意图

断面上游

断面下游

勐罕渡口

控制属性：国控

所属流域：澜沧江流域

所在水体：澜沧江

汇入水体：南海

断面属性：控制断面

断面类型：河流

断面位置及经纬度：位于景洪市勐罕镇，在021和022乡道交叉口向西南方向走230米即可到达采样位置，坐标：E 100.9229°，N 21.8514°。

断面二维码

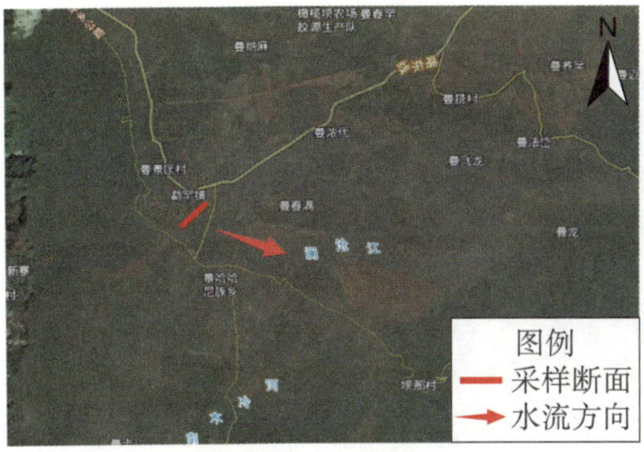

断面情况示意图

断面上游

断面下游

关累码头

控制属性：国控

所属流域：澜沧江流域

所在水体：澜沧江

汇入水体：南海

断面属性：国界（中—缅）

断面类型：河流

断面位置及经纬度：位于勐腊县关累码头，坐标：E 101.1328°，N 21.6778°。

断面二维码

断面情况示意图

断面上游

自动监测站

断面下游

风情园大桥

控制属性： 国控

所属流域： 澜沧江流域

所在水体： 流沙河

汇入水体： 澜沧江

断面属性： 控制断面

断面类型： 河流

断面位置及经纬度： 位于景洪市风情园大桥，坐标：E 100.7889°，N 21.9927°。

断面二维码

断面情况示意图

断面上游

自动监测站

断面下游

东风三分场大桥

控制属性：国控

所属流域：澜沧江流域

所在水体：南阿河

汇入水体：澜沧江

断面属性：控制断面

断面类型：河流

断面二维码

断面位置及经纬度：位于景洪市勐龙镇东风农场三分场大桥，坐标：E 100.7400°，N 21.6734°。

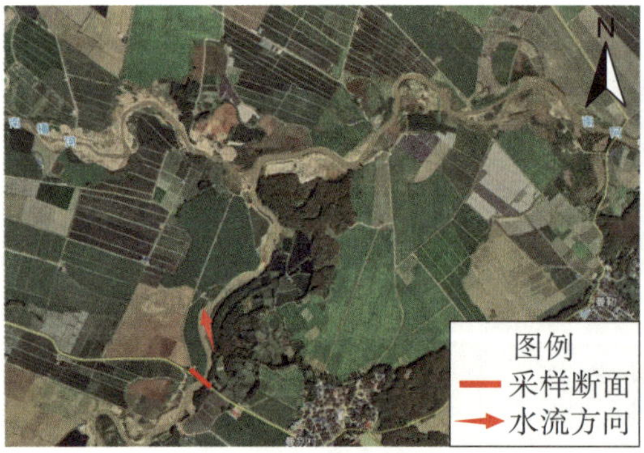

断面情况示意图

断面上游

断面下游

打洛江大桥

控制属性： 国控

所属流域： 澜沧江流域

所在水体： 南拉河

汇入水体： 南垒河

断面属性： 国界（中—缅）

断面类型： 河流

断面位置及经纬度： 位于勐海县打洛江大桥，坐标：E 100.0522°，N 21.6980°。

断面二维码

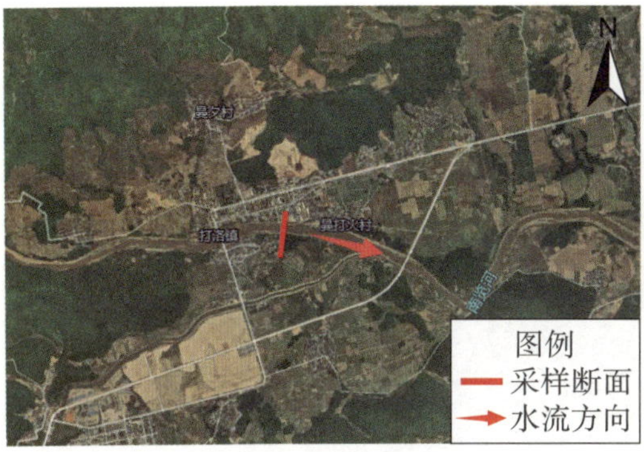

断面情况示意图

断面上游

自动监测站

断面下游

勐捧岔河

控制属性： 国控

所属流域： 澜沧江流域

所在水体： 南腊河

汇入水体： 澜沧江

断面属性： 控制断面

断面类型： 河流

断面位置及经纬度： 位于勐腊县勐捧镇，沿 171 县道 11 千米处，坐标：E 101.2988°，N 21.5305°。

断面二维码

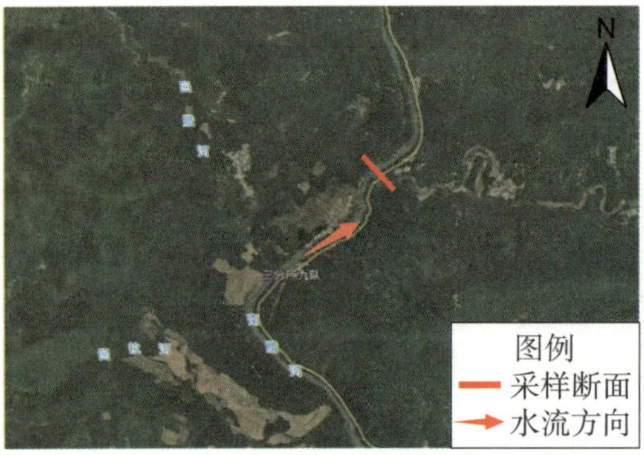

断面情况示意图

断面上游

自动监测站

断面下游

那勾坝

控制属性： 国控

所属流域： 澜沧江流域

所在水体： 南安河

汇入水体： 澜沧江

断面属性： 市界（普洱市—西双版纳州）

断面类型： 河流

断面位置及经纬度： 位于勐海县篾笆桥村东北向1.1 千米处，坐标：E 100.4193°，N 22.2833°。

断面二维码

断面情况示意图

断面上游

断面下游

普文水文站

控制属性： 国控

所属流域： 澜沧江流域

所在水体： 普文河

汇入水体： 补远江

断面属性： 市界（普洱市、西双版纳州）

断面类型： 河流

断面位置及经纬度： 位于景洪市普文水文站，坐标：E 101.0178°，N 22.5809°。

断面二维码

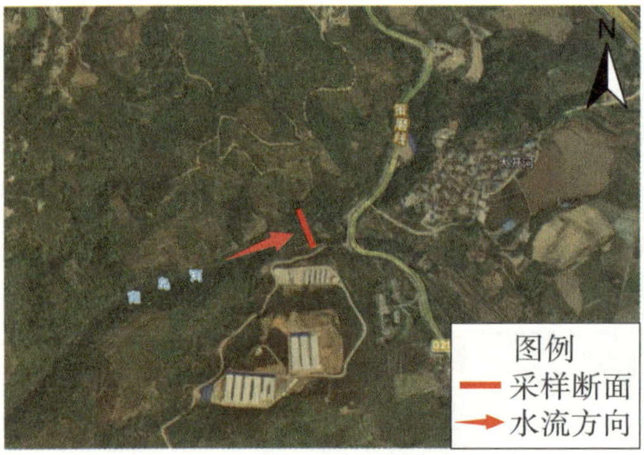

断面情况示意图

断面上游

断面下游

勐阿水文站

控制属性： 省控

所属流域： 澜沧江流域

所在水体： 南果河

汇入水体： 澜沧江

断面属性： 控制断面

断面类型： 河流

采样方式： 桥上采

河宽： 25 米

河深： 1.6 米

采样位置： E 100.3436°，N 22.2328°

采样断面位置描述： 位于勐海县勐阿镇东北面 6 千米处

所代表水功能区： —

断面情况示意图

断面上游

断面下游

勐海水文站

控制属性： 省控

所属流域： 澜沧江流域

所在水体： 流沙河

汇入水体： 澜沧江

断面属性： 控制断面

断面类型： 河流

采样方式： 岸边采

河宽： 35 米

河深： 1.5 米

采样位置： E 100.4258°，N 21.9514°

采样断面位置描述： 位于勐海县城西面 3 千米处

所代表水功能区： —

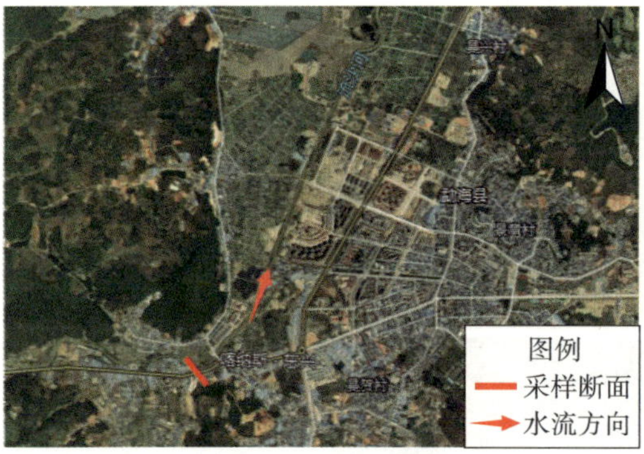

断面情况示意图

断面上游

断面下游

勐腊水文站

控制属性： 省控

所属流域： 澜沧江流域

所在水体： 南腊河

汇入水体： 澜沧江

断面属性： 控制断面

断面类型： 河流

采样方式： 岸边采

河宽： 57 米

河深： 0.65 米

采样位置： E 101.5517°，N 21.4311°

采样断面位置描述： 位于勐腊县勐腊镇勐腊农场九队东南方向 100 米

所代表水功能区： —

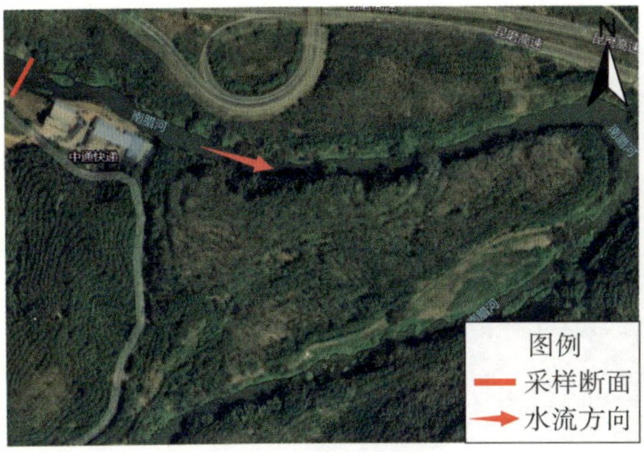

断面情况示意图

断面上游

断面下游

2.11 大理白族自治州（48）

中江

控制属性： 国控

所属流域： 长江流域

所在水体： 漾弓江

汇入水体： 金沙江

断面属性： 入河口

断面类型： 河流

断面二维码

断面位置及经纬度： 位于鹤庆县中江街，漾弓江入河口桥上，坐标：E 100.4075°，N 26.5028°。

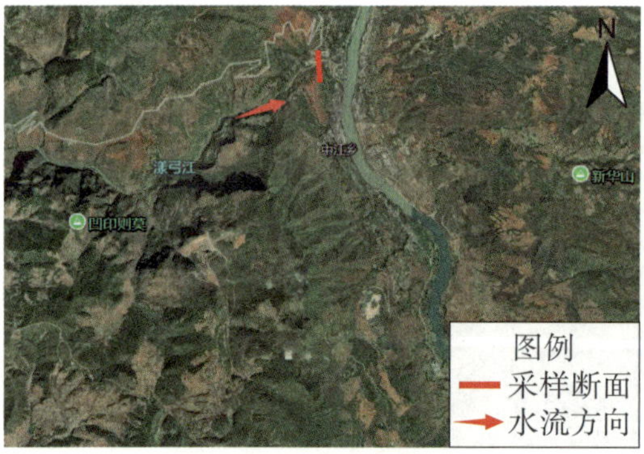

断面情况示意图

断面上游

断面下游

交汇口

控制属性： 国控

所属流域： 澜沧江流域

所在水体： 沘江

汇入水体： 澜沧江

断面属性： 控制断面

断面类型： 河流

断面位置及经纬度： 位于云龙县船口村东南 580 米处，坐标：E 99.3829°，N 25.6380°。

断面二维码

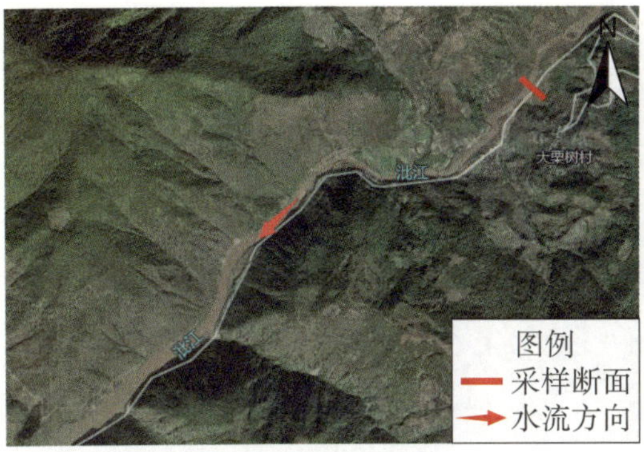

断面情况示意图

断面上游

自动监测站

断面下游

波罗江入湖口

控制属性： 国控

所属流域： 澜沧江流域

所在水体： 波罗江

汇入水体： 洱海

断面属性： 入湖口

断面类型： 河流

断面二维码

断面位置及经纬度： 位于大理市机场方向，沿着波罗江汇入洱海方向，离入湖口最近的桥上采样，坐标：E 100.2689°，N 25.6231°。

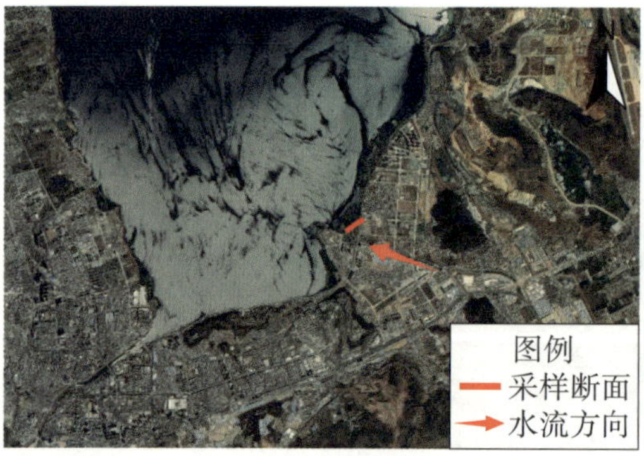

断面情况示意图

断面上游

断面下游

茈碧湖

控制属性： 国控

所属流域： 澜沧江流域

所在水体： 茈碧湖

汇入水体： 洱海

断面属性： 出湖口

断面类型： 湖库

断面位置及经纬度： 位于洱源县观音山下茈碧湖出水口附近，坐标：E 99.9581°，N 26.1358°。

断面二维码

断面情况示意图

断面上游

断面下游

洱海湖心

控制属性： 国控
所属流域： 澜沧江流域
所在水体： 洱海
汇入水体： 西洱河
断面属性： 控制断面
断面类型： 湖库
断面位置及经纬度： 位于大理市洱海，大理港上船，坐标：E 100.2155°，N 25.7145°。

断面二维码

断面情况示意图

断面上游

自动监测站

断面下游

洱海北部湖心

控制属性： 国控

所属流域： 澜沧江流域

所在水体： 洱海

汇入水体： 西洱河

断面属性： 控制断面

断面类型： 湖库

断面位置及经纬度： 位于大理市洱海，大理港上船，坐标：E 100.1728°，N 25.8783°。

断面二维码

断面情况示意图

断面上游

断面下游

小关邑

控制属性： 国控

所属流域： 澜沧江流域

所在水体： 洱海

汇入水体： 西洱河

断面属性： 控制断面

断面类型： 湖库

断面位置及经纬度： 位于大理市洱海，大理港上船，坐标：E 100.2410°，N 25.6490°。

断面二维码

断面情况示意图

断面上游

自动监测站

断面下游

海西海坝前

控制属性： 国控

所属流域： 澜沧江流域

所在水体： 海西海

汇入水体： 洱海

断面属性： 控制断面

断面类型： 湖库

断面位置及经纬度： 位于洱源县海头山，坐标：E 99.9693°，N 26.2823°。

断面二维码

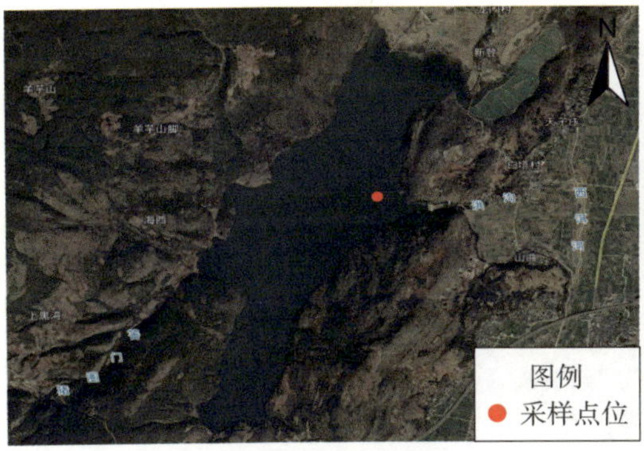

断面情况示意图

断面上游

断面下游

徐村桥

控制属性： 国控

所属流域： 澜沧江流域

所在水体： 黑惠江

汇入水体： 澜沧江

断面属性： 控制断面

断面类型： 河流

断面位置及经纬度： 位于漾濞县徐村桥东侧上游约 7 米处，坐标：E 99.9894°，N 25.5079°。

断面二维码

断面情况示意图

断面上游

自动监测站

断面下游

剑湖（国控）

控制属性： 国控

所属流域： 澜沧江流域

所在水体： 黑惠江

汇入水体： 澜沧江

断面属性： 控制断面

断面类型： 河流

断面位置及经纬度： 位于剑川县剑湖与311省道交汇十字路桥上，坐标：E 99.9167°，N 26.4650°。

断面二维码

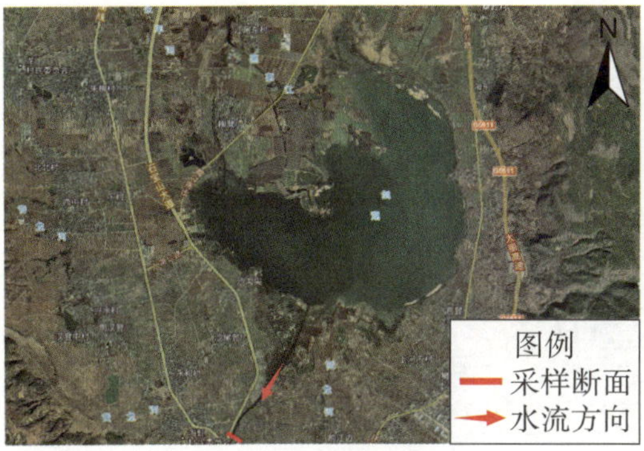

断面情况示意图

断面上游

断面下游

龙树桥

控制属性： 国控

所属流域： 红河流域

所在水体： 礼社江

汇入水体： 红河

断面属性： 控制断面

断面类型： 河流

断面位置及经纬度： 位于南涧县南涧，坐标：E 100.6483°，N 25.0196°。

断面二维码

断面情况示意图

断面上游

断面下游

回辉登

断面二维码

控制属性：国控

所属流域：红河流域

所在水体：礼社江（元江源头）

汇入水体：红河

断面属性：控制断面

断面类型：河流

断面位置及经纬度：位于巍山县永建镇，导航龙马山大约 10 千米可以到达河边，坐标：E 100.1607°，N 25.4780°。

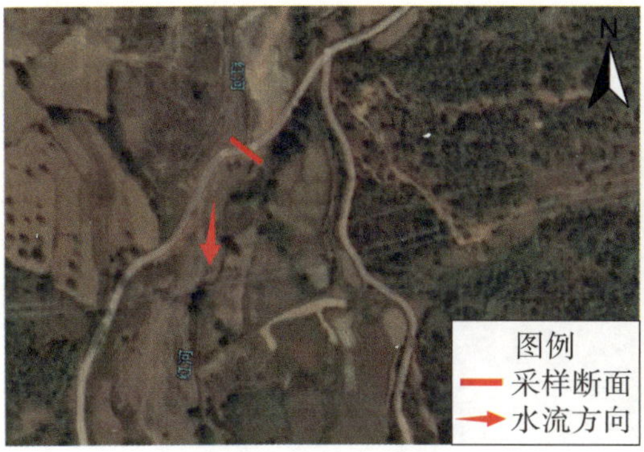

断面情况示意图

断面上游

断面下游

安定（马街）

控制属性： 国控

所属流域： 红河流域

所在水体： 李仙江

汇入水体： 红河

断面属性： 市界（大理州—普洱市）

断面类型： 河流

断面位置及经纬度： 位于南涧县与景谷县交界处往回走大概600米，222省道右侧100米处，坐标：E 100.6105°，N 24.7417°。

断面二维码

断面情况示意图

断面上游

断面下游

江尾

控制属性： 国控

所属流域： 澜沧江流域

所在水体： 弥苴河

汇入水体： 洱海

断面属性： 入湖口

断面类型： 河流

断面位置及经纬度： 位于大理市上关，坐标：E 100.1258°，N 25.9598°。

断面二维码

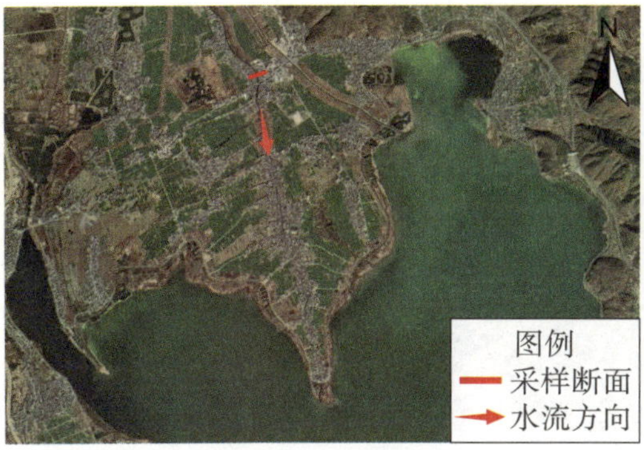

断面情况示意图

断面上游

自动监测站

断面下游

顺濞桥

控制属性： 国控

所属流域： 澜沧江流域

所在水体： 顺濞河

汇入水体： 黑惠江

断面属性： 控制断面

断面类型： 河流

断面位置及经纬度： 位于漾濞县，跃进收费站下高速后左转沿国道320开车大概10千米就可以到达，坐标：E 99.7917°，N 25.4693°。

断面二维码

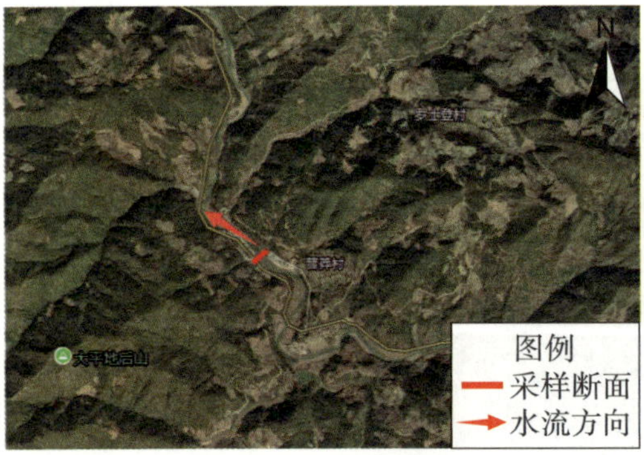

断面情况示意图

断面上游

断面下游

四级坝

控制属性： 国控

所属流域： 澜沧江流域

所在水体： 西洱河

汇入水体： 黑惠江

断面属性： 入河口

断面类型： 河流

断面位置及经纬度： 位于大理市平坡收费站 4 千米处的四级电站外，坐标：E 100.0439°，N 25.5759°。

断面二维码

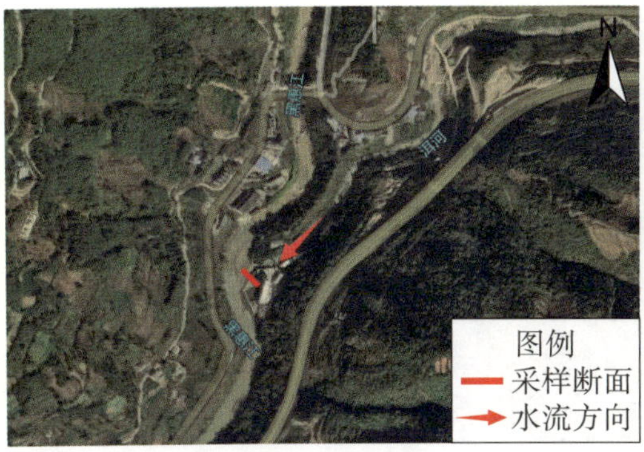

断面情况示意图

断面上游

自动监测站

断面下游

水泄

控制属性： 国控

所属流域： 澜沧江流域

所在水体： 永平河（银江河）

汇入水体： 澜沧江

断面属性： 市界（大理州—保山市）

断面类型： 河流

断面位置及经纬度： 位于大理州永平县水泄村大约 6 千米，坐标：E 99.7667°，N 25.0833°。

断面二维码

断面情况示意图

断面上游

断面下游

小湾水库大坝左岸

控制属性： 国控

所属流域： 澜沧江流域

所在水体： 小湾水库

汇入水体： 澜沧江

断面属性： 市界（临沧市—大理州）

断面类型： 湖库

断面位置及经纬度： 位于南涧县龙江大桥，坐标：E 100.0948°，N 24.7085°。

断面二维码

断面情况示意图

断面上游

自动监测站

断面下游

盘口箐

控制属性：省控

所属流域：长江流域

所在水体：平川河

汇入水体：金沙江

断面属性：市界（大理州—楚雄彝族自治州）

断面类型：河流

采样方式：岸边采

河宽：18.0 米

河深：0.40 米

采样位置：E 100.8020°，N 26.0502°

采样断面位置描述：位于宾川县平川镇盘谷村东南进村口

所代表水功能区：—

断面情况示意图

断面上游

断面下游

大惠庄

控制属性： 省控

所属流域： 长江流域

所在水体： 桑园河

汇入水体： 金沙江

断面属性： 市界（大理州—丽江市）

断面类型： 河流

采样方式： 桥上采

河宽： 38 米

河深： 0.1 米

采样位置： E 100.5356°，N 25.9617°

采样断面位置描述： 位于宾川县力角镇大会完小旁岩涧桥

所代表水功能区： 桑园河宾川保留区 / 桑园河宾川农业、工业用水区 / 桑园河宾川—永胜保留区

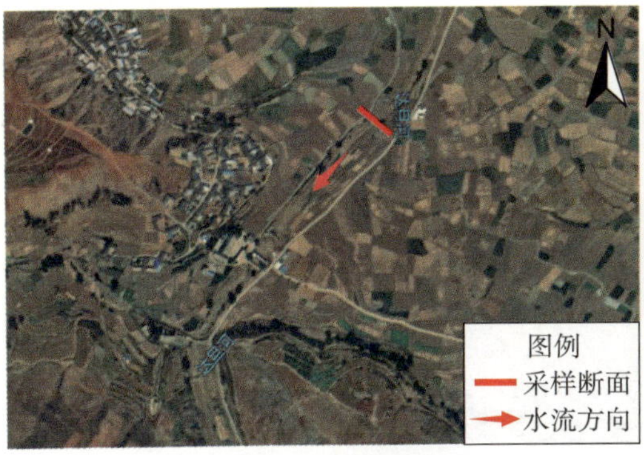

断面情况示意图

断面上游

断面下游

大银甸水库

控制属性： 省控

所属流域： 长江流域

所在水体： 大营河

汇入水体： 桑园河

断面属性： 控制断面

断面类型： 湖库

采样方式： 岸边采

河宽： —

河深： —

采样位置： E 100.5150°，N 25.8097°

采样断面位置描述： 位于宾川县大永高速公路西侧 510 米

所代表水功能区： 大银甸水库宾川饮用、农业用水区

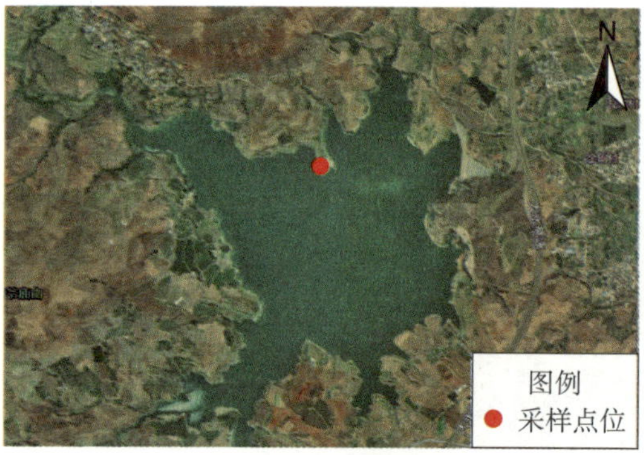

断面情况示意图

水面照片

反映采样位置的远景照片

海稍水库

控制属性： 省控

所属流域： 长江流域

所在水体： 桑园河

汇入水体： 金沙江

断面属性： 控制断面

断面类型： 湖库

采样方式： 岸边采

河宽： —

河深： —

采样位置： E 100.6467°，N 25.6939°

采样断面位置描述： 位于宾川县乔甸镇磨石臼村西南侧 1 千米

所代表水功能区： 海稍水库宾川农业、渔业用水区

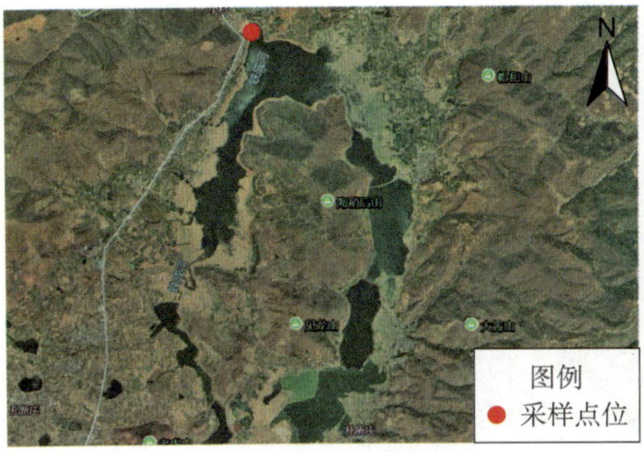

断面情况示意图

水面照片

反映采样位置的远景照片

江尾东桥

控制属性：省控

所属流域：澜沧江流域

所在水体：永安江

汇入水体：洱海

断面属性：入洱海口

断面类型：河流

采样方式：桥上采

河宽：18.0 米

河深：0.50 米

采样位置：E 100.1294°，N 25.9616°

采样断面位置描述：位于大理市上关镇东侧

所代表水功能区：—

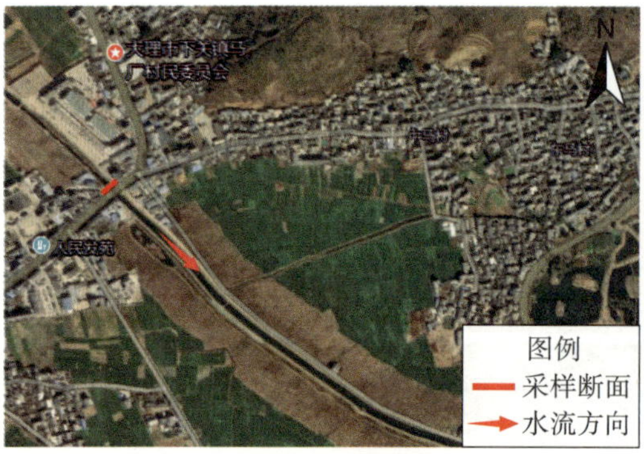

断面情况示意图

断面上游

断面下游

沙坪桥

控制属性： 省控

所属流域： 澜沧江流域

所在水体： 罗时江

汇入水体： 洱海

断面属性： 入洱海口

断面类型： 河流

采样方式： 桥上采

河宽： 15 米

河深： 1.2 米

采样位置： E 100.0998°，N 25.9483°

采样断面位置描述： 位于大理市上关镇东沙坪村西北 600 米处沙坪桥

所代表水功能区： —

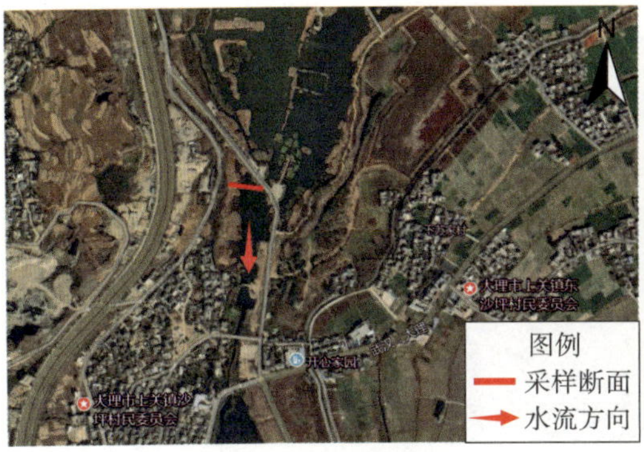

断面情况示意图

断面上游

断面下游

闸门

控制属性： 省控

所属流域： 澜沧江流域

所在水体： 西洱河

汇入水体： 黑惠江

断面属性： 出洱海口

断面类型： 河流

采样方式： 岸边采

河宽： 52.0 米

河深： 3.0 米

采样位置： E 100.2198°，N 25.5962°

采样断面位置描述： 位于大理市下关街道办事处西洱河老年大学附近

所代表水功能区： —

断面情况示意图

断面上游

断面下游

塔村

控制属性： 省控

所属流域： 澜沧江流域

所在水体： 洱海

汇入水体： 西洱河

断面属性： 控制断面

断面类型： 湖库

采样方式： 船上采

河宽： —

河深： 7 米

采样位置： E 100.2517°，N 25.7066°

采样断面位置描述： 位于大理市洱海

所代表水功能区： —

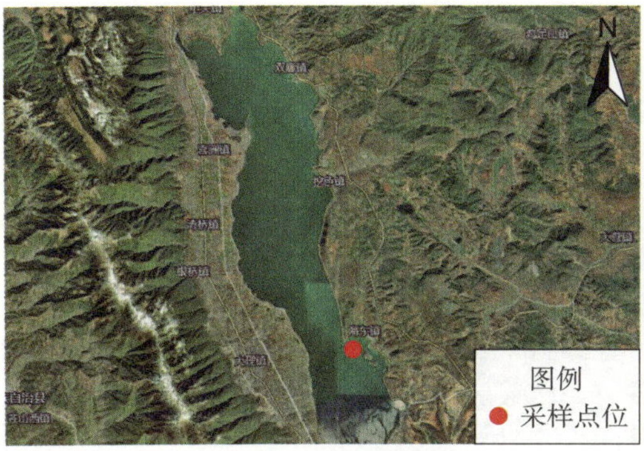

断面情况示意图

水面照片

反映采样位置的远景照片

龙龛

控制属性： 省控

所属流域： 澜沧江流域

所在水体： 洱海

汇入水体： 西洱河

断面属性： 控制断面

断面类型： 湖库

采样方式： 船上采

河宽： —

河深： 7 米

采样位置： E 100.2082°，N 25.7029°

采样断面位置描述： 位于大理市洱海

所代表水功能区： —

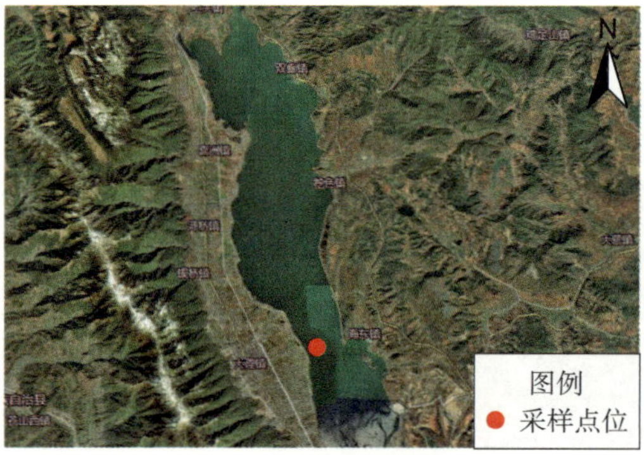

断面情况示意图

水面照片

反映采样位置的远景照片

喜洲

控制属性： 省控

所属流域： 澜沧江流域

所在水体： 洱海

汇入水体： 西洱河

断面属性： 控制断面

断面类型： 湖库

采样方式： 船上采

河宽： —

河深： 9 米

采样位置： E 100.1638°，N 25.8639°

采样断面位置描述： 位于大理市洱海

所代表水功能区： —

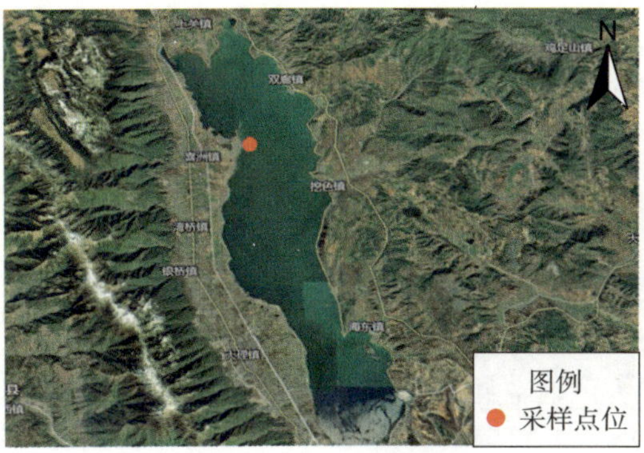

断面情况示意图

水面照片

反映采样位置的远景照片

石房子

控制属性： 省控

所属流域： 澜沧江流域

所在水体： 洱海

汇入水体： 西洱河

断面属性： 控制断面

断面类型： 湖库

采样方式： 船上采

河宽： —

河深： 13 米

采样位置： E 100.2703°，N 25.6451°

采样断面位置描述： 位于大理市洱海

所代表水功能区： —

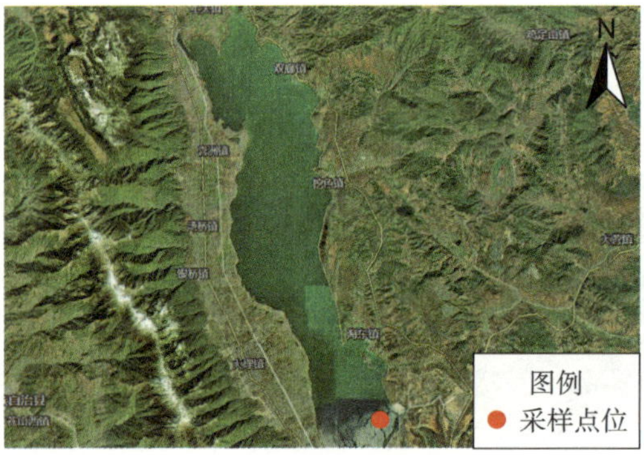

断面情况示意图

水面照片

反映采样位置的远景照片

桃源

控制属性： 省控

所属流域： 澜沧江流域

所在水体： 洱海

汇入水体： 西洱河

断面属性： 控制断面

断面类型： 湖库

采样方式： 船上采

河宽： —

河深： 7 米

采样位置： E 100.1260°，N 25.9073°

采样断面位置描述： 位于大理市洱海

所代表水功能区： —

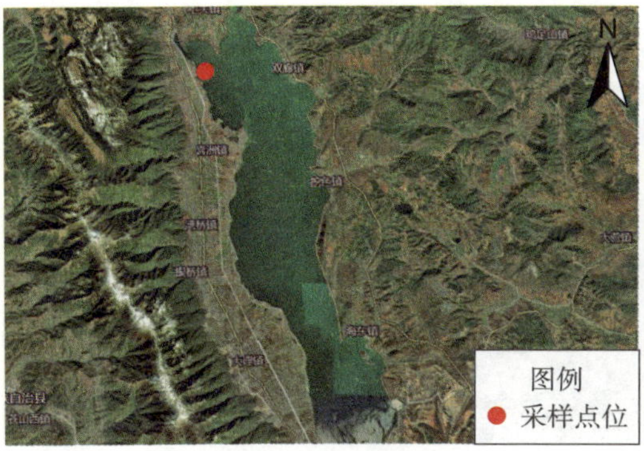

断面情况示意图

水面照片

反映采样位置的远景照片

双廊

控制属性： 省控

所属流域： 澜沧江流域

所在水体： 洱海

汇入水体： 西洱河

断面属性： 控制断面

断面类型： 湖库

采样方式： 船上采

河宽： —

河深： 8 米

采样位置： E 100.1891°，N 25.9118°

采样断面位置描述： 位于大理市洱海

所代表水功能区： —

断面情况示意图

水面照片

反映采样位置的远景照片

湖心 1

控制属性： 省控

所属流域： 澜沧江流域

所在水体： 洱海

汇入水体： 西洱河

断面属性： 控制断面

断面类型： 湖库

采样方式： 船上采

河宽： —

河深： 14 米

采样位置： E 100.1867°，N 25.8261°

采样断面位置描述： 位于大理市洱海

所代表水功能区： —

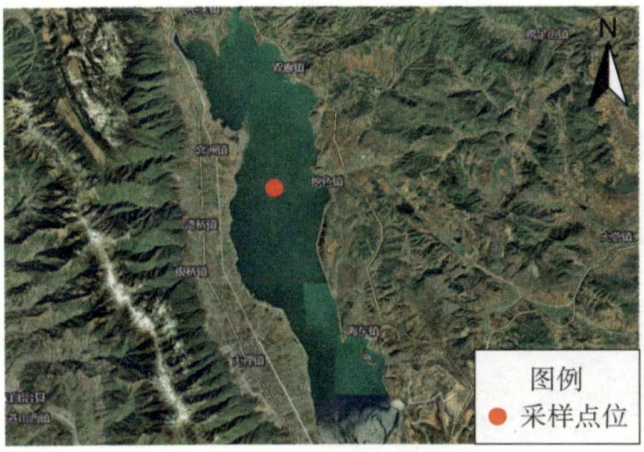

断面情况示意图

水面照片

反映采样位置的远景照片

银桥村

控制属性： 省控

所属流域： 澜沧江流域

所在水体： 弥苴河

汇入水体： 洱海

断面属性： 控制断面

断面类型： 河流

采样方式： 桥上采

河宽： 17.0 米

河深： 0.30 米

采样位置： E 100.0906°，N 26.0063°

采样断面位置描述： 位于洱源县邓川镇腾龙村委会银桥村东南 390 米处

所代表水功能区： —

断面情况示意图

断面上游

断面下游

西湖

控制属性： 省控

所属流域： 澜沧江流域

所在水体： 西湖

汇入水体： 洱海

断面属性： 控制断面

断面类型： 湖库

采样方式： 桥上采样

河宽： —

河深： —

采样位置： E 100.0519°，N 26.0155°

采样断面位置描述： 位于洱源县右所镇西湖边

所代表水功能区： —

断面情况示意图

水面照片

反映采样位置的远景照片

陈家庄大桥

控制属性：省控

所属流域：长江流域

所在水体：落漏河

汇入水体：金沙江

断面属性：市界（大理州—丽江市）

断面类型：河流

采样方式：桥上采

河宽：7.0 米

河深：0.35 米

采样位置：E 100.3980°，N 26.1056°

采样断面位置描述：位于鹤庆县黄坪镇陈家庄村东北方向 370 米处

所代表水功能区：落漏河鹤庆农业、工业区

断面情况示意图

断面上游

断面下游

舍茶寺

控制属性： 省控

所属流域： 长江流域

所在水体： 落漏河

汇入水体： 金沙江

断面属性： 控制断面

断面类型： 河流

采样方式： 岸边采

河宽： 4.0 米

河深： 0.25 米

采样位置： E 100.2025°，N 26.1743°

采样断面位置描述： 位于鹤庆县西邑镇舍茶寺村西南方向 1 260 米处

所代表水功能区： 落漏河鹤庆源头水保护区

断面情况示意图

断面上游

断面下游

玉津桥

控制属性： 省控

所属流域： 澜沧江流域

所在水体： 黑惠江

汇入水体： 澜沧江

断面属性： 控制断面

断面类型： 河流

采样方式： 桥上采、岸边采

河宽： 10.0 米

河深： 0.60 米

采样位置： E 99.8522°，N 26.3178°

采样断面位置描述： 位于剑川县沙溪古镇东南侧

所代表水功能区： —

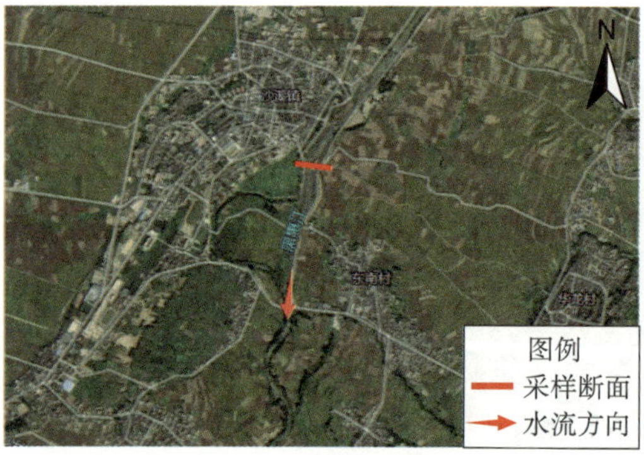

断面情况示意图

断面上游

断面下游

剑湖（省控）

控制属性： 省控

所属流域： 澜沧江流域

所在水体： 剑湖

汇入水体： 黑惠江

断面属性： 控制断面

断面类型： 湖库

采样方式： 船上采

河宽： —

河深： —

采样位置： E 99.9295°，N 26.4866°

采样断面位置描述： 位于剑川县剑湖内

所代表水功能区： —

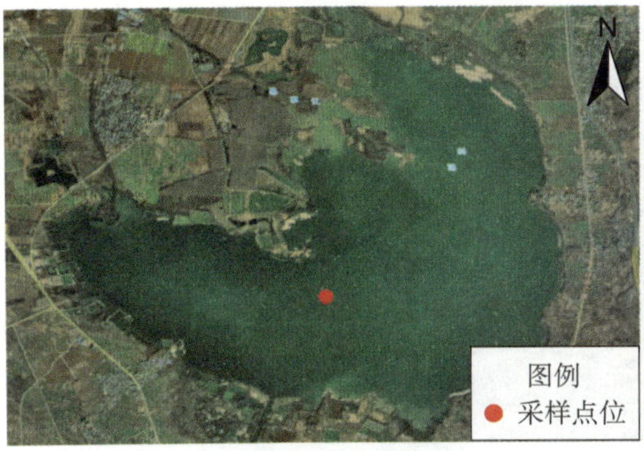

断面情况示意图

水面照片

反映采样位置的远景照片

毗雄河弥渡县出境断面

控制属性： 省控

所属流域： 红河流域

所在水体： 毗雄河

汇入水体： 礼社江

断面属性： 县界（弥渡县—南涧县）

断面类型： 河流

采样方式： 岸边采

河宽： 48 米

河深： 0.1 米

采样位置： E 100.5498°，N 25.0865°

采样断面位置描述： 位于弥渡县—南涧县交界上游 500 米处 (祥临公路东侧)

所代表水功能区： 毗雄河祥云—弥渡保留区 / 毗雄河弥渡—南涧保留区 / 毗雄河弥渡饮用、农业用水区

断面情况示意图

断面上游

断面下游

多依井大桥

控制属性： 省控

所属流域： 红河流域

所在水体： 巍山河

汇入水体： 礼社江

断面属性： 县界（巍山县—南涧县）

断面类型： 河流

采样方式： 岸上采

河宽： 70.0 米

河深： 0.50 米

采样位置： E 100.5050°，N 25.0773°

采样断面位置描述： 位于南涧县南涧镇多依井村脚西南方向 100 米，多依井大桥上游

所代表水功能区： —

断面情况示意图

断面上游

断面下游

乐秋河

控制属性： 省控

所属流域： 红河流域

所在水体： 乐秋河

汇入水体： 礼社江

断面属性： 控制断面

断面类型： 河流

采样方式： 岸上采

河宽： 30.0 米

河深： 0.50 米

采样位置： E 100.4971°，N 25.0328°

采样断面位置描述： 位于南涧县南涧镇小军庄村委会西南方向 1 千米

所代表水功能区： 乐秋河南涧农业、工业用水区

断面情况示意图

断面上游

断面下游

原巍南公路收费站

控制属性： 省控

所属流域： 红河流域

所在水体： 西河

汇入水体： 礼社江

断面属性： 县界（巍山县—南涧县）

断面类型： 河流

采样方式： 涉水采

河宽： 10.0 米

河深： 0.30 米

采样位置： E 100.3888°，N 25.1125°

采样断面位置描述： 位于巍山县原巍南公路收费站西南方向 110 米处

所代表水功能区： —

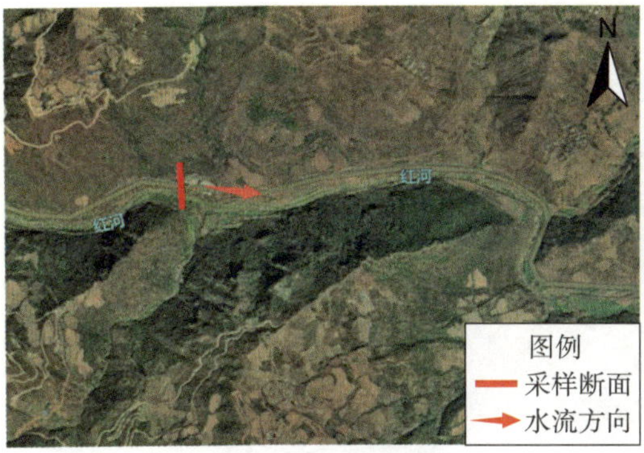

断面情况示意图

断面上游

断面下游

新民大桥

控制属性： 省控

所属流域： 长江流域

所在水体： 渔泡江

汇入水体： 金沙江

断面属性： 市界（大理州—楚雄彝族自治州）

断面类型： 河流

采样方式： 涉水采

河宽： 15 米

河深： 0.3 米

采样位置： E 100.9800°，N 25.6213°

采样断面位置描述： 位于祥云县东山乡新民村委会附近

所代表水功能区： —

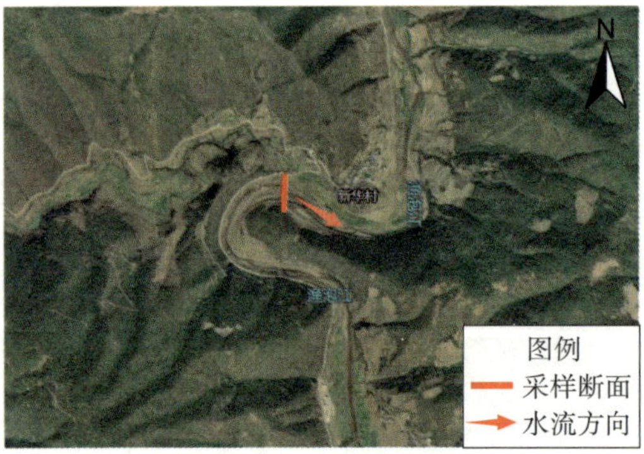

断面情况示意图

断面上游

断面下游

羊庄坪水文站

控制属性：省控

所属流域：澜沧江流域

所在水体：漾濞江

汇入水体：澜沧江

断面属性：控制断面

断面类型：河流

采样方式：岸边采

河宽：60 米

河深：5 米

采样位置：E 99.9856°，N 25.6508°

采样断面位置描述：位于漾濞县苍山西镇沙河村西北方向

所代表水功能区：—

断面情况示意图

断面上游

断面下游

博南镇晃桥

控制属性： 省控

所属流域： 澜沧江流域

所在水体： 银江河

汇入水体： 澜沧江

断面属性： 控制断面

断面类型： 河流

采样方式： 岸边采

河宽： 8.0 米

河深： 0.35 米

采样位置： E 99.5152°，N 25.4947°

采样断面位置描述： 位于永平县博南镇晃桥（燕子河和小龙午河交汇处）下游 150 米处

所代表水功能区： —

断面情况示意图

断面上游

断面下游

石门

控制属性： 省控

所属流域： 澜沧江流域

所在水体： 沘江

汇入水体： 澜沧江

断面属性： 控制断面

断面类型： 河流

采样方式： 岸边采

河宽： 20.0 米

河深： 0.30 米

采样位置： E 99.3666°，N 25.8875°

采样断面位置描述： 位于云龙县石门镇

所代表水功能区： —

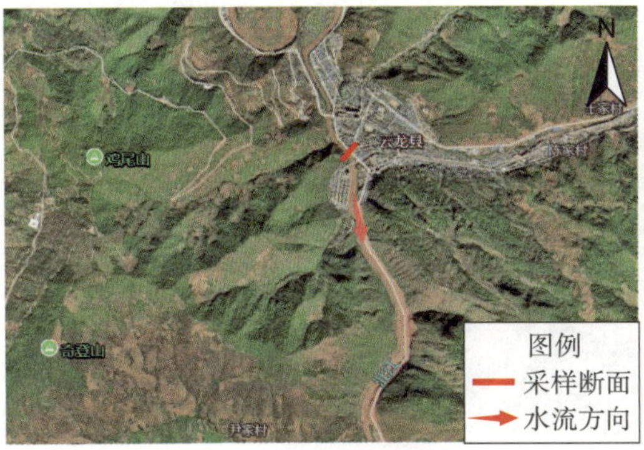

断面情况示意图

断面上游

断面下游

功果桥

控制属性： 省控

所属流域： 澜沧江流域

所在水体： 澜沧江

汇入水体： 南海

断面属性： 县界（云龙县—永平县）

断面类型： 河流

采样方式： 岸边采

河宽： 25.0 米

河深： 4.0 米

采样位置： E 99.3261°，N 25.5143°

采样断面位置描述： 位于云龙县功果桥电站大坝下游 8.8 千米处

所代表水功能区： —

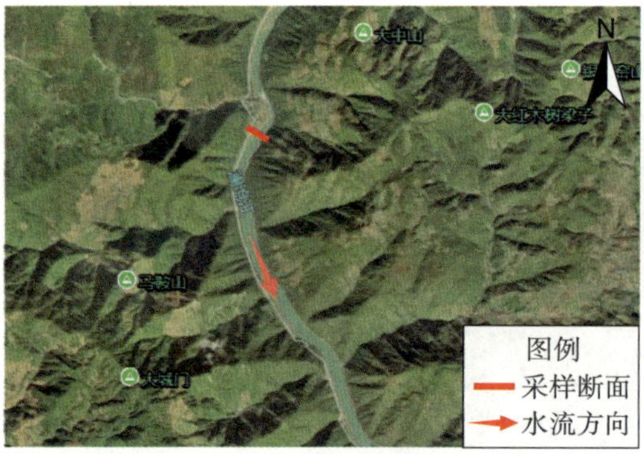

断面情况示意图

断面上游

断面下游

大练登

控制属性：省控

所属流域：澜沧江流域

所在水体：沘江

汇入水体：澜沧江

断面属性：控制断面

断面类型：河流

采样方式：岸边采

河宽：20.0 米

河深：0.30 米

采样位置：E 99.4383°，N 26.1133°

采样断面位置描述：位于云龙县长新乡

所代表水功能区：—

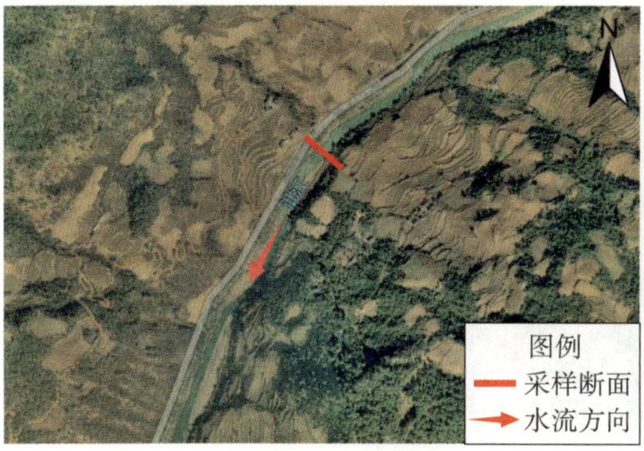

断面情况示意图

断面上游

断面下游

2.12 德宏傣族景颇族自治州（16）

芒康桥

控制属性： 国控

所属流域： 伊洛瓦底江流域

所在水体： 槟榔江

汇入水体： 大盈江

断面属性： 控制断面

断面类型： 河流

断面位置及经纬度： 位于盈江县芒康桥，坐标：E 98.0687°，N 24.8013°。

断面二维码

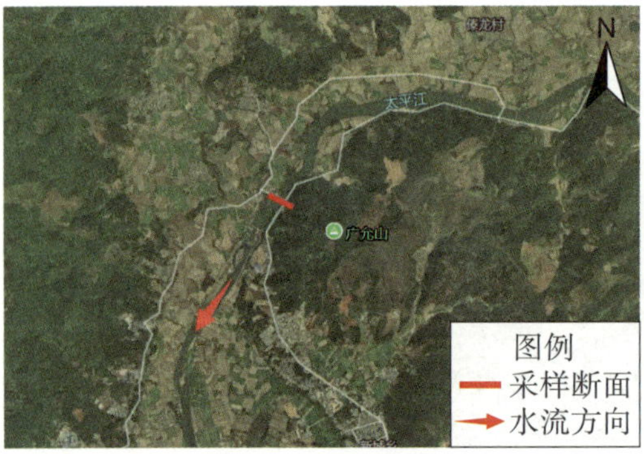

断面情况示意图

断面上游

断面下游

汇流电站

控制属性： 国控

所属流域： 伊洛瓦底江流域

所在水体： 大盈江

汇入水体： 伊洛瓦底江

断面属性： 国界（中—缅）

断面类型： 河流

断面位置及经纬度： 位于盈江县汇流电站，坐标：E 97.7194°，N 24.4710°。

断面二维码

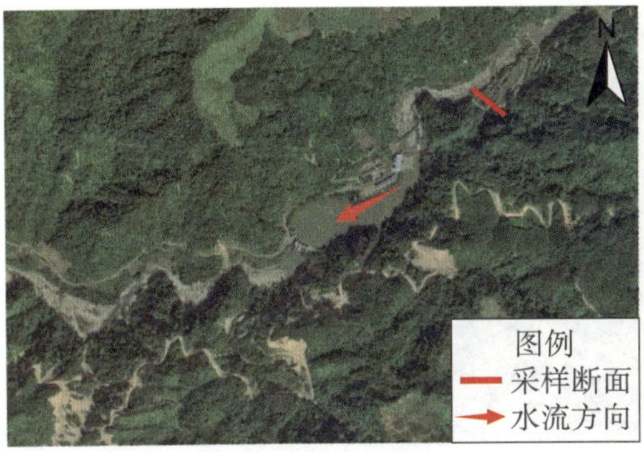

断面情况示意图

断面上游

自动监测站

断面下游

桥头村桥头

控制属性： 国控

所属流域： 伊洛瓦底江流域

所在水体： 大盈江

汇入水体： 伊洛瓦底江

断面属性： 控制断面

断面类型： 河流

断面二维码

断面位置及经纬度： 位于梁河县沿省道 234 大约 3.2 千米右转大约 500 米处，坐标：E 98.2598°，N 24.8014°。

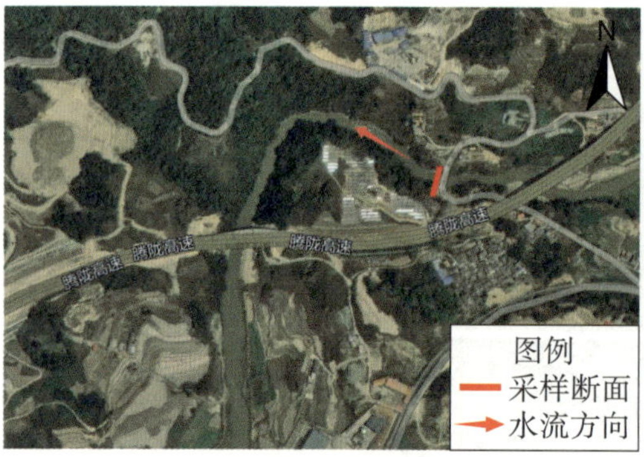

断面情况示意图

断面上游

断面下游

户宋河水库

控制属性： 国控

所属流域： 伊洛瓦底江流域

所在水体： 户宋河水库

汇入水体： 大盈江

断面属性： 控制断面

断面类型： 湖库

断面位置及经纬度： 位于盈江县户宋河水库，坐标：E 97.6925°，N 24.5551°。

断面二维码

断面情况示意图

断面上游

断面下游

姐勒水库

控制属性： 国控

所属流域： 伊洛瓦底江流域

所在水体： 姐勒水库

汇入水体： 瑞丽江

断面属性： 控制断面

断面类型： 湖库

断面位置及经纬度： 位于瑞丽市姐勒水库，坐标：E 97.8950°，N 24.0424°。

断面二维码

断面情况示意图

断面上游

断面下游

风平

控制属性： 国控

所属流域： 伊洛瓦底江流域

所在水体： 芒市河

汇入水体： 瑞丽江

断面属性： 控制断面

断面类型： 河流

断面位置及经纬度： 位于芒市风平，坐标：E 98.5149°，N 24.4058°。

断面二维码

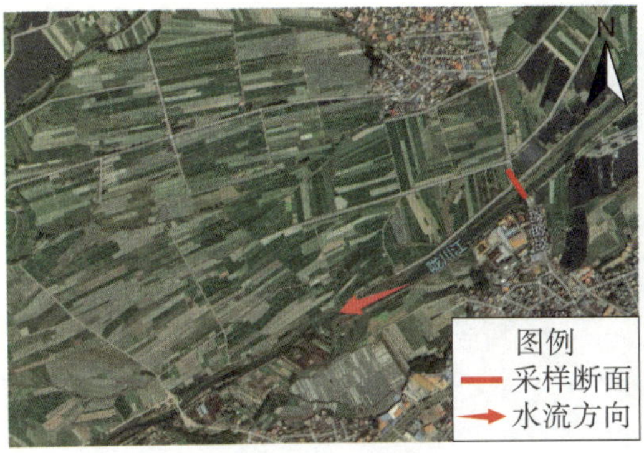

断面情况示意图

断面上游

自动监测站

断面下游

户拉

控制属性： 国控

所属流域： 伊洛瓦底江流域

所在水体： 芒市河

汇入水体： 瑞丽江

断面属性： 控制断面

断面类型： 河流

断面位置及经纬度： 位于芒市杭瑞高速遮相收费站出口沿320省道左转300米桥上，坐标：E 98.1850°，N 24.2131°。

断面二维码

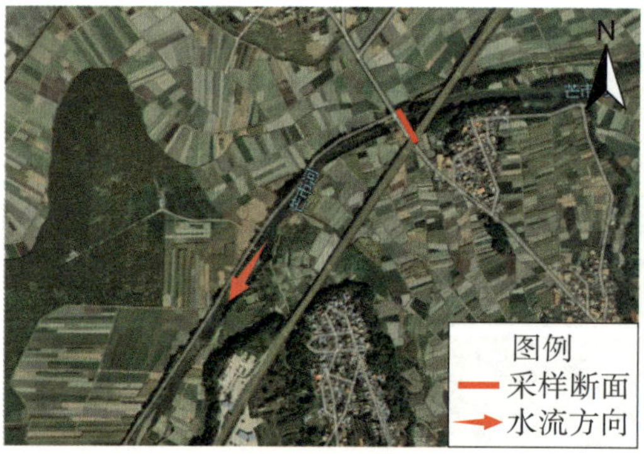

断面情况示意图

断面上游

断面下游

勐板河水库

控制属性： 国控

所属流域： 伊洛瓦底江流域

所在水体： 勐板河水库

汇入水体： 芒市河

断面属性： 控制断面

断面类型： 湖库

断面位置及经纬度： 位于芒市到弯腰树大约 18 千米处左转，沿着小路大约 2 千米处，坐标：E 98.6498°，N 24.3718°。

断面二维码

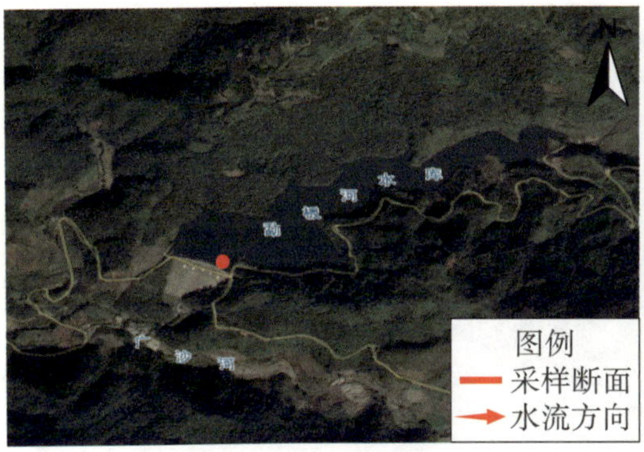

断面情况示意图

断面上游

断面下游

迭撒大桥

控制属性： 国控

所属流域： 伊洛瓦底江流域

所在水体： 南宛河

汇入水体： 瑞丽江

断面属性： 国界（中—缅）

断面类型： 河流

断面二维码

断面位置及经纬度： 位于陇川县迭撒大桥，坐标：E 97.7713°，N 24.1828°。

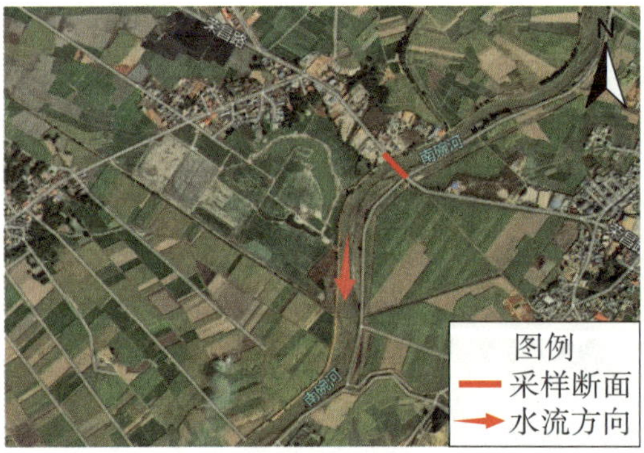

断面情况示意图

断面上游

自动监测站

断面下游

嘎中大桥

控制属性： 国控

所属流域： 伊洛瓦底江流域

所在水体： 瑞丽江

汇入水体： 伊洛瓦底江

断面属性： 控制断面

断面类型： 河流

断面位置及经纬度： 位于芒市 320 国道旁嘎中大桥，坐标：E 98.1012°，N 24.1557°。

断面二维码

断面情况示意图

断面上游

自动监测站

断面下游

姐告大桥

控制属性： 国控

所属流域： 伊洛瓦底江流域

所在水体： 瑞丽江

汇入水体： 伊洛瓦底江

断面属性： 国界（中—缅）

断面类型： 河流

断面位置及经纬度： 位于瑞丽市姐告大桥，坐标：E 97.8789°，N 23.9848°。

断面二维码

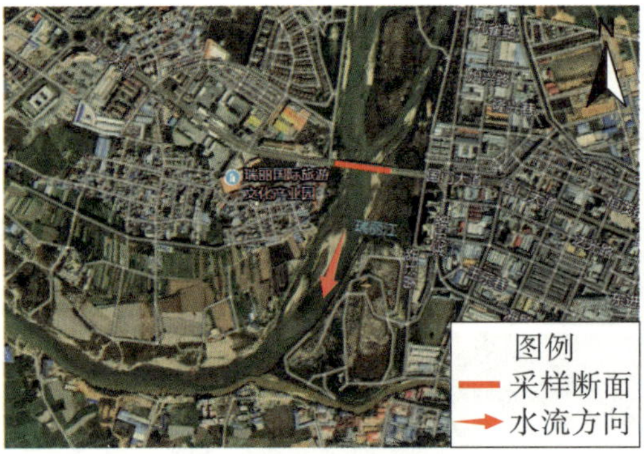

断面情况示意图

断面上游

自动监测站

断面下游

勐养民族中学

控制属性： 省控

所属流域： 伊洛瓦底江流域

所在水体： 瑞丽江

汇入水体： 伊洛瓦底江

断面属性： 县界（梁河县—芒市、陇川县）

断面类型： 河流

采样方式： 岸边采

河宽： 50 米

河深： —

采样位置： E 98.2743°，N 24.5305°

采样断面位置描述： 位于梁河县勐养镇勐养客运站东南方向 3 千米处

所代表水功能区： —

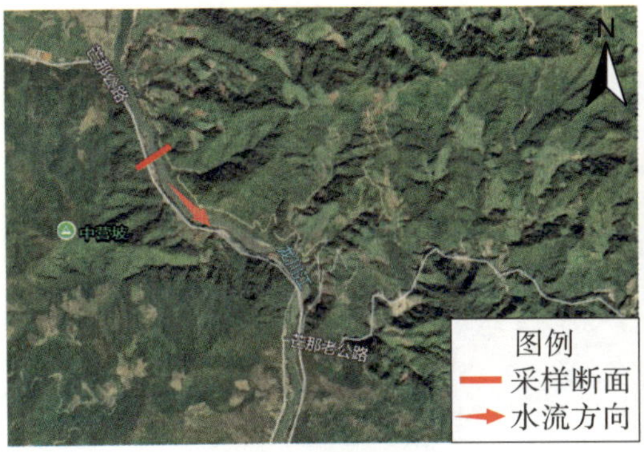

断面情况示意图

断面上游

断面下游

户撒河下游断面

控制属性： 省控

所属流域： 伊洛瓦底江流域

所在水体： 户撒河

汇入水体： 大盈江

断面属性： 县界（陇川县—盈江县）

断面类型： 河流

采样方式： 岸边采

河宽： 20 米

河深： 0.5 米

采样位置： E 97.7653°，N 24.4308°

采样断面位置描述： 位于陇川县户撒乡腾陇路军民桥往西北方向 3 千米处

所代表水功能区： —

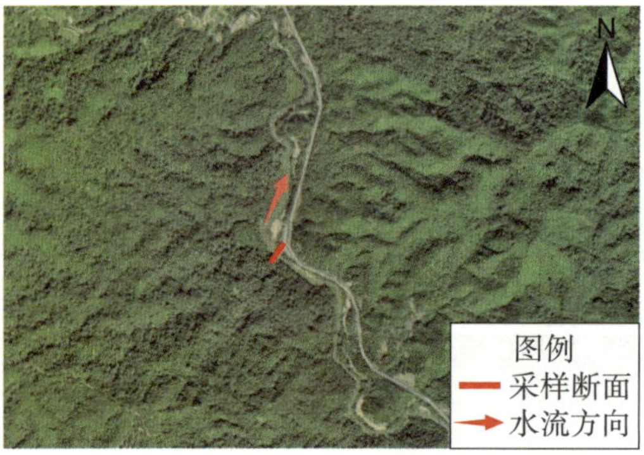

断面情况示意图

断面上游

断面下游

木康

控制属性： 省控

所属流域： 伊洛瓦底江流域

所在水体： 芒市河

汇入水体： 瑞丽江

断面属性： 控制断面

断面类型： 河流

采样方式： 岸边采

河宽： 20.0 米

河深： 0.35 米

采样位置： E 98.6023°，N 24.4875°

采样断面位置描述： 位于芒市芒市镇西北方向 1.5 千米处

所代表水功能区： —

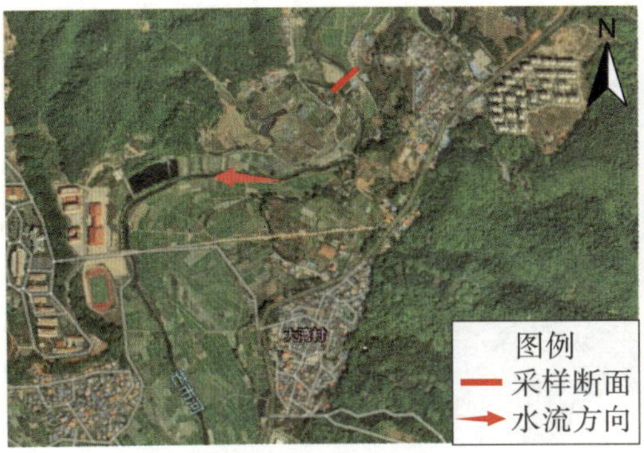

断面情况示意图

断面上游

断面下游

芒究水库

控制属性：省控

所属流域：伊洛瓦底江流域

所在水体：芒究水库

汇入水体：广沙河

断面属性：水库口

断面类型：湖库

采样方式：船上采

库长：2 000 米

库深：30～40 米

采样位置：E 98.6000°，N 24.4167°

采样断面位置描述：位于芒市芒市镇东南方向距城中心 3.5 千米处

所代表水功能区：芒市水库芒市饮用、农业用水区

断面情况示意图

水面照片

反映采样位置的远景照片

勐卯水库坝前

控制属性： 省控

所属流域： 伊洛瓦底江流域

所在水体： 勐卯水库

汇入水体： 瑞丽江

断面属性： 水库口

断面类型： 湖库

采样方式： 船上采

库长： 113.5 米

库深： 6～13 米

采样位置： E 97.8414°，N 24.0518°

采样断面位置描述： 位于瑞丽市勐卯镇瑞丽西收费站西北方向 3.5 千米

所代表水功能区： —

断面情况示意图

水面照片

反映采样位置的远景照片

2.13 丽江市（34）

泸沽湖湖心

控制属性： 国控

所属流域： 长江流域

所在水体： 泸沽湖

汇入水体： —

断面属性： 省界（川—滇）

断面类型： 湖库

断面位置及经纬度： 位于宁蒗县泸沽湖，坐标：E 100.7770°，N 27.7010°。

断面二维码

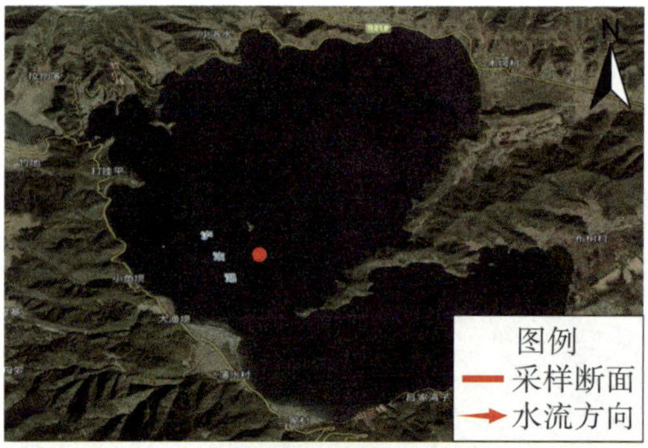

断面情况示意图

断面上游

自动监测站

断面下游

程海湖中

控制属性： 国控

所属流域： 长江流域

所在水体： 程海

汇入水体： —

断面属性： 控制断面

断面类型： 湖库

断面位置及经纬度： 位于永胜县程海，坐标：E 100.6617°，N 26.5389°。

断面二维码

断面情况示意图

断面上游

自动监测站

断面下游

灰窝村

控制属性：国控

所属流域：长江流域

所在水体：鳡鱼河

汇入水体：雅砻江

断面属性：省界（滇—川）

断面类型：河流

断面位置及经纬度：位于华坪县船房傈僳族傣族乡塘房村延乌木河左岸向下游走约 1 千米处，坐标：E 101.3737°，N 26.8016°。

断面二维码

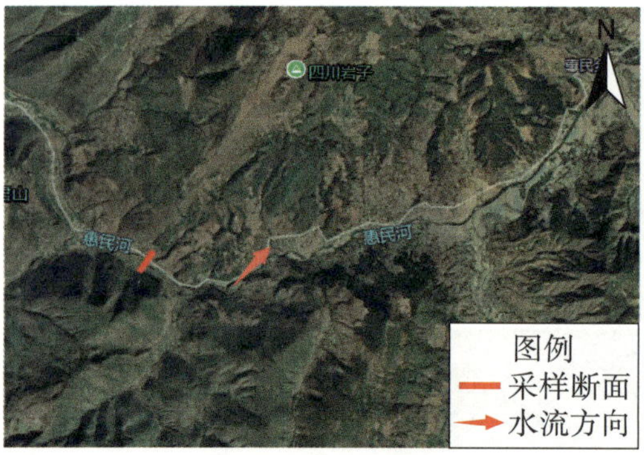

断面情况示意图

断面上游

断面下游

龙洞

控制属性： 国控

所属流域： 长江流域

所在水体： 金沙江

汇入水体： 东海

断面属性： 省界（滇—川）

断面类型： 河流

断面位置及经纬度： 位于四川省攀枝花市西区格里坪镇庄上村，从下庄上收费站沿金沙江上游行驶 9 千米，与塘坝河交汇处下游 200 米的桥上，坐标：E 101.4627°，N 26.5384°。

断面二维码

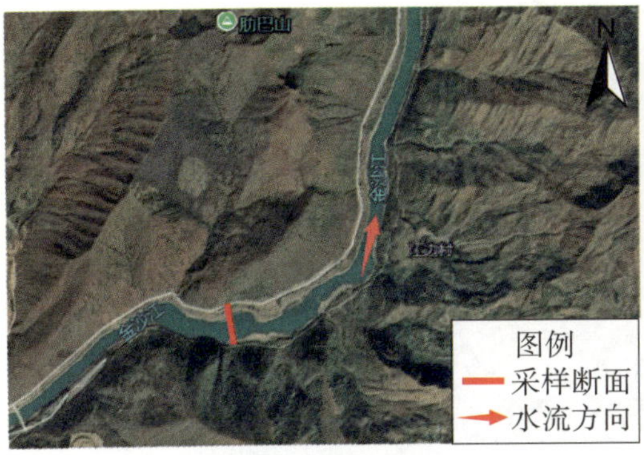

断面情况示意图

断面上游

自动监测站

断面下游

新华

控制属性： 国控

所属流域： 长江流域

所在水体： 金沙江

汇入水体： 东海

断面属性： 市界（迪庆州—丽江市）

断面类型： 河流

断面位置及经纬度： 位于玉龙县新华村东北向 1 千米，坐标：E 99.9583°，N 26.9331°。

断面二维码

断面情况示意图

断面上游

自动监测站

断面下游

金江桥

控制属性：国控

所属流域：长江流域

所在水体：金沙江

汇入水体：东海

断面属性：市界（丽江市—大理州）

断面类型：河流

断面位置及经纬度：位于永胜县金江桥水站旁，坐标：E 100.5938°，N 26.1838°。

断面二维码

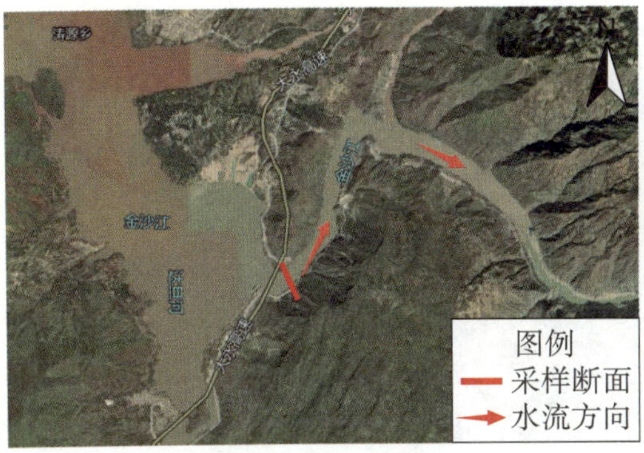

断面情况示意图

断面上游

自动监测站

断面下游

老火房

控制属性：国控

所属流域：长江流域

所在水体：金沙江

汇入水体：东海

断面属性：省界（滇—川）

断面类型：河流

断面二维码

断面位置及经纬度：位于宁蒗县三江口，金沙江与水洛河交汇口前的金沙江河面上，坐标：E 100.3742°，N 27.7583°。

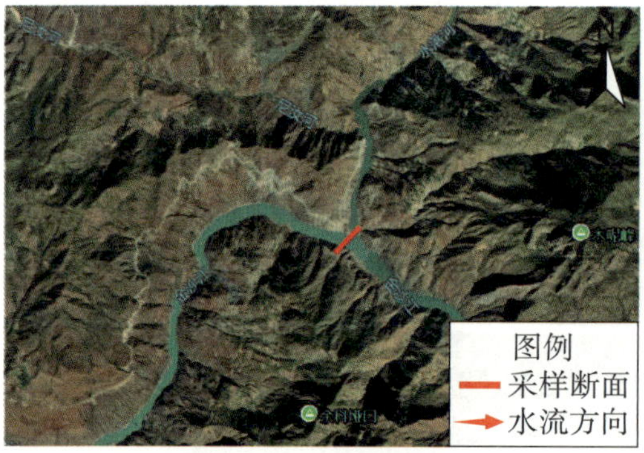

断面情况示意图

断面上游

断面下游

五孙庙

控制属性： 国控

所属流域： 长江流域

所在水体： 金沙江

汇入水体： 东海

断面属性： 市界（丽江市—大理州）

断面类型： 河流

断面位置及经纬度： 位于永胜县下甘村，向西 400 米到达采样点，坐标：E 100.4039°，N 26.5654°。

断面二维码

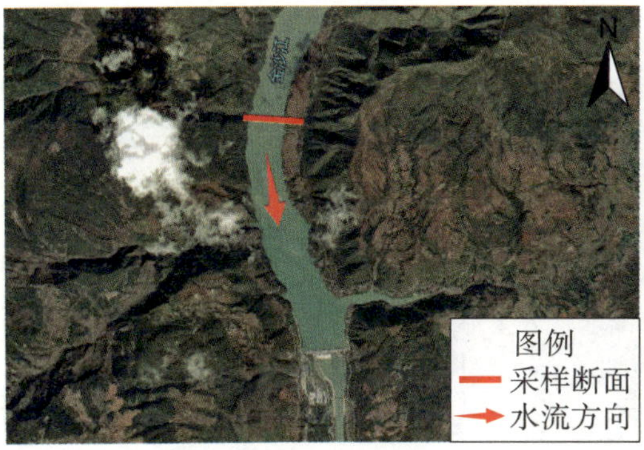

断面情况示意图

断面上游

断面下游

红海子

控制属性： 国控

所属流域： 长江流域

所在水体： 宁蒗河

汇入水体： 卧落河

断面属性： 省界（滇—川）

断面类型： 河流

断面位置及经纬度： 位于永胜县下甘村，向西 400 米到达采样点，坐标：E 100.9269°，N 27.4733°。

断面二维码

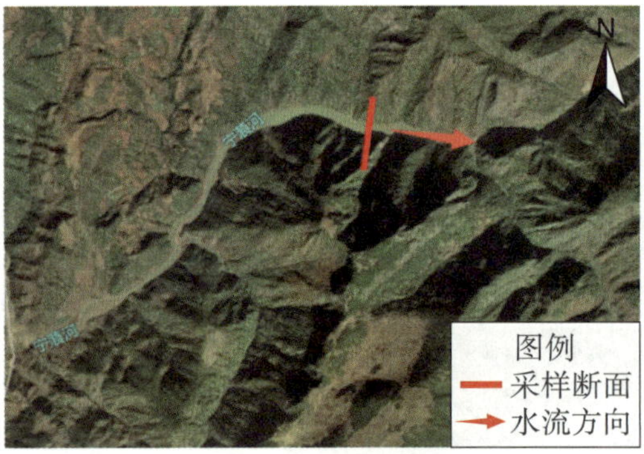

断面情况示意图

断面上游

断面下游

前所河云南出境

控制属性：国控

所属流域：长江流域

所在水体：前所河

汇入水体：卧落河

断面属性：省界（滇—川）

断面类型：河流

断面位置及经纬度：位于宁蒗县永宁乡中梁子村 500 米处桥上，坐标：E 100.7256°，N 27.7885°。

断面二维码

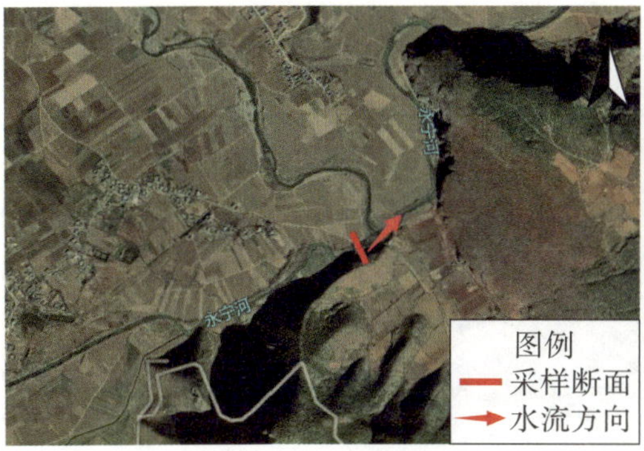

断面情况示意图

断面上游

断面下游

沙马村

控制属性： 国控

所属流域： 长江流域

所在水体： 五郎河

汇入水体： 金沙河

断面属性： 控制断面

断面类型： 河流

断面位置及经纬度： 位于宁蒗县火烧桥延海联公路向五郎河上游行驶约 2 千米处，坐标：E 100.6645°，N 26.9309°。

断面二维码

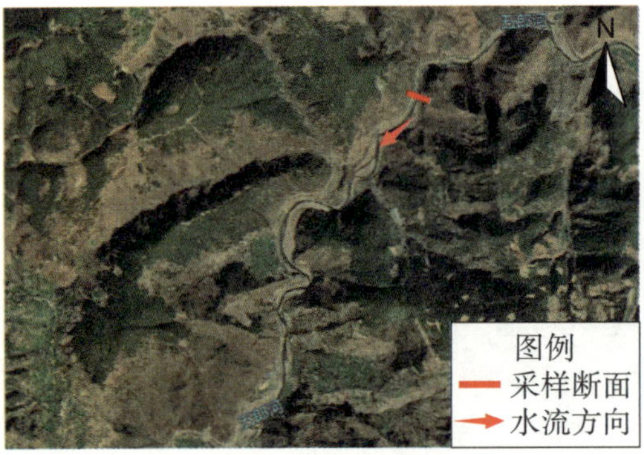

断面情况示意图

断面上游

断面下游

观音岩

控制属性： 国控

所属流域： 长江流域

所在水体： 新庄河

汇入水体： 金沙江

断面属性： 省界（滇—川）

断面类型： 河流

断面二维码

断面位置及经纬度： 位于四川省攀枝花市仁和区下干箐村 5 千米处石临段塘坝河与金沙江交汇口处，坐标：E 101.4442°，N 26.5314°。

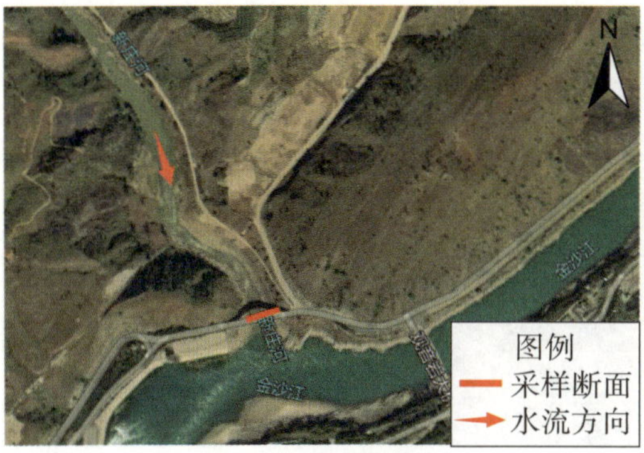

断面情况示意图

断面上游

断面下游

龙兴村

控制属性： 国控

所属流域： 长江流域

所在水体： 漾弓江

汇入水体： 金沙江

断面属性： 市界（丽江市—大理州）

断面类型： 河流

断面位置及经纬度： 位于古城区，鹤庆县下木登北向800米，坐标：E 100.2453°，N 26.6951°。

断面二维码

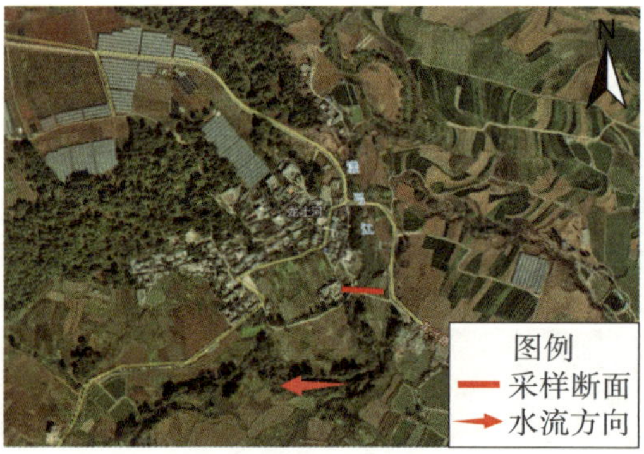

断面情况示意图

断面上游

自动监测站

断面下游

古城下

控制属性： 省控

所属流域： 长江流域

所在水体： 玉河

汇入水体： 漾弓江

断面属性： 控制断面

断面类型： 河流

采样方式： 岸边采

河宽： 2.5 米

河深： 0.5 米

采样位置： E 100.2450°，N 26.8651°

采样断面位置描述： 位于古城区八河街道八河居委会旁

所代表水功能区： 玉河古城景观用水区

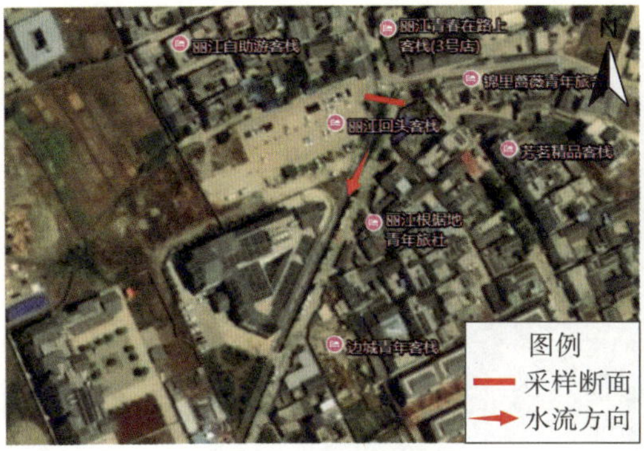

断面情况示意图

断面上游

断面下游

清溪水库

控制属性： 省控

所属流域： 长江流域

所在水体： 清溪水库

汇入水体： 玉河

断面属性： 控制断面

断面类型： 湖库

采样方式： 岸边采

河宽： —

河深： 1.5 米

采样位置： E 100.2310°，N 26.9056°

采样断面位置描述： 位于古城区清溪水库水厂取水口

所代表水功能区： 清溪水库、黑龙潭古城饮用、景观用水区

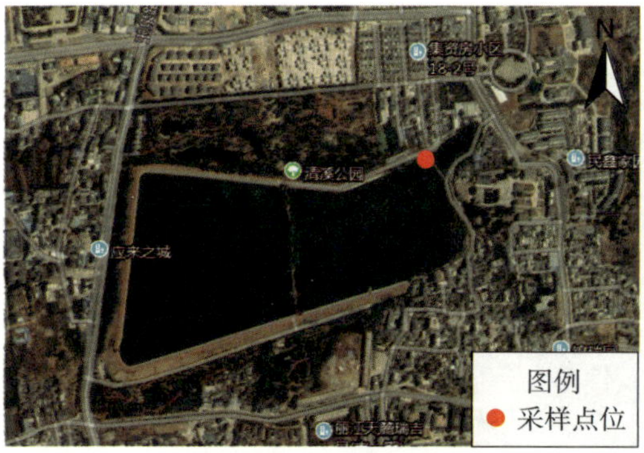

断面情况示意图

水面照片

反映采样位置的远景照片

鲤鱼河汇入口下游新桥

控制属性： 省控

所属流域： 长江流域

所在水体： 新庄河

汇入水体： 金沙江

断面属性： 入河口

断面类型： 河流

采样方式： 桥上采

河宽： 35 米

河深： 0.8 米

采样位置： E 101.2849°

北纬： 26.5776°

采样断面位置描述： 位于华坪县荣将镇李家村 382 米

所代表水功能区： —

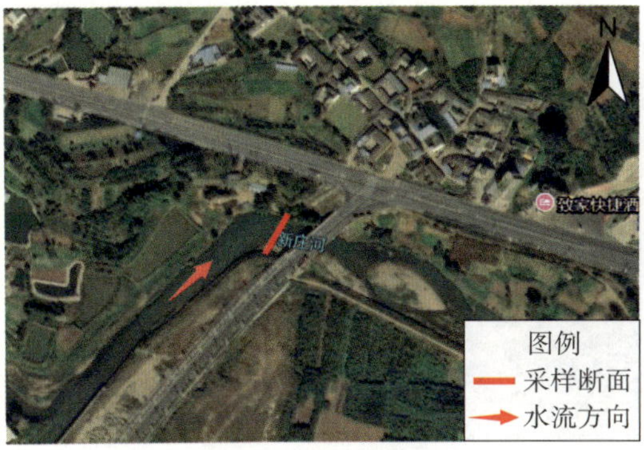

断面情况示意图

断面上游

断面下游

观音岩大桥

控制属性： 省控

所属流域： 长江流域

所在水体： 金沙江

汇入水体： 东海

断面属性： 省界（滇—川）

断面类型： 河流

采样方式： 桥上采

河宽： 87 米

河深： 25 米

采样位置： E 101.4469°，N 26.5311°

采样断面位置描述： 位于华坪县观音岩水电站大坝下游 1.3 千米

所代表水功能区： —

断面情况示意图

断面上游

断面下游

落水

控制属性：省控

所属流域：长江流域

所在水体：泸沽湖

汇入水体：—

断面属性：控制断面

断面类型：湖库

采样方式：船上采

河宽：—

河深：50 米

采样位置：E 100.7744°，N 27.6822°

采样断面位置描述：位于宁蒗县永宁乡落水村委会落水码头往湖心 900 米

所代表水功能区：泸沽湖保护区

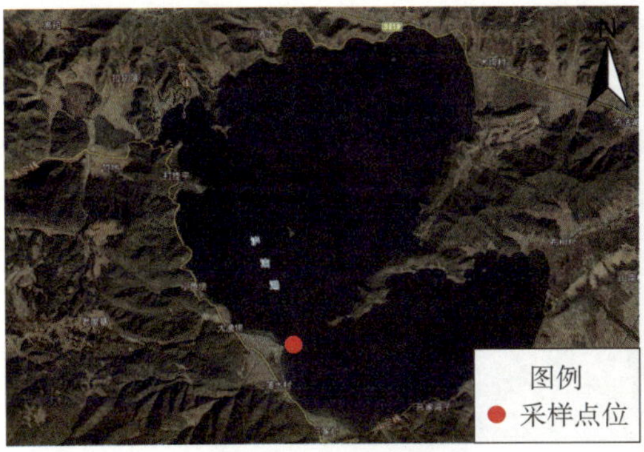

断面情况示意图

水面照片

反映采样位置的远景照片

李格

控制属性： 省控

所属流域： 长江流域

所在水体： 泸沽湖

汇入水体： —

断面属性： 控制断面

断面类型： 湖库

采样方式： 船上采

河宽： —

河深： 40 米

采样位置： E 100.7475°，N 27.7289°

采样断面位置描述： 位于宁蒗县永宁乡落水村委会里格码头往湖心 250 米

所代表水功能区： 泸沽湖保护区

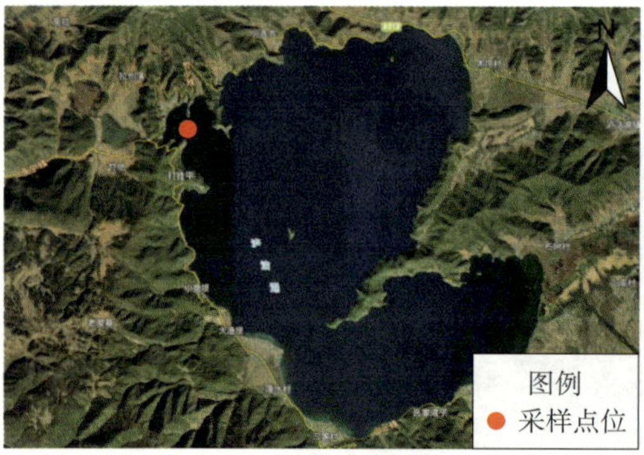

断面情况示意图

水面照片

反映采样位置的远景照片

雾坪水库

控制属性：省控
所属流域：长江流域
所在水体：帕帕河
汇入水体：鳡鱼河
断面属性：控制断面
断面类型：湖库
采样方式：岸边采
河宽：—
水深：12.4 米
采样位置：E 101.0928°，N 26.8063°
采样断面位置描述：位于宁蒗县县城西北 50 千米
所代表水功能区：务坪水库宁蒗饮用、农业用水区

断面情况示意图

水面照片

反映采样位置的远景照片

战河

控制属性： 省控

所属流域： 长江流域

所在水体： 五郎河

汇入水体： 金沙江

断面属性： 控制断面

断面类型： 河流

采样方式： 岸边采

河宽： 9.0 米

河深： 0.4 米

采样位置： E 100.9384°，N 26.8819°

采样断面位置描述： 位于宁蒗县战河乡昆明石化战河加油站往南 100 米

所代表水功能区： 五郎河宁蒗源头水保护区

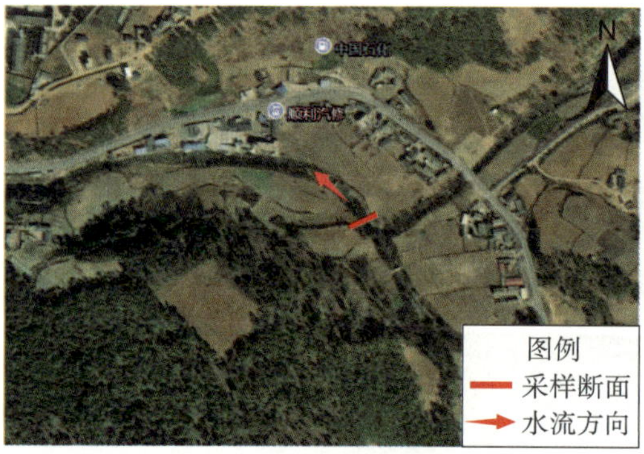

断面情况示意图

断面上游

断面下游

临江箐

控制属性： 省控

所属流域： 长江流域

所在水体： 金沙江

汇入水体： 东海

断面属性： 市界（丽江市—楚雄彝族自治州）

断面类型： 河流

采样方式： 船上采

河宽： 400 米

河深： 20 米

采样位置： E 101.1068°，N 26.3335°

采样断面位置描述： 位于永胜县临江箐村东方向 1 千米

所代表水功能区： —

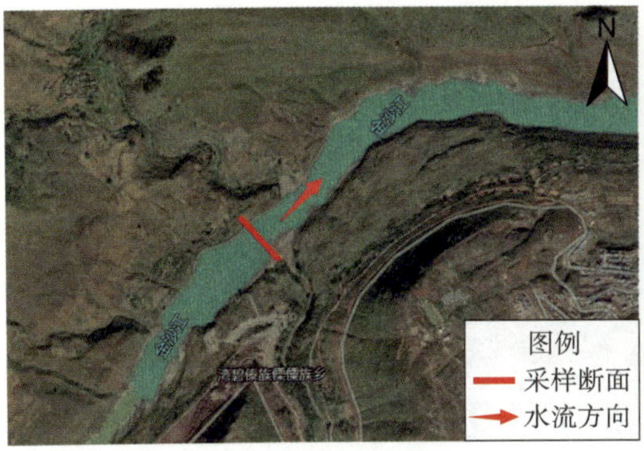

断面情况示意图

断面上游

断面下游

程海北

控制属性： 省控

所属流域： 长江流域

所在水体： 程海

汇入水体： —

断面属性： 控制断面

断面类型： 湖库

采样方式： 船上采

河宽： —

河深： 26 米

采样位置： E 100.6592°，N 26.6169°

采样断面位置描述： 位于永胜县程海镇罗家村东南方向 2.5 千米

所代表水功能区： 程海永胜渔业、工业用水区

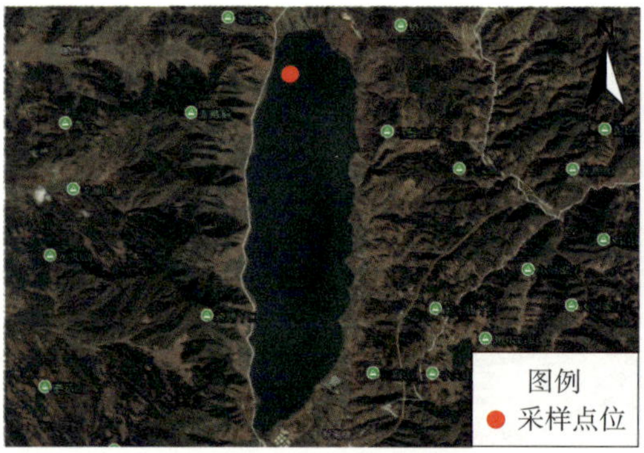

断面情况示意图

水面照片

反映采样位置的远景照片

程海南

控制属性： 省控

所属流域： 长江流域

所在水体： 程海

汇入水体： —

断面属性： 控制断面

断面类型： 湖库

采样方式： 船上采

河宽： —

河深： 23 米

采样位置： E 100.6464°，N 26.4653°

采样断面位置描述： 位于永胜县程海镇北头村东北方向 1.5 千米处

所代表水功能区： 程海永胜渔业、工业用水区

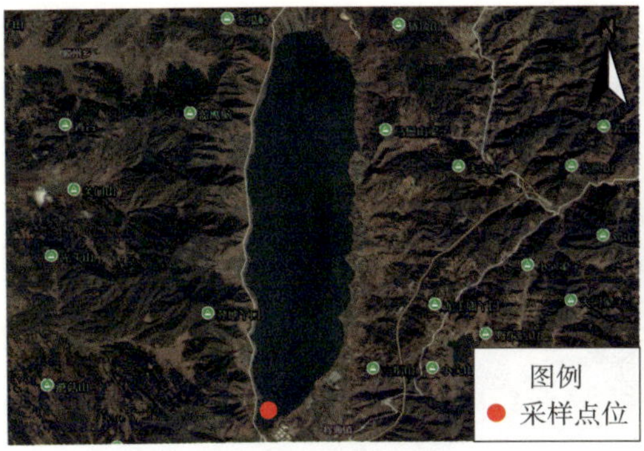

断面情况示意图

水面照片

反映采样位置的远景照片

仁里

控制属性： 省控

所属流域： 长江流域

所在水体： 马过河

汇入水体： 金沙江

断面属性： 控制断面

断面类型： 河流

采样方式： 岸边采

河宽： 10 米

河深： 0.5 米

采样位置： E 101.0065°，N 26.4848°

采样断面位置描述： 位于永胜县仁和镇盐水沟村西南方向 1 千米处

所代表水功能区： 马过河永胜源头水保护区 / 马过河永胜保留区 / 仙人河永胜源头水保护区 / 仙人河永胜保留区

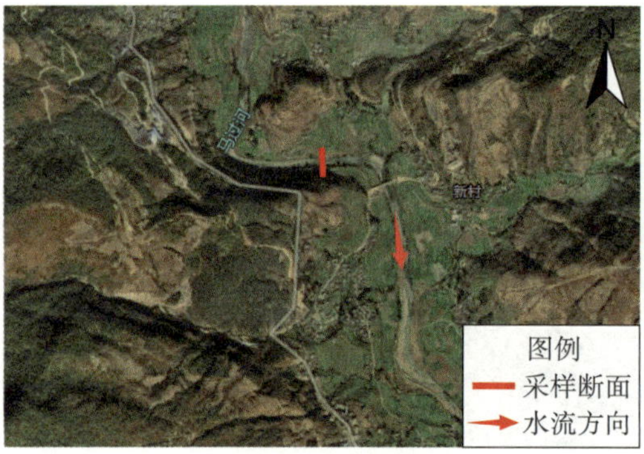

断面情况示意图

断面上游

断面下游

羊坪水库

控制属性： 省控

所属流域： 长江流域

所在水体： 羊坪水库

汇入水体： 五郎河

断面属性： 控制断面

断面类型： 湖库

采样方式： 岸边采

河宽： —

河深： 20 米

采样位置： E 100.8003°，N 26.7096°

采样断面位置描述： 位于永胜县羊坪彝族自治乡羊坪村西南方向 3 千米

所代表水功能区： 羊坪水库永胜饮用、农业用水区

断面情况示意图

水面照片

反映采样位置的远景照片

南口桥

控制属性：省控

所属流域：长江流域

所在水体：漾弓江

汇入水体：金沙江

断面属性：控制断面

断面类型：河流

采样方式：桥上采

河宽：10 米

河深：0.6 米

采样位置：E 100.2502°，N 26.8299°

采样断面位置描述：位于玉龙县漾弓江南口桥

所代表水功能区：漾弓江古城农业、工业用水区

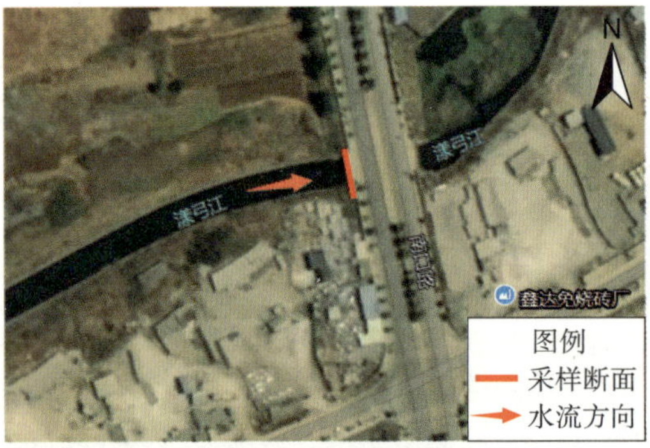

断面情况示意图

断面上游

断面下游

白沙取水口

控制属性： 省控

所属流域： 长江流域

所在水体： 三束河

汇入水体： 漾弓江

断面属性： 控制断面

断面类型： 河流

采样方式： 岸边采

河宽： 1 米

河深： 0.6 米

采样位置： E 100.2339°，N 27.0244°

采样断面位置描述： 位于玉龙县白沙镇文华村北面 1.7 千米

所代表水功能区： —

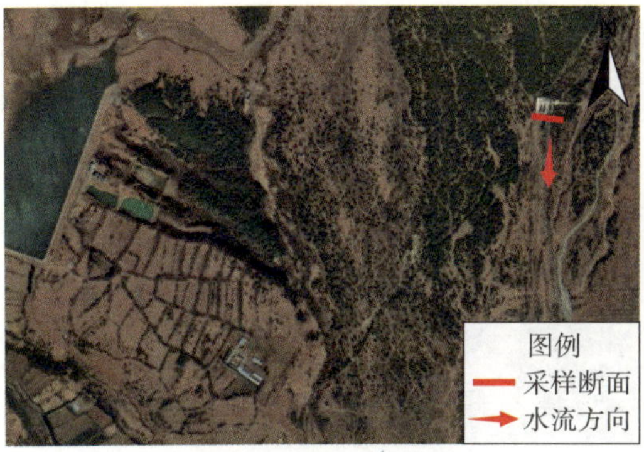

断面情况示意图

断面上游

断面下游

老八课

控制属性：省控

所属流域：长江流域

所在水体：金沙江

汇入水体：东海

断面属性：县界（玉龙县—古城区）

断面类型：河流

采样方式：桥上采

河宽：100 米

河深：40 米

采样位置：E 100.4482°，N 27.1640°

采样断面位置描述：位于古城区大东乡大东温泉东面 2 千米

所代表水功能区：—

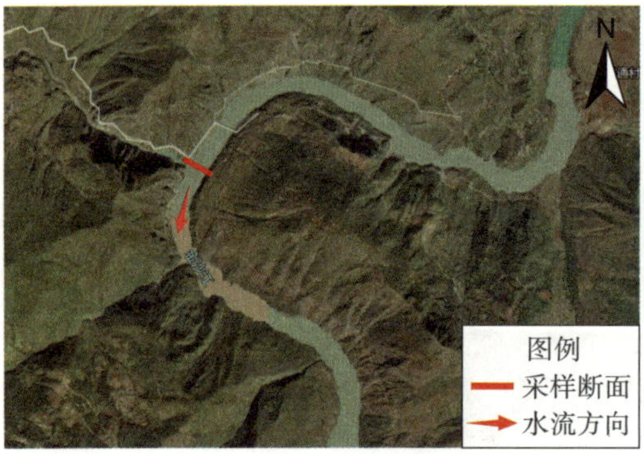

断面情况示意图

断面上游

断面下游

黑白水

控制属性： 省控

所属流域： 长江流域

所在水体： 黑白水河

汇入水体： 金沙江

断面属性： 控制断面

断面类型： 河流

采样方式： 岸边采

河宽： 9.0 米

河深： 0.2 米

采样位置： E 100.2511°，N 27.1278°

采样断面位置描述： 位于玉龙县蓝月谷景区听涛湖下游

所代表水功能区： 黑白水河玉龙—古城保护区

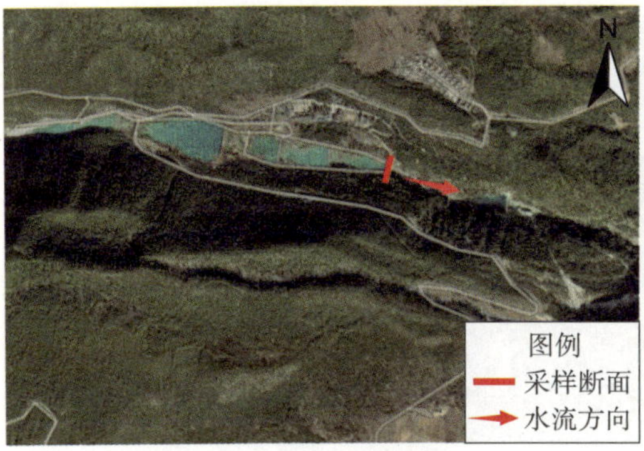

断面情况示意图

断面上游

断面下游

拉市海湖心

控制属性： 省控

所属流域： 长江流域

所在水体： 拉市海

汇入水体： 漾弓江

断面属性： 控制断面

断面类型： 湖库

采样方式： 船上采

河宽： 11 米

河深： 3 米

采样位置： E 100.1343°，N 26.8802°

采样断面位置描述： 位于玉龙县拉市镇政府西北 3.5 千米处

所代表水功能区： 拉市海保护区

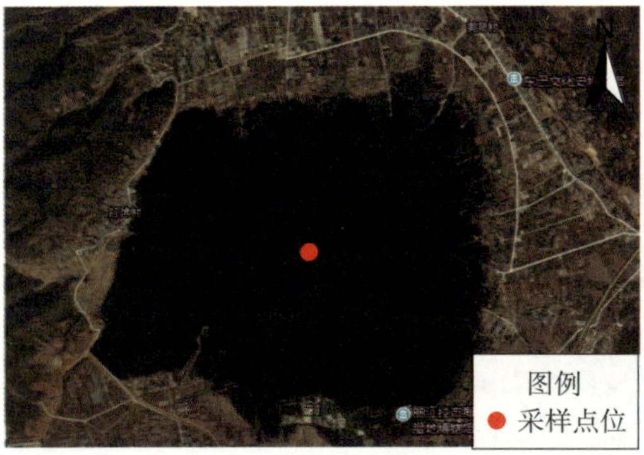

断面情况示意图

水面照片

反映采样位置的远景照片

来远桥

控制属性： 省控

所属流域： 长江流域

所在水体： 冲江河

汇入水体： 金沙江

断面属性： 控制断面

断面类型： 河流

采样方式： 桥上采

河宽： 11 米

河深： 0.3 米

采样位置： E 99.9325°，N 26.8578°

采样断面位置描述： 位于丽江市玉龙县石鼓镇西面 2.89 千米

所代表水功能区： 冲江河玉龙保护区

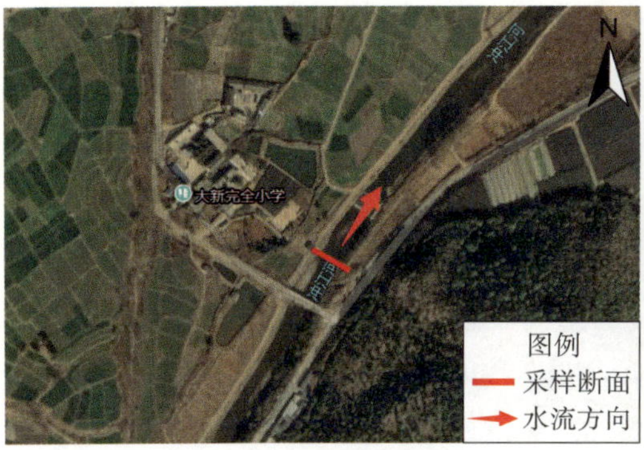

断面情况示意图

断面上游

断面下游

九鼎龙潭

控制属性：省控

所属流域：长江流域

所在水体：漾弓江

汇入水体：金沙江

断面属性：控制断面

断面类型：河流

采样方式：岸边采

河宽：—

河深：1.2 米

采样位置：E 100.2028°，N 26.9274°

采样断面位置描述：位于古城区束河街道仁里村龙泉寺旁

所代表水功能区：漾弓江玉龙—古城源头水保护区

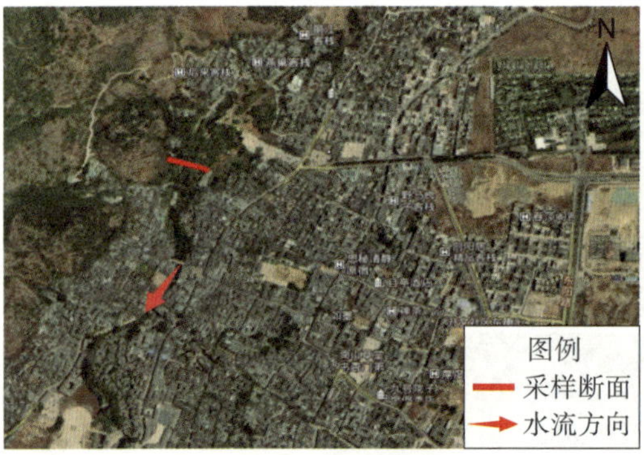

断面情况示意图

断面上游

断面下游

金庄河入江口

控制属性： 省控

所属流域： 长江流域

所在水体： 金庄河

汇入水体： 金沙江

断面属性： 控制断面

断面类型： 河流

采样方式： 桥上采

河宽： 10 米

河深： 0.3 米

采样位置： E 99.8028°，N 27.1603°

采样断面位置描述： 位于玉龙县黎明乡中兴村委会北面 500 米

所代表水功能区： 金庄河玉龙保护区

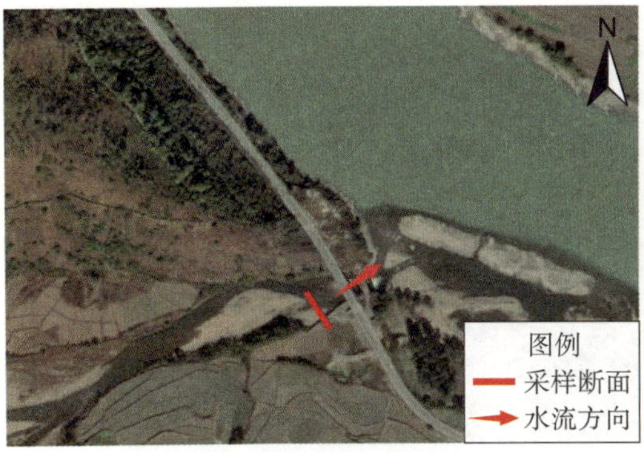

断面情况示意图

断面上游

断面下游

2.14 怒江傈僳族自治州（15）

金鸡桥

控制属性： 国控

所属流域： 澜沧江流域

所在水体： 沘江

汇入水体： 澜沧江

断面属性： 市界（怒江州—大理州）

断面类型： 河流

断面位置及经纬度： 位于兰坪县箐门村以南227省道黄金线警务室后面桥上，坐标：E 99.3825°，N 26.3489°。

断面二维码

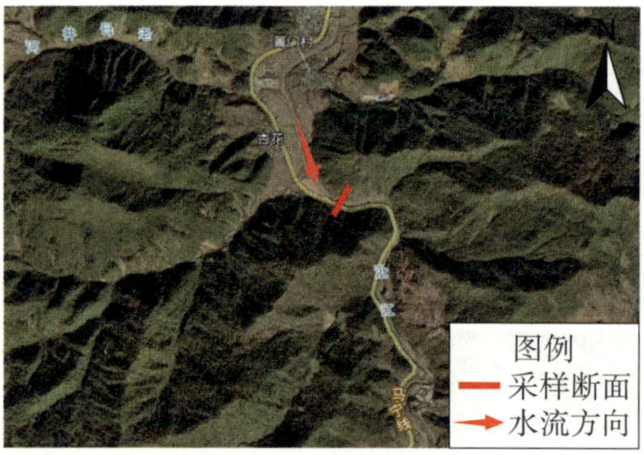

断面情况示意图

断面上游

断面下游

马库

控制属性：国控

所属流域：伊洛瓦底江流域

所在水体：独龙江（伊洛瓦底江）

汇入水体：安达曼海

断面属性：国界（中—缅）

断面类型：河流

断面位置及经纬度：位于贡山县独龙江乡贡山县森林管理站往前 900 米处，坐标：E 98.2708°，N 27.6776°。

断面二维码

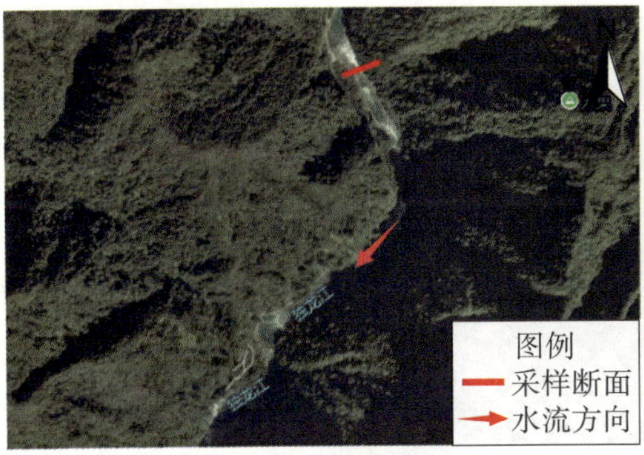

断面情况示意图

断面上游

断面下游

兔峨

控制属性： 国控

所属流域： 澜沧江流域

所在水体： 澜沧江

汇入水体： 南海

断面属性： 市界（怒江州—大理州）

断面类型： 河流

断面二维码

断面位置及经纬度： 位于兰坪县兔峨乡沿河流下游走1千米左右，坐标：E 99.1323°，N 26.1973°。

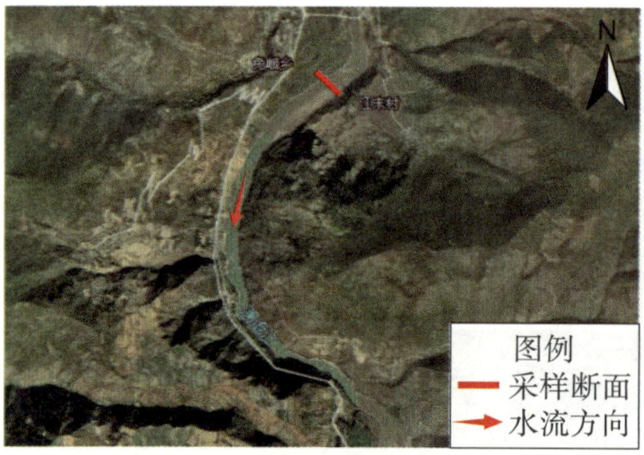

断面情况示意图

断面上游

断面下游

拉甲木底桥

断面二维码

控制属性： 国控

所属流域： 怒江流域

所在水体： 怒江

汇入水体： 缅甸海

断面属性： 控制断面

断面类型： 河流

断面位置及经纬度： 位于福贡县拉甲木底小学旁边的公路，转进去大概500米到达，坐标：E 98.8695°，N 26.8715°。

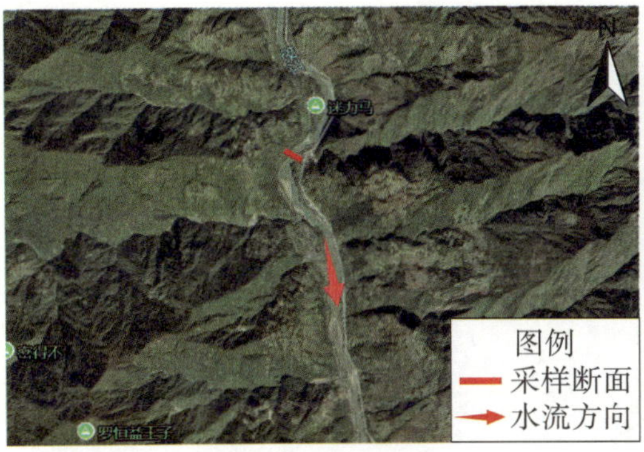

断面情况示意图

断面上游

自动监测站

断面下游

丙舍桥

控制属性：国控

所属流域：怒江流域

所在水体：怒江

汇入水体：缅甸海

断面属性：市界（怒江州—大理州）

断面类型：河流

断面二维码

断面位置及经纬度：位于泸水市，距离怒江州环境监测站 500 米左右，坐标：E 98.8633°，N 25.8156°。

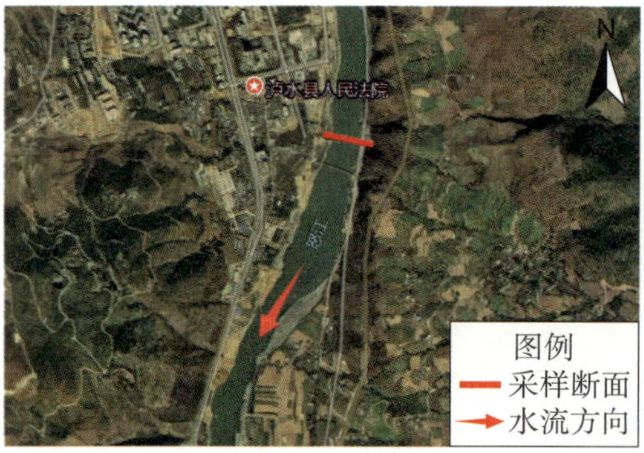

断面情况示意图

断面上游

自动监测站

断面下游

碧玉河汇口

控制属性： 国控

所属流域： 澜沧江流域

所在水体： 碧玉河

汇入水体： 澜沧江

断面属性： 市界（怒江州、迪庆州）

断面类型： 河流

断面位置及经纬度： 位于兰坪县，迪庆州维西县沿白维线行至澜沧江和碧玉河交汇处，坐标：E 99.1550°，N 26.9950°。

断面二维码

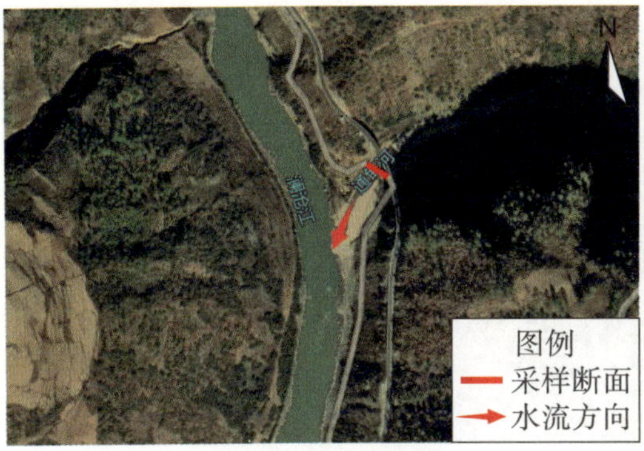

断面情况示意图

断面上游

断面下游

幸福桥

控制属性： 省控

所属流域： 怒江流域

所在水体： 怒江

汇入水体： 缅甸海

断面属性： 控制断面

断面类型： 河流

采样方式： 桥上采、岸边采

河宽： 75 米

河深： 7.5 米

采样位置： E 98.6707°，N 27.7475°

采样断面位置描述： 位于贡山县茨开镇满孜村

所代表水功能区： —

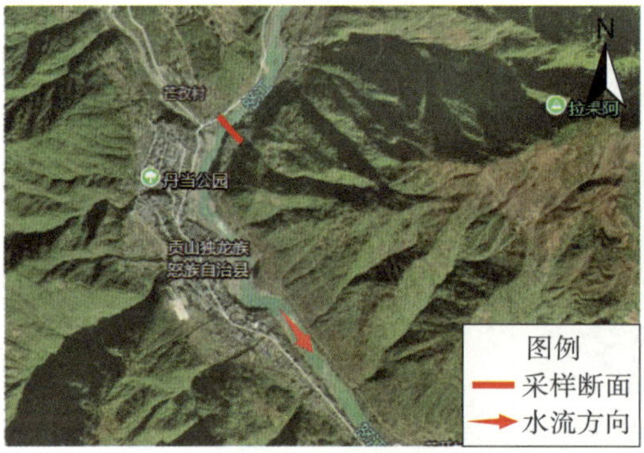

断面情况示意图

断面上游

断面下游

青拉桶

控制属性：省控

所属流域：怒江流域

所在水体：怒江

汇入水体：缅甸海

断面属性：省界（藏—滇）

断面类型：河流

采样方式：岸边采

河宽：150 米

河深：5.2 米

采样位置：E 98.6108°，N 28.0347°

采样断面位置描述：位于贡山县丙中洛镇甲生村

所代表水功能区：怒江藏滇缓冲区

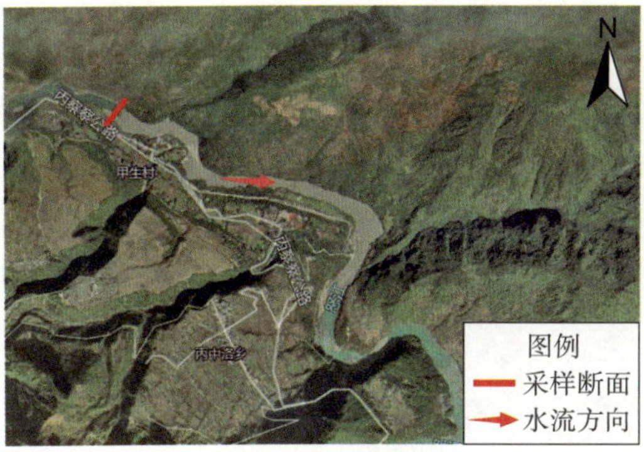

断面情况示意图

断面上游

断面下游

南代

控制属性： 省控

所属流域： 伊洛瓦底江流域

所在水体： 独龙江

汇入水体： 安达曼海

断面属性： 省界（藏—滇）

断面类型： 河流

采样方式： 桥上采、岸边采

河宽： 24 米

河深： 1.4 米

采样位置： E 98.2361°，N 28.1981°

采样断面位置描述： 位于贡山县独龙江乡南代村

所代表水功能区： 独龙江藏滇缓冲区

断面情况示意图

断面上游

断面下游

新生桥

控制属性： 省控

所属流域： 澜沧江流域

所在水体： 挂登河

汇入水体： 沘江

断面属性： 控制断面

断面类型： 河流

采样方式： 岸边采、桥上采

河宽： 7.0 米

河深： 0.5 米

采样位置： E 99.3595°，N 26.4752°

采样断面位置描述： 位于兰坪县金顶镇新生桥天然林资源保护所西方向

所代表水功能区： —

断面情况示意图

断面上游

断面下游

上高坪

控制属性： 省控

所属流域： 澜沧江流域

所在水体： 沘江

汇入水体： 澜沧江

断面属性： 控制断面

断面类型： 河流

采样方式： 岸边采

河宽： 6.0 米

河深： 0.3 米

采样位置： E 99.4295°，N 26.5114°

采样断面位置描述： 位于兰坪县金顶镇高坪村

所代表水功能区： —

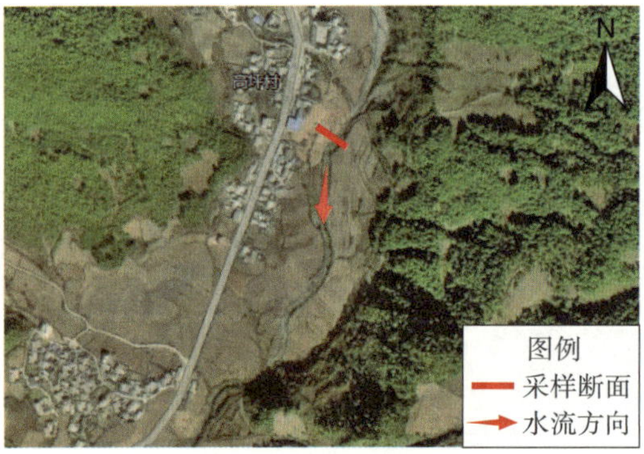

断面情况示意图

断面上游

断面下游

温庄桥

控制属性： 省控

所属流域： 澜沧江流域

所在水体： 沘江

汇入水体： 澜沧江

断面属性： 控制断面

断面类型： 河流

采样方式： 桥上采、岸边采

河宽： 16.4 米

河深： 0.50 米

采样位置： E 99.3915°，N 26.3778°

采样断面位置描述： 位于兰坪县金顶镇官坪村

所代表水功能区： —

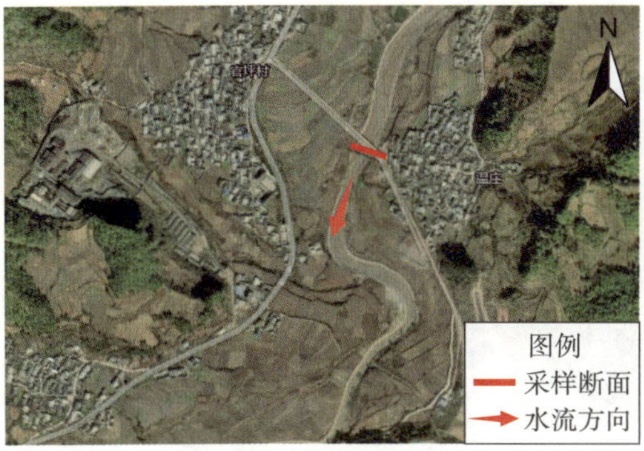

断面情况示意图

断面上游

断面下游

嗦罗塞桥

控制属性：省控

所属流域：澜沧江流域

所在水体：澜沧江

汇入水体：南海

断面属性：控制断面

断面类型：河流

采样方式：岸边采

河宽：200 米

河深：40 米

采样位置：E 99.1440°，N 26.4819°

采样断面位置描述：位于兰坪县营盘镇恩棋村西面嗦罗塞桥

所代表水功能区：—

断面情况示意图

断面上游

断面下游

老窝河口

控制属性：省控

所属流域：怒江流域

所在水体：老窝河

汇入水体：怒江

断面属性：入怒江河口

断面类型：河流

采样方式：桥上采、岸边采

河宽：8.0 米

河深：0.8 米

采样位置：E 98.8658°，N 25.8449°

采样断面位置描述：位于泸水市六库镇老窝河口水文站旁

所代表水功能区：—

断面情况示意图

断面上游

断面下游

玛布河

控制属性： 省控

所属流域： 怒江流域

所在水体： 玛布河

汇入水体： 怒江

断面属性： 控制断面

断面类型： 河流

采样方式： 岸边采

河宽： 8.0 米

河深： 1.0 米

采样位置： E 98.8204°，N 25.8786°

采样断面位置描述： 位于泸水市鲁掌镇登埂村民委员会马掌河村民小组

所代表水功能区： 麻布河泸水饮用水源保护区

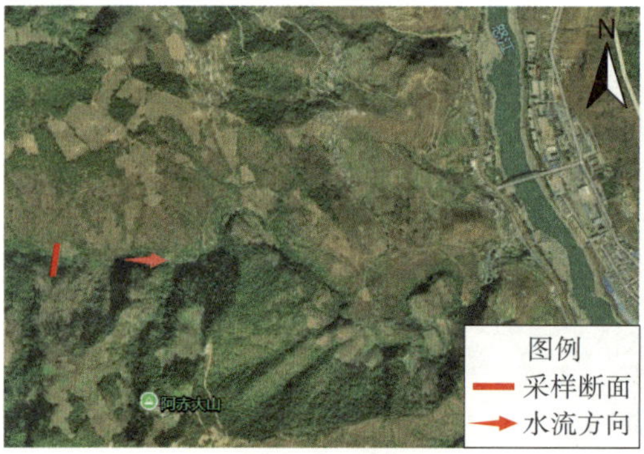

断面情况示意图

断面上游

断面下游

2.15 迪庆藏族自治州（17）

贺龙桥

控制属性： 国控

所属流域： 长江流域

所在水体： 金沙江

汇入水体： 东海

断面属性： 省界（川、滇）

断面类型： 河流

断面位置及经纬度： 位于香格里拉市贺龙桥，坐标：E 99.3892°，N 28.1706°。

断面二维码

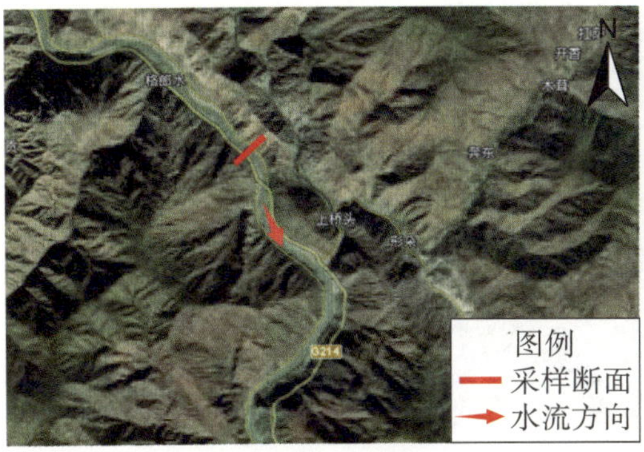

断面情况示意图

断面上游

自动监测站

断面下游

虎跳峡镇点

控制属性： 国控

所属流域： 长江流域

所在水体： 硕多岗河

汇入水体： 金沙江

断面属性： 控制断面

断面类型： 河流

断面二维码

断面位置及经纬度： 位于香格里拉市虎跳峡镇西景线和里俄扒公路交叉口，坐标：E 100.0374°，N 27.2101°。

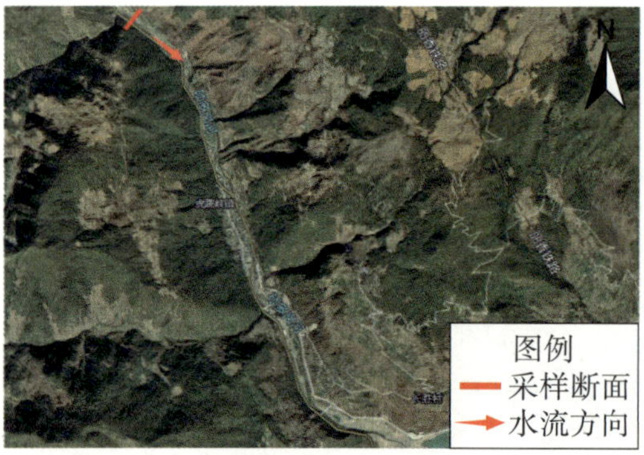

断面情况示意图

断面上游

自动监测站

断面下游

色仓

控制属性： 国控

所属流域： 长江流域

所在水体： 硕曲河（东旺河）

汇入水体： 金沙江

断面属性： 控制断面

断面类型： 河流

断面位置及经纬度： 位于香格里拉市滇川通道往色仓方向色冲大桥处，坐标：E 99.4797°，N 28.4748°。

断面二维码

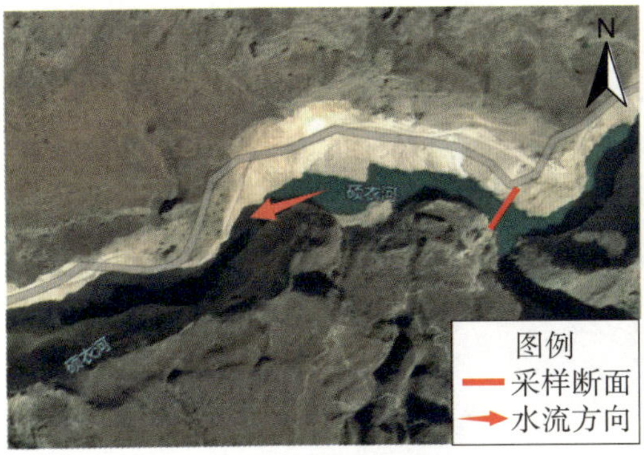

断面情况示意图

断面上游

断面下游

中路村

控制属性： 国控

所属流域： 澜沧江流域

所在水体： 澜沧江

汇入水体： 南海

断面属性： 控制断面

断面类型： 河流

断面二维码

断面位置及经纬度： 位于维西县中路村北 2 千米处，坐标：E 99.1470°，N 27.1838°。

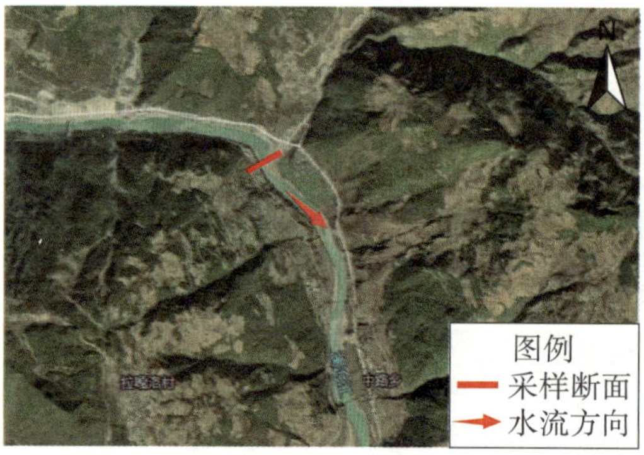

断面情况示意图

断面上游

自动监测站

断面下游

布村桥

控制属性： 省控

所属流域： 澜沧江流域

所在水体： 澜沧江

汇入水体： 南海

断面属性： 控制断面

断面类型： 河流

采样方式： 岸边采

河宽： 45 米

河深： —

采样位置： E 98.8164°，N 28.4647°

采样断面位置描述： 位于德钦县云岭乡布村售票室西南 0.5 千米处

所代表水功能区： 澜沧江藏滇缓冲区

断面情况示意图

断面上游

断面下游

拖顶乡点

控制属性： 省控

所属流域： 长江流域

所在水体： 金沙江

汇入水体： 东海

断面属性： 县界（德钦县—维西县）

断面类型： 河流

采样方式： 岸边采

河宽： 86 米

河深： —

采样位置： E 99.5168°，N 27.6324°

采样断面位置描述： 位于德钦县拖顶乡巴东村拖顶乡水质自动站旁

所代表水功能区： —

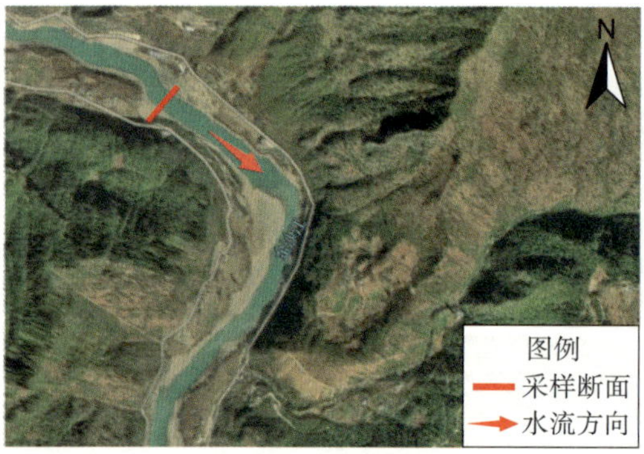

断面情况示意图

断面上游

自动监测站

断面下游

拖顶

控制属性：省控

所属流域：长江流域

所在水体：支巴洛河

汇入水体：金沙江

断面属性：控制断面

断面类型：河流

采样方式：桥上采

河宽：25 米

河深：—

采样位置：E 99.3567°，N 27.7635°

采样断面位置描述：位于德钦县拖顶乡空仲村拖顶水文站旁

所代表水功能区：支巴洛河德钦源头水保护区 / 支巴洛河德钦保留区

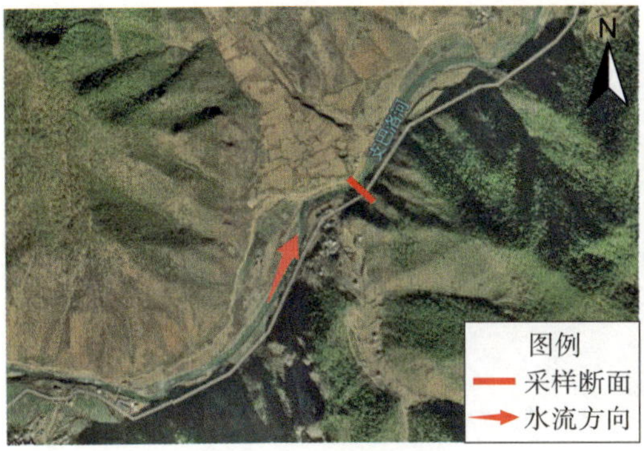

断面情况示意图

断面上游

断面下游

塔城镇点

控制属性：省控

所属流域：长江流域

所在水体：腊普河

汇入水体：金沙江

断面属性：控制断面

断面类型：河流

采样方式：桥上采

河宽：14 米

河深：—

采样位置：E 99.4962°，N 27.5831°

采样断面位置描述：位于维西县塔城镇格里桌大桥

所代表水功能区：腊普河维西保护区

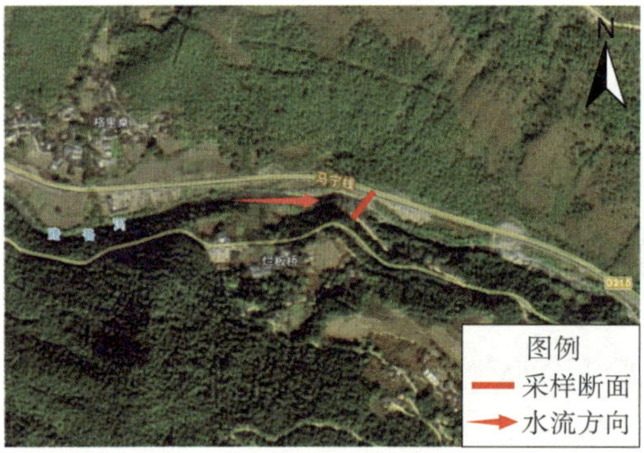

断面情况示意图

断面上游

自动监测站

断面下游

上桥头水文站

控制属性： 省控

所属流域： 长江流域

所在水体： 岗曲河

汇入水体： 金沙江

断面属性： 控制断面

断面类型： 河流

采样方式： 岸边采

河宽： 35 米

河深： —

采样位置： E 99.4008°，N 28.1653°

采样断面位置描述： 位于香格里拉市尼西乡上桥头村上桥头水文站

所代表水功能区： 交界河（岗曲）香格里拉保留区 / 交界河（岗曲）香格里拉工业、农业用水区

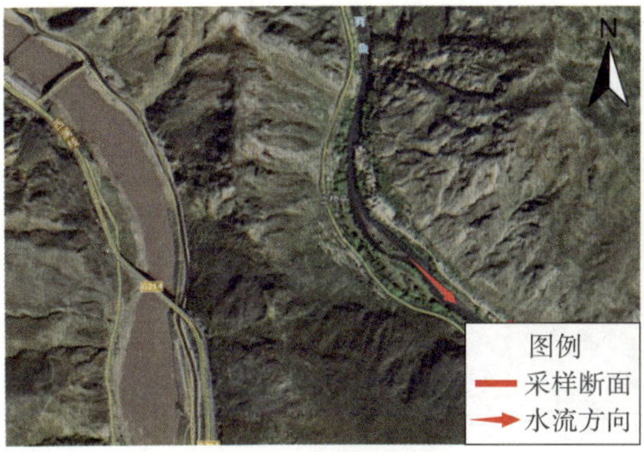

断面情况示意图

断面上游

断面下游

属都湖

控制属性： 省控

所属流域： 长江流域

所在水体： 属都湖

汇入水体： 硕多岗河

断面属性： 控制断面

断面类型： 湖库

采样方式： 船上采、岸上采

河宽： —

河深： —

采样位置： E 99.9476°，N 27.9090°

采样断面位置描述： 位于香格里拉市建塘镇普达措国家公园属都湖

所代表水功能区： —

断面情况示意图

水面照片

反映采样位置的远景照片

桑那水库

控制属性： 省控

所属流域： 长江流域

所在水体： 桑那水库

汇入水体： 桑那河

断面属性： 控制断面

断面类型： 湖库

采样方式： 岸边采

河宽： —

河深： —

采样位置： E 99.7420°，N 27.8247°

采样断面位置描述： 位于香格里拉市建塘镇桑那水库取水口栈桥

所代表水功能区： 桑那水库香格里拉饮用水源区

断面情况示意图

水面照片

反映采样位置的远景照片

龙潭河源头

控制属性：省控

所属流域：长江流域

所在水体：龙潭河源头

汇入水体：纳赤河

断面属性：控制断面

断面类型：湖库

采样方式：岸边采

河宽：30 米

河深：—

采样位置：E 99.7186°，N 27.8211°

采样断面位置描述：位于香格里拉市建塘镇香格里拉市供排水有限公司第一水厂取水口

所代表水功能区：—

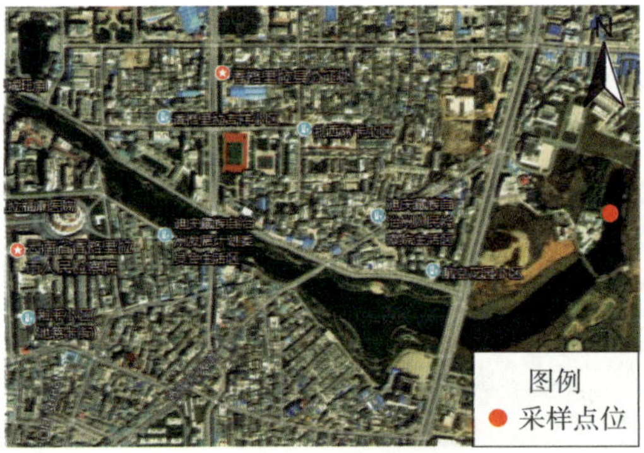

断面情况示意图

水面照片

反映采样位置的远景照片

碧塔海

控制属性：省控

所属流域：长江流域

所在水体：碧塔海

汇入水体：洛吉河

断面属性：控制断面

断面类型：湖库

采样方式：岸边采

河宽：—

河深：—

采样位置：E 99.9922°，N 27.8278°

采样断面位置描述：位于香格里拉市建塘镇普达措国家公园碧塔海

所代表水功能区：碧塔海保护区

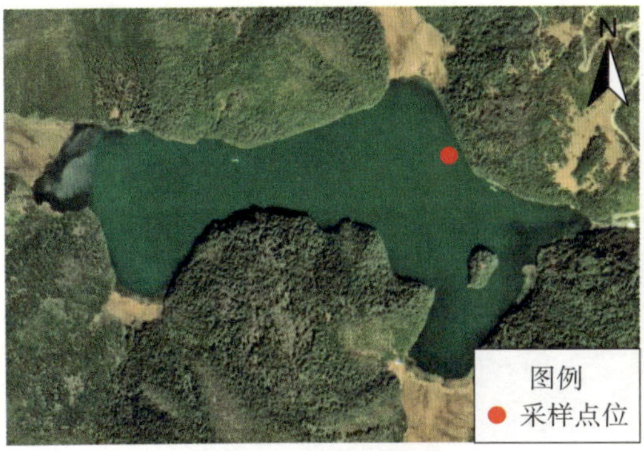

断面情况示意图

水面照片

反映采样位置的远景照片

小中甸水库

控制属性：省控

所属流域：长江流域

所在水体：硕多岗河

汇入水体：金沙江

断面属性：控制断面

断面类型：湖库

采样方式：岸边采

河宽：—

河深：—

采样位置：E 99.7781°，N 27.5783°

采样断面位置描述：位于香格里拉市小中甸镇小中甸水库大坝西北侧 1.5 千米处

所代表水功能区：硕多岗河香格里拉源头水保护区 / 小中甸水库香格里拉农业、饮用用水区

断面情况示意图

水面照片

反映采样位置的远景照片

洛吉电站

控制属性： 省控

所属流域： 长江流域

所在水体： 尼汝河

汇入水体： 水洛河

断面属性： 控制断面

断面类型： 河流

采样方式： 岸边采

河宽： 10 米

河深： —

采样位置： E 100.2347°，N 27.8033°

采样断面位置描述： 位于香格里拉市洛吉乡木星土电站大坝下游 0.2 千米处

所代表水功能区： 尼汝河香格里拉工业、农业用水区

断面情况示意图

断面上游

断面下游

纳帕海

控制属性： 省控

所属流域： 长江流域

所在水体： 纳帕海

汇入水体： 金沙江

断面属性： 控制断面

断面类型： 湖库

采样方式： 岸边采

河宽： —

河深： —

采样位置： E 99.6308°，N 27.9075°

采样断面位置描述： 位于香格里拉市建塘镇腊浪村腊浪民宿左侧 0.2 千米处（纳帕海 1# 落水洞）

所代表水功能区： 纳帕海保护区

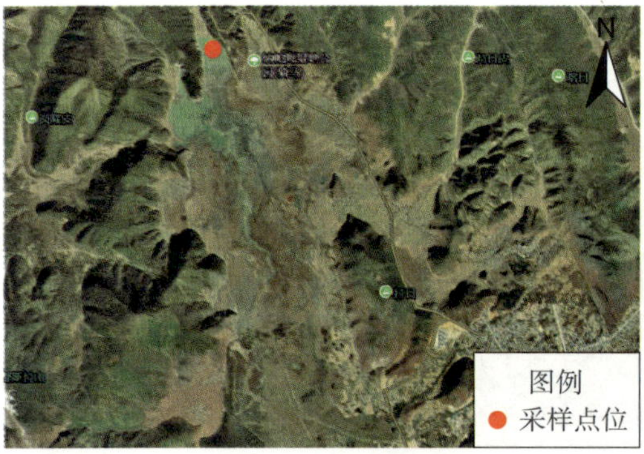

断面情况示意图

水面照片

反映采样位置的远景照片

千湖

控制属性： 省控

所属流域： 长江流域

所在水体： 硕多岗河

汇入水体： 金沙江

断面属性： 控制断面

断面类型： 河流

采样方式： 岸边采

河宽： 0.30 米

河深： 0.15 米

采样位置： E 99.8088°，N 27.4371°

采样断面位置描述： 位于香格里拉市小中甸镇吉沙林场南侧 15 米

所代表水功能区： 千湖保护区

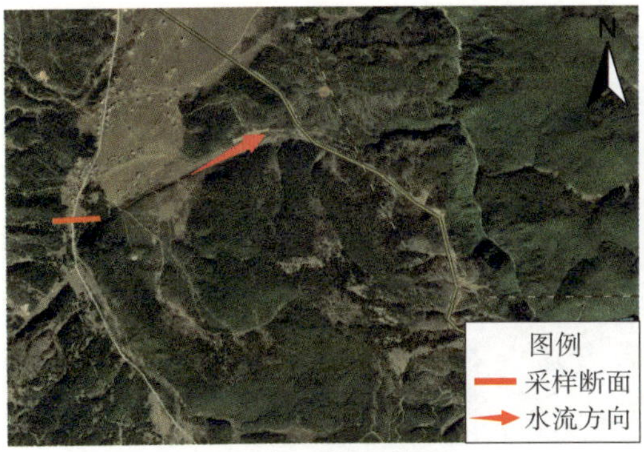

断面情况示意图

断面上游

断面下游

2.16 临沧市（21）

嘎旧

控制属性： 国控

所属流域： 澜沧江流域

所在水体： 澜沧江

汇入水体： 南海

断面属性： 控制断面

断面类型： 河流

断面位置及经纬度： 位于云县忙怀乡，沿平安大道向漫湾方向走约 3.5 千米，坐标：E 100.4965°，N 24.5409°。

断面二维码

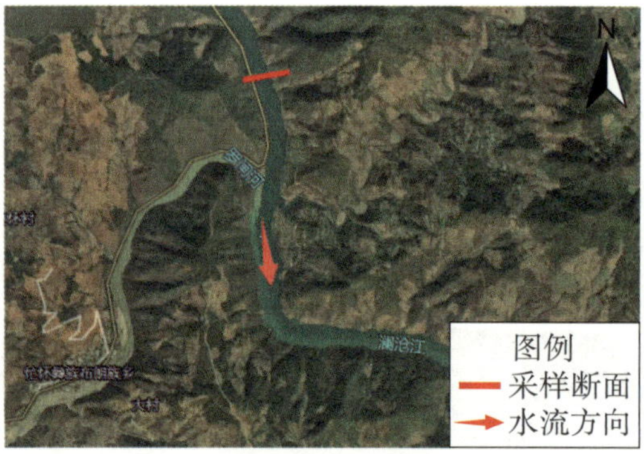

断面情况示意图

断面上游

自动监测站

断面下游

景临桥

控制属性： 国控

所属流域： 澜沧江流域

所在水体： 澜沧江

汇入水体： 南海

断面属性： 控制断面

断面类型： 河流

断面位置及经纬度： 位于临翔区景临桥，坐标：E 100.1693°，N 23.5542°。

断面二维码

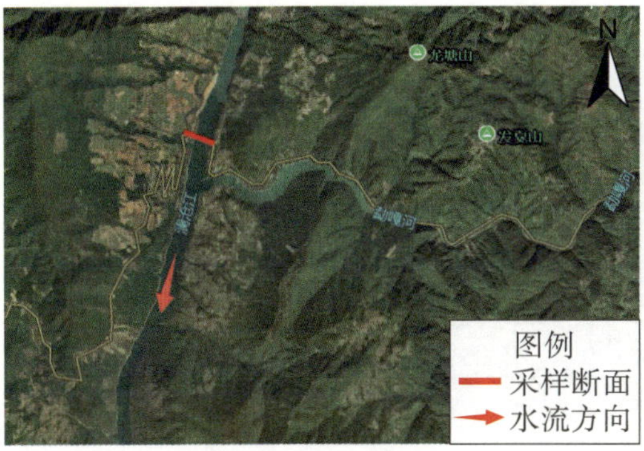

断面情况示意图

断面上游

自动监测站

断面下游

黑箐

控制属性： 国控

所属流域： 澜沧江流域

所在水体： 罗闸河

汇入水体： 澜沧江

断面属性： 控制断面

断面类型： 河流

断面位置及经纬度： 位于云县黑箐214国道旁，坐标：E 100.1993°，N 24.4668°。

断面二维码

断面情况示意图

断面上游

自动监测站

断面下游

南宋

控制属性： 国控

所属流域： 澜沧江流域

所在水体： 勐勐河

汇入水体： 小黑江

断面属性： 控制断面

断面类型： 河流

断面位置及经纬度： 位于双江县国道 214 左侧桥处，坐标：E 99.7367°，N 23.4019°。

断面二维码

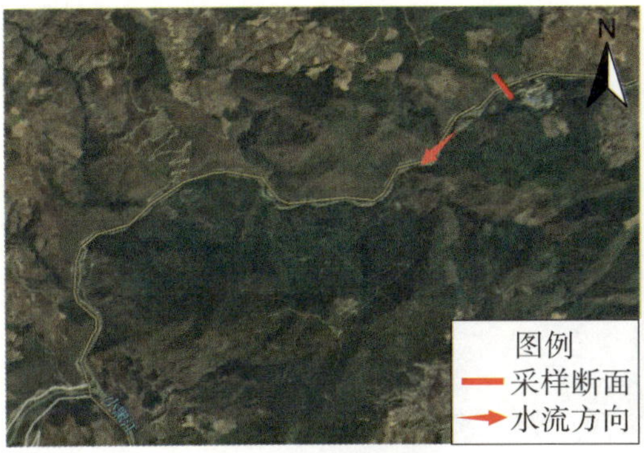

断面情况示意图

断面上游

断面下游

博尚水库

控制属性： 国控

所属流域： 怒江流域

所在水体： 南汀河

汇入水体： 怒江

断面属性： 控制断面

断面类型： 河流

断面位置及经纬度： 位于临翔区博尚镇旁博尚水库大坝处，坐标：E 100.0585°，N 23.7232°。

断面二维码

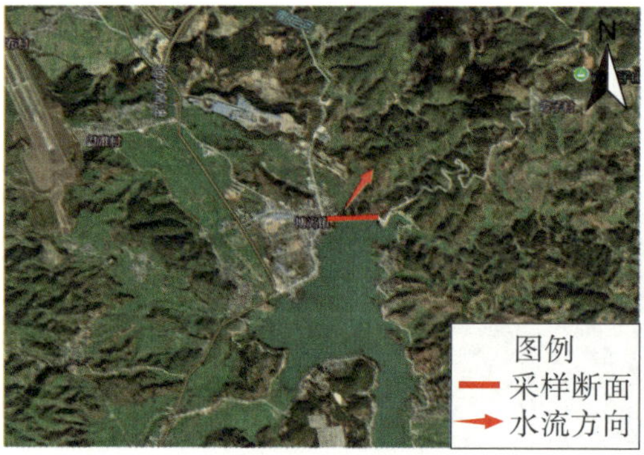

断面情况示意图

断面上游

断面下游

孟定大桥

控制属性： 国控

所属流域： 怒江流域

所在水体： 南汀河

汇入水体： 怒江

断面属性： 控制断面

断面类型： 河流

断面二维码

断面位置及经纬度： 位于耿马县孟定镇孟定大桥，坐标：E 98.9675°，N 23.5248°。

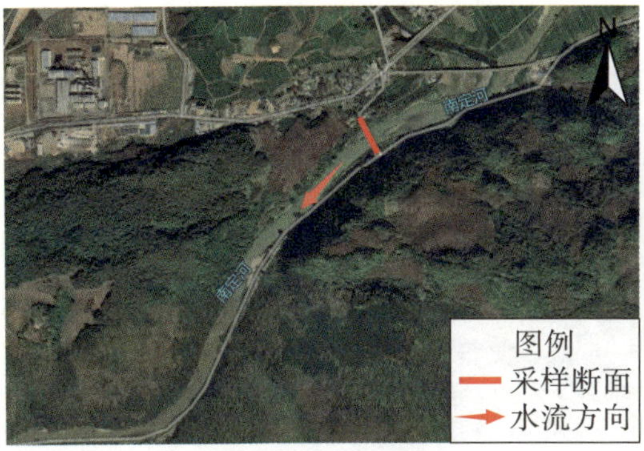

断面情况示意图

断面上游

自动监测站

断面下游

南滚河

控制属性： 国控

所属流域： 怒江流域

所在水体： 南滚河

汇入水体： 怒江

断面属性： 国界（中—缅）

断面类型： 河流

断面位置及经纬度： 位于沧源县，坐标：E 98.9415°，N 23.1825°。

断面二维码

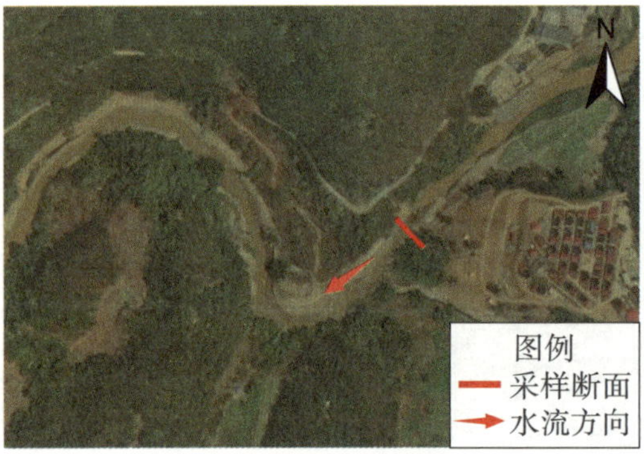

断面情况示意图

断面上游

断面下游

南捧河

控制属性： 国控

所属流域： 怒江流域

所在水体： 南捧河

汇入水体： 南汀河

断面属性： 控制断面

断面类型： 河流

断面二维码

断面位置及经纬度： 位于镇康县热水河村旁，坐标：E 98.9895°，N 23.7654°。

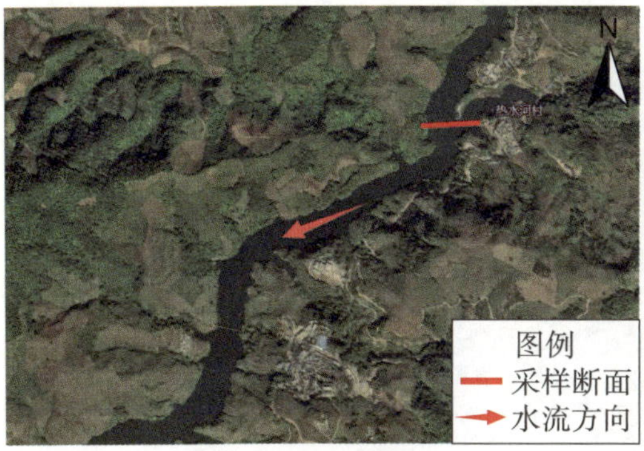

断面情况示意图

断面上游

断面下游

小黑江检查站

控制属性： 国控

所属流域： 澜沧江流域

所在水体： 小黑江

汇入水体： 澜沧江

断面属性： 控制断面

断面类型： 河流

断面位置及经纬度： 位于双江县小黑江检查站，坐标：E 99.7132°，N 23.3642°。

断面二维码

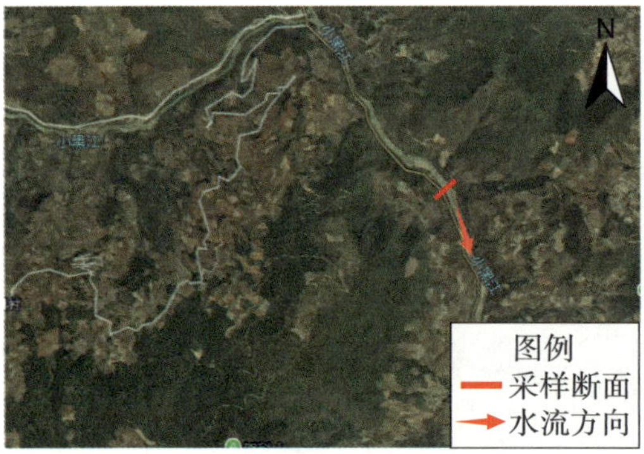

断面情况示意图

断面上游

自动监测站

断面下游

永康水文站

控制属性： 国控

所属流域： 怒江流域

所在水体： 永康河

汇入水体： 大勐统河

断面属性： 控制断面

断面类型： 河流

断面位置及经纬度： 位于永德县永康水文站，坐标：E 99.3654°，N 24.0863°。

断面二维码

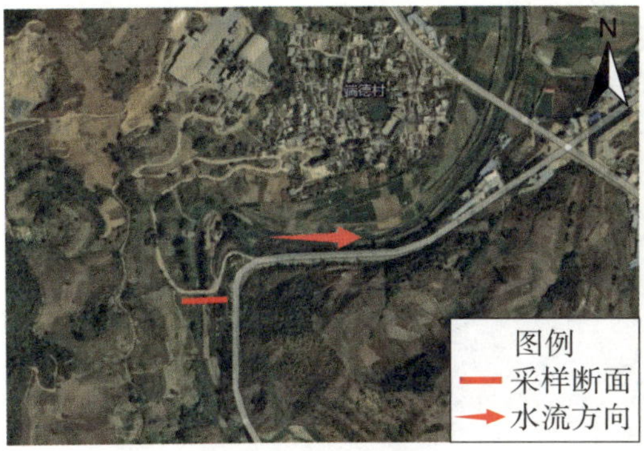

断面情况示意图

断面上游

断面下游

和平桥

控制属性： 省控

所属流域： 澜沧江流域

所在水体： 拉勐河

汇入水体： 小黑江

断面属性： 控制断面

断面类型： 河流

采样方式： 岸边采

河宽： 15 米

河深： 0.5 米

采样位置： E 99.4487°，N 23.3265°

采样断面位置描述： 位于沧源县勐省镇和平村西方向 0.2 千米

所代表水功能区： —

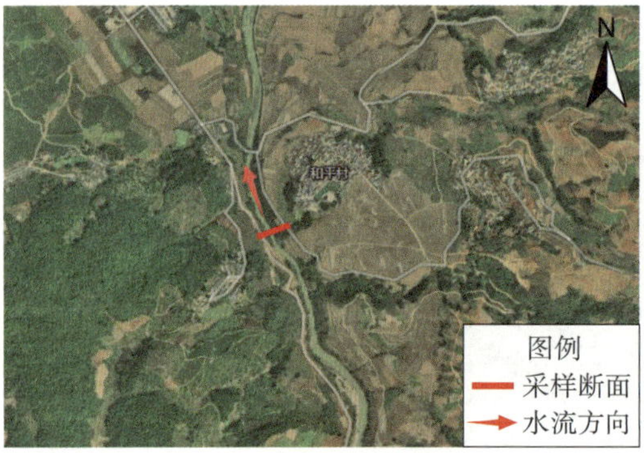

断面情况示意图

断面上游

断面下游

莽街渡大桥

控制属性： 省控

所属流域： 澜沧江流域

所在水体： 澜沧江

汇入水体： 南海

断面属性： 控制断面

断面类型： 河流

采样方式： 船上采

河宽： 800 米

河深： 60 米

采样位置： E 99.8650°，N 24.7833°

采样断面位置描述： 位于凤庆县鲁史镇勐毕村西方向 0.5 千米

所代表水功能区： —

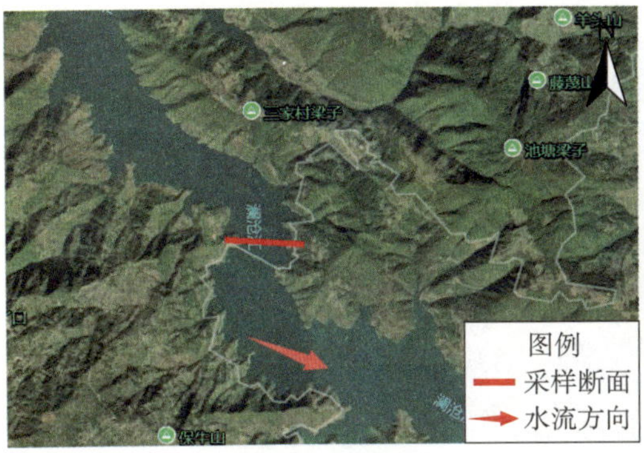

断面情况示意图

断面上游

断面下游

平村

控制属性： 省控

所属流域： 澜沧江流域

所在水体： 凤庆河

汇入水体： 罗闸河

断面属性： 控制断面

断面类型： 河流

采样方式： 岸边采

河宽： 30 米

河深： 0.5 米

采样位置： E 99.9324°，N 24.5846°

采样断面位置描述： 位于凤庆县第三中学正门口源通桥下游 60 米处

所代表水功能区： —

断面情况示意图

断面上游

断面下游

那缅

控制属性： 省控

所属流域： 澜沧江流域

所在水体： 南碧河

汇入水体： 小黑江

断面属性： 控制断面

断面类型： 河流

采样方式： 岸边采

河宽： 10 米

河深： 0.5 米

采样位置： E 99.4249°，N 23.4410°

采样断面位置描述： 位于耿马县四排山乡南碧河桥

所代表水功能区： 小黑江耿马—沧源工业、农业用水区

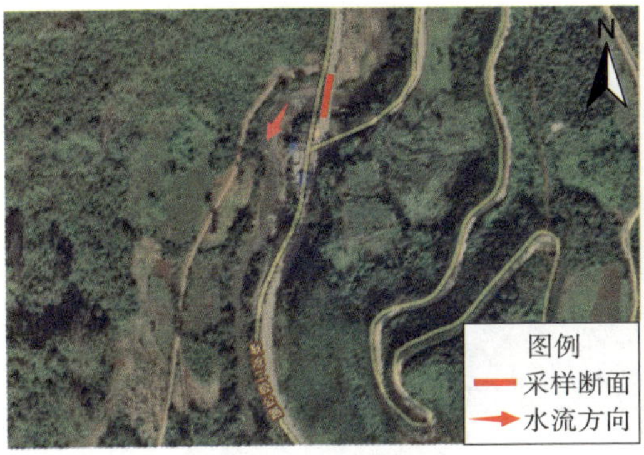

断面情况示意图

断面上游

断面下游

大文

控制属性：省控

所属流域：怒江流域

所在水体：南汀河

汇入水体：怒江

断面属性：控制断面

断面类型：河流

采样方式：岸边采

河宽：38 米

河深：0.45 米

采样位置：E 100.1031°，N 23.9244°

采样断面位置描述：位于临翔区忙畔街道缅宁大道旁大文水文站

所代表水功能区：—

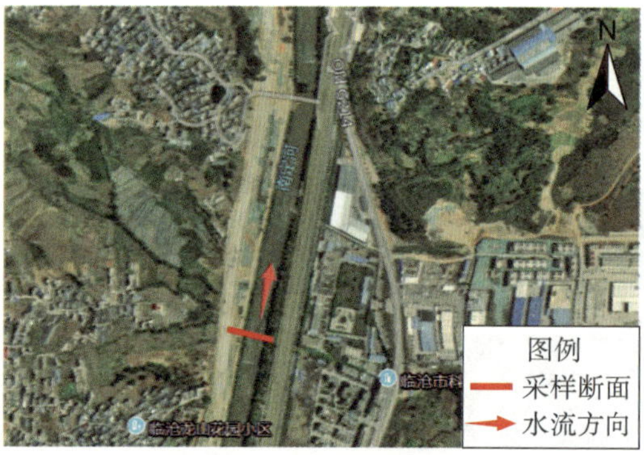

断面情况示意图

断面上游

断面下游

中山水库

控制属性： 省控

所属流域： 怒江流域

所在水体： 中山水库

汇入水体： 南汀河

断面属性： 控制断面

断面类型： 湖库

采样方式： 船上采

河宽： —

河深： —

采样位置： E 100.1016°，N 23.7866°

采样断面位置描述： 位于临翔区凤翔街道小南本村西面 400 米

所代表水功能区： 中山水库临翔饮用用水区

断面情况示意图

水面照片

反映采样位置的远景照片

铁厂河水库

控制属性： 省控

所属流域： 怒江流域

所在水体： 铁厂河

汇入水体： 南汀河

断面属性： 控制断面

断面类型： 湖库

采样方式： 船上采

河宽： —

河深： —

采样位置： E 100.1769°，N 24.0608°

采样断面位置描述： 位于临翔区蚂蚁堆乡岔河村东面 1.5 千米

所代表水功能区： 铁厂河水库临翔饮用用水区

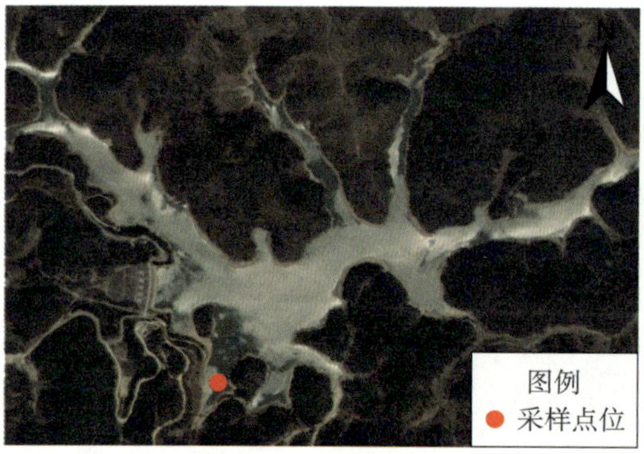

断面情况示意图

水面照片

反映采样位置的远景照片

双江纸厂大桥

控制属性： 省控

所属流域： 澜沧江流域

所在水体： 勐勐河

汇入水体： 小黑江

断面属性： 控制断面

断面类型： 河流

采样方式： 岸边采

河宽： 10 米

河深： 0.5 米

采样位置： E 99.7935°，N 23.4376°

采样断面位置描述： 位于双江县临双二级路与纸厂专用线交叉口旁 50 米

所代表水功能区： —

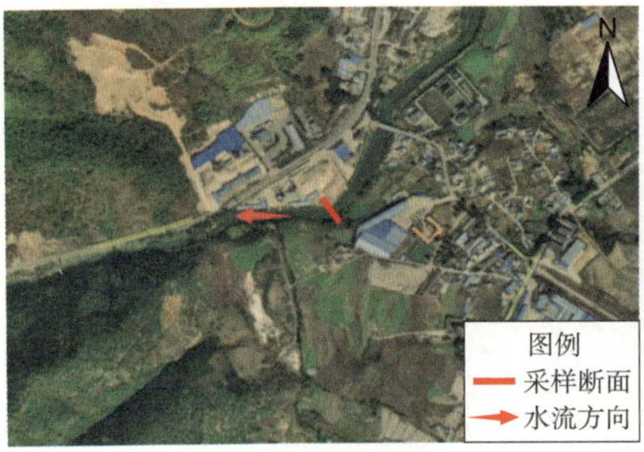

断面情况示意图

断面上游

断面下游

帮控大桥

控制属性： 省控

所属流域： 怒江流域

所在水体： 南汀河

汇入水体： 怒江

断面属性： 控制断面

断面类型： 河流

采样方式： 岸边采

河宽： 26 米

河深： 0.7 米

采样位置： E 99.7496°，N 24.0098°

采样断面位置描述： 位于永德县大雪山乡帮控村鸿运饭店旁 500 米

所代表水功能区： —

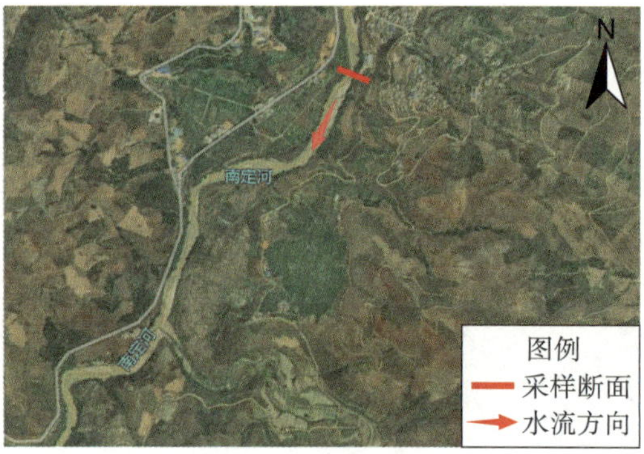

断面情况示意图

断面上游

断面下游

忙海水库

控制属性： 省控

所属流域： 怒江流域

所在水体： 永康河

汇入水体： 大勐统河

断面属性： 控制断面

断面类型： 湖库

采样方式： 岸边采

河宽： —

河深： —

采样位置： E 99.2773°，N 23.8752°

采样断面位置描述： 位于永德县忙海村忙海完小北方 0.80 千米

所代表水功能区： 永康河永德源头水保护区

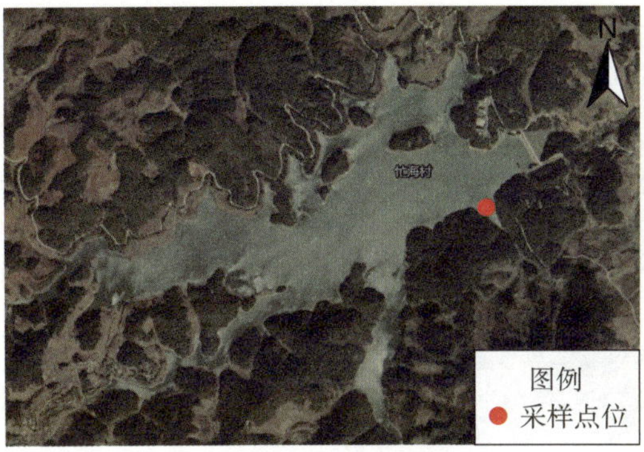

断面情况示意图

水面照片

反映采样位置的远景照片

大岔河大桥

控制属性： 省控

所属流域： 怒江流域

所在水体： 南捧河

汇入水体： 南汀河

断面属性： 控制断面

断面类型： 河流

采样方式： 岸边采

河宽： 20 米

河深： 0.4 米

采样位置： E 98.9064°，N 23.9188°

采样断面位置描述： 位于镇康县勐堆乡中心完小东方 0.31 千米

所代表水功能区： —

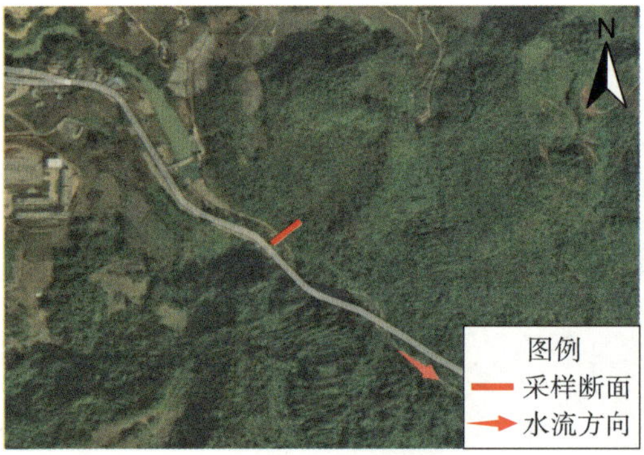

断面情况示意图

断面上游

断面下游